U0066044

晶片島上的光芒

台積電、半導體與晶片戰
我的三十年採訪筆記

林宏文 著

目次

第1部　布局與策略

第2部　經營與管理 139

第3部　文化與DNA 209

推薦序

我十九歲時的台積電

何英圻

我從小在新竹出生長大，是土生土長的新竹人。念書時期就在新竹著名的學府路一路求學，從新竹國小、建華國中、新竹高中，一路念到清華大學。

一九八〇年台灣設立第一個科技重鎮「新竹科學園區」，一般市民還無法隨意進入，需繞路而行。當時還是國中生的我，不以為意，只覺得是個漂亮的園區。

一九八七年台積電設立時，我正在清大念書。當時有三位在園區工作的年輕工程師，合租我家公寓的三樓，其中一位就在台積電上班。不過當年的我最常聽到的公司，其實是聯電，不是台積電。

有一天，那位台積電工程師問我母親，要不要認購台積電股票。他說，台積電是專做晶圓代工，當時每股十五元，問我母親是否有興趣。在那個台股正要邁向萬點的路上，雖然房市起飛，台灣錢淹腳目，但大家對半導體產業仍相當陌生，更別說晶圓代工，根本聞所未聞。要一般人去投資一家從未聽說過的公司，實在不可能，結果我母親就這樣錯過了一次賺上百倍的好機會。

幾年後，台灣愈來愈多科技公司，因分紅配股制度，開始創造出一批又一批的「竹科新貴」。許多學子紛紛嚮往至科學園區工作，甚至立志畢業後要到半導體公司上班。大眾對於這個產業的認識，有了大幅變化。一九八九年台灣最強的半導體公司「德碁」創立，背後是當時台灣最強科技品牌「宏碁」（acer），與美國半導體巨擘「德儀」（TI）。當年結合兩家優勢合資設立的德碁，強強聯手，看起來沒有不贏的道理，更是許多科技新貴追求的目標，也是清交兩校學生出社會就業的首選公司。然而，市場殘酷，成立短短十年後，德碁就因競爭力不足，被併入台積電。

要挑中一家會贏的公司，真的很難。縱使你看對半導體未來的發展趨勢，挑錯公司，還是白忙一場。

看準趨勢選對戰場，固然很重要，但是我在產業內看到更多的，往往是公司選對趨勢、做對題目，最後還是輸掉戰場。因此我認為，看對趨勢其實沒什麼了不起，因為很多人會跟你看到一樣的趨勢，真正最重要的，是「你會不會是最後的贏家」！

歷經數十年後，晶圓代工是誰想出來的點子，似乎已不太重要，因為產業先行者優勢已經不明顯。重要的，是看懂台積電如何贏得世界第一的歷程。這本書，正是清楚透析台積電為何可以贏，而且還可一路贏。

本書作者宏文兄深入科技產業數十年，累積專業與豐富人脈，對台積電的洞察解析，更讓讀者看見全貌。像是二〇一八年張忠謀退休，宣布接班人將由劉德音與魏哲家雙首長運作，起初外界都對這樣的布局感到懷疑。然而，在宏文兄的剖析與幾年下來的事件印證，也一解我當初困惑。台積電重要二把手曾繁城，無論是在台積電擴張，或是在與聯電的晶圓代工爭霸戰中，都扮演非常關鍵的角色，宏文兄書中清晰撰述，往事歷歷在目，十分精采，也把我過去零散片段的認識與記憶，組合成完整故事。

宏文兄對台積電三十多年的長期觀察與貼近採訪，淬鍊出精采內容，讀者可以隨著文字身歷產業實境，感受產業交鋒的隆隆砲火。另外，他還發掘出許多不為人知的內幕，例如台積電創設過程中的關鍵人物除了李國鼎，還有常被忽略的幕後推手——飛利浦的羅益強；蔡力行的上台與下台，在多年後的沉澱，更讓世人欽佩他的沉穩。今日情勢的發展，更是台積電、張忠謀與蔡力行的多贏結局。

台積電的成功軌跡，也展現在看似渺小、卻又重要無比的工作細節中。例如不讓來賓登記簿洩漏資料、查驗登記證件是否過期等，就是這些點點滴滴的小地方，塑造出台積電偉大的工作文化，成就台積電無與倫比的工作品質與效率，更促成世界一流的良率。

我認為，企業史、產業史的撰寫，最困難的不只是掌握這些細節，而是可依輕重、層次，把整個故事講透。在作者帶領下，我對台積電為何可以贏得戰場，也略有所得。

比方說，台積電從技術、製造、服務、策略到文化，都秉持專業分工，並以專業分工，聯合客戶與合作夥伴，創造出新的競爭規則，一舉帶領超微（AMD）打敗英特爾。

也許你會問，台積電是否一路走來都打敗天下無敵手？其實不然，台積電在DRAM就踢到鐵板，可是因退得夠快，全力投入晶圓代工，並拉高晶圓代工的市占率，更使台積電在晶圓代工市場上贏個徹底。這不就是另類的反敗為勝嗎？縱使強大如台積電，也是要選擇戰場，贏得戰局。全球市值前十大的公司，如微軟、Alphabet等，也與台積電相同，只能選擇自己擅長的戰場，並在擅長的戰場上贏得戰局。

近年愈來愈多的年輕俊才投入創新創業，商業模式的創新固然重要，選對戰場更重要，最後如何贏得戰局才是最重要的！縱使如台積電這樣強大的公司，依然要選擇戰場，不斷精益求精，才能持續一路贏下去。台積電是我們要效法的對象。

本文作者為91APP董事長暨TiEA理事長

推薦序

台積之道
——引領台灣奇蹟的成功模式

林坤禧

三十年前，我與宏文兄相識。當時我任職台積電，大部分人對晶圓代工的觀念不甚了解，以為大概是類似「成衣代工」的二．〇版，是勞力密集、低獲利的產業。

為了讓媒體與社會大眾對晶圓代工的商業模式有比較正確的了解，張忠謀董事長要我舉辦一場記者會，向國內主要的產業記者說明創新的晶圓代工概念。當時，宏文兄是剛從交大電信工程系畢業不久的學弟，是少數具有科技背景的媒體工作者之一，因此特別引起我的注意。

多年來，我與宏文兄一直保持聯繫。宏文兄為加強產業經濟分析的能力，曾到天津南開大學取得經濟學碩士學位。也因此，具備技術與經濟學背景的宏文兄，下筆相當有深度，成為台灣知名的專欄作家。

宏文兄是我認識的媒體人之中，對台灣半導體產業與國際競爭態勢有獨到視角和深入研究的專家之一。在二〇〇〇年至二〇一〇年間，韓國三星是對台灣科技業——包括 DRAM、LCD、手機、半導體等——威脅最大的公司。為了研究三星，宏文花了多年時間，多次前往韓國，深刻了解三星的文化、策略與管理方式，焚膏繼晷寫了《商業大鱷 SAMSUNG》一書，深入介紹所謂「三星之道」。這本書，也是我讀過關於三星以及這家公司如何影響台灣產業最深刻完整的著作。我心想，如今台積電與三星之間明顯消長，韓國讀者也許會有興趣讀讀這本《晶片島上的光芒》，了解「台積電之道」。

曾任《今周刊》副總編輯，宏文兄專長於產業趨勢分析。在潛心產業研究之外，他三十年來從關心台灣的產業發展，進而到希望以自己的專業能力幫助台灣產業。尤其，許多台灣中小企業如今迫切需要提升管理能力與國際競爭力，宏文兄一直希望能助一臂之力。多年來，他在環宇廣播電台FM96.7主持《陽明交大幫幫忙》節目，就是希望引進交大校友在科技業堅強的實力，無私的分享經驗給其他企業。我擔任董事長的倍利科技，從事專業的AI半導體檢測與醫學影像分析，也曾受邀在《陽明交大幫幫忙》節目中分享公司的經營理念與策略，對宏文兄心繫台灣產業的用心深為感動。

《晶片島上的光芒》這本書，結合了宏文兄三十年來累積的專業報導、獨到洞見和富有啟發性的分析。書中除了對台積電的企業文化、經營策略、管理制度、技術發展等有深刻的描述，對張忠謀董事長的清廉正派、領袖風範也多有著墨。

本書獨特之處，在於以張忠謀董事長與台積電為核心，擴展涵蓋了巨觀的國際地緣政治角力、美中晶片戰爭、台韓科技業瑜亮之爭、半導體業的合縱連橫，到台灣半導體產業競爭優劣勢，皆有深入探討與分析，對業界許多人物也有很細膩的特寫。宏文兄以輕鬆的筆觸描述複雜的產業與人物關係，讀起來生動有趣。

張忠謀董事長從創立台積電以來，就一直告訴員工，台積電要成為一個世界級的公司（World Class Company），而所謂「世界級的公司」，在張董事長心中的定義，就是有「世界級影響力的公司」。如今，台積電做到了。台積電不只對全世界科技產品「有影響力」，也把台灣帶上了國際舞台正中央。過去兩年，全球汽車晶片缺貨，世界主要汽車製造國——美國、德國、日本等等——的部長級官員，紛紛打破過去不與台灣官方接觸的默契，致電台灣經濟部長與台積電，要求台積電提高供應他們汽車晶片，甚至進而提供各種誘因，希望台積電到他們國家設廠。

台積電成功靠的不是運氣，是集合了張忠謀董事長的遠見、他在世界半導體產業的豐沛人脈、創新的商業模式、精準的商業與技術策略、優秀又努力的員工，以及成立初期政府的支持等等，許多天時地利人和因素而成。能把晶圓代工模式發揮到極致，則是靠著台灣員工的敬業文化。全世界能把晶圓製造技術研發做到最先進、製造良率最高、生產成本最低的地方，就是台灣的台積電。本人有幸在台積電服務十五年，與許多傑出人才共事，其中大部分時間直接受張忠謀董事長指導，真是與有榮焉。

非常高興見到宏文兄出版這本極具價值和意義的書。我強烈推薦這本書，如果你希望了解台積電為什麼成功，希望了解台積電與台灣半導體業未來的機會與挑戰，希望了解國際地緣政治如何影響台灣半導體產業，這本書是必讀之作。

本文作者為宏觀微電子董事長、聯合再生能源共同創辦人

推薦序

台積電致勝關鍵

——打造共存共榮的王道產業生態

施振榮

本書作者林宏文是資深媒體工作者，理工背景（交大電信工程系）出身的他，在台灣高科技、個人電腦及半導體產業發展過程中，「深」歷其境，親身採訪過許多重大產業事件，並將他對產業的長期觀察寫成這本書。

台積電於一九八七年成立後，啟動了全球半導體產業的典範轉移，產業趨勢也從原本的垂直整合走向垂直分工。

晶圓代工的技術含量高，投資金額也相當大，有非常高的進入門檻。尤其高科技景氣起起伏伏，半導體技術要持續發展，就需要長期穩定的投資。但由於奉行資本主義的美國企業往往較為短視，缺乏長期持續穩定的投資，造成DRAM領域後來被日、韓等國超越。

八〇年代中期，矽谷的華人創立了許多ＩＣ設計公司。基於產業分工的思維，他們到亞洲找生產代工廠。然而，先前的整合元件製造廠（ＩＤＭ）是垂直整合的經營模式，都是在有閒置產能的情況下，才會替他們服務，因此當這些ＩＣ設計公司有特殊需求時，往往無法獲得所需要的服務。

而台積電創辦人張忠謀先生是美國半導體業最資深的經理人之一，他曾任職美國德州儀器公司，並擔任過積體電路部門總經理。他看到ＩＤＭ的盲點，因此回台擔任工研院院長，後來又創辦了台積電，提供晶圓代工服務。

當年，聯電原本也是走ＩＤＭ的經營模式，後來發現美國有許多ＩＣ設計公司成立後需要產能，因此聯電成立了為這些客戶生產晶圓的新公司，也因此誕生了專為客戶代工的經營模式。

就在台積電成長與茁壯的同時，聯電啟動了五合一，讓聯電的生產規模一度與台積電旗鼓相當，技術能力也相當。在當時，晶圓雙雄可謂形成了強烈的競爭態勢。

雖然當時台積電的客戶相對較多，營運也穩定成長，但看到聯電五合一後急起直追，台積電決定合併德碁與世大，以拉大與聯電之間的競爭差距。

在九〇年代初期，製程工程師之間雖然身處不同公司，但同業之間彼此經常會相互交流，比較沒有保護智財的觀念。後來台積電開始實施保護智財的機制，也成了拉開台積電與聯電之間技術競爭的關鍵。加上後來台積電控告中芯、離職主管梁孟松等動作，都是在發動智財戰爭來保護關鍵技術，以拉開與競爭者的距離。

台灣的定位，就是要做世界的朋友，與大陸、韓國、日本都不相同。台灣能把分工的角色做到最好，也受到大家的歡迎及信任。因為台灣的企業不會威脅到合作夥伴，在全球垂直分工的生態體系中，所有合作夥伴也都樂於與台灣攜手共創價值。

台積電的成功關鍵，就是打造了一個共存共榮的王道產業生態。台積電以其開放式的創新平台，站在半導體產業的制高點，以王道的思維與合作夥伴共創價值並兼顧所有利益相關者的相對利益平衡，不僅對整個生態圈都有利，也促進整個生態的蓬勃發展。

本書作者這三十年來，經歷半導體業界相當多重要事件，他更是少數具有理工背景且文筆佳的記者。透過他對高科技產業的長期觀察與分析，並把這些事件的重要經驗及教訓，以及台積電致勝關鍵的點點滴滴記錄下來，很值得大家參考，在此將本書推薦給各位讀者。

本文作者為宏碁集團創辦人、智榮基金會董事長

推薦序

默默守護大企業成長的觀察者日記

野島剛

最近，在日本找我演講最多的主題就是「台灣半導體政策」、「台積電的實力祕訣」。「台灣的半導體」是日本人的熱門話題，遺憾的是，日本雖然有許多關於半導體的書籍，但是論述「台灣半導體」的專書卻一本都沒有。究其原因，包含我在內，沒有任何作家能充分描述台灣半導體三十年的歷史。

當然，日本也有研究半導體和台灣經濟的研究人員，然而能夠縱覽三十年的卻寥寥無幾。可以從整體產業政策和半導體技術出發，深入了解「台灣半導體」與「台積電」的人，即使在台灣也不多得，林宏文就是那少數的幾人之一。

林宏文是我最信任的台灣半導體專家，對我來說，他就像ChatGPT。雖然從日本也能看到台灣的報導，但關於半導體產業實際上發生了什麼事、台灣政府的態度、台積電的意圖是什麼等等，許多媒體常常無法闡述清楚。在這種時候，林宏文總能為「到底發生了什麼事」這個問題，提供一個簡潔而理性的答案。對我而言，他的觀點總能一語中的。

說到台灣的民主化，要歸功於「民主先生」李登輝。但講到經濟發展，很大程度要歸功於他的前任、蔣介石兒子蔣經國的成就。台灣在一九八〇年代經濟起飛、成為亞洲四小龍的一員之前，剛上任不久的蔣經國開始推行擴大內需投資的政策，史稱「十大建設」。對台灣來說，這是個劃時代的舉動，因為這意味著，原本用來從共產黨手中奪回大陸控制權的反攻大陸預算，已經開始轉移至內需，也意味著政府已經將重心轉移到了台灣內政上。

半個世紀後，台灣贏了這場賭局。台灣半導體可以說就是台灣經濟的代名詞，而經濟成就已經成為台灣最珍貴的資產。毫無疑問，台積電處於半導體與全球經濟漩渦的中心。其市值約為新台幣十二兆元，總是不吝嗇地投入設備與研發費用。三星、英特爾、台積電三巨頭的時代已經成為過去，在3奈米與2奈米之間的微型化競賽中，台積電已脫穎而出。台積電的存在，有如「護國神山」，讓台灣贏得了世界的尊重，也在全球形成了當台灣出現緊急狀況時，「應該保護台灣」的呼聲。

雖然我們常常討論台灣這座晶片之島、討論台積電，實際上對於台積電成功的故事，卻所知不多。了解台積電誕生背後祕密故事的關鍵，不是光靠閱讀創始人張忠謀的傳記，或是查閱台積電的財務報表就能找到。我們需要的是第一手的資料，是來自親眼見證台積電成長的觀察者，而林宏文的著作，就是一本能滿足我們所有欲知的書。

儘管日本人討論著半導體、關心著台積電，但他們其實對於台積電仍然所知有限。本書將告訴你，為什麼一九九〇年代一直領先世界半導體製造的日本，現在已然沒落，台灣又是如何反超日本，成為世界半導體製造的中心。以我之見，日本人也應該要出版這本書。

本文作者為日本資深媒體人、作家

推薦序

以客為尊，鑑往知來

程世嘉

一九八四年，我的外公林鐘隸先生與舅舅林文伯先生，共同創立今天的矽品集團，參與了台灣半導體產業起飛的奇蹟年代。後來，矽品成為全世界第三大ＩＣ封裝測試廠商，但我卻是一直到了長大之後，才知道這樣的成就有多了不起。

台積電和矽品有一個共同點，就是兩家公司都有一個共同大客戶：NVIDIA（輝達）。在ＡＩ大行其道的時代，NVIDIA已經站上「運算」的浪尖，成為全世界最受矚目的半導體公司，旗下的ＧＰＵ在全世界供不應求。而直接受益的，是台灣以台積電為首的半導體產業。所以很多人說，台灣如果能夠在這波地緣政治的複雜情勢之下求得安穩，往後還可以看到好幾十年的半導體榮景。

二十年前，對半導體和硬體一竅不通的我，選擇踏入ＡＩ的研究領域，當時還有點擔心ＡＩ是冷門領域，怕畢業後找不到工作。沒想到二十年後的今天，反而是全世界在焦慮著自己會因為不懂

ＡＩ而丟了工作。沒有人預料到ChatGPT的問世，成為ＡＩ全面普及的人類文明轉折點。

宏文兄在此時請我為這本精采無比的書寫下推薦序，讓我甚感榮幸。在閱讀書稿的過程中，我彷彿讀著一部台灣半導體產業編年史，也讓我回顧家族與半導體產業一起成長的時光，並且填補上我現在只能從長輩口述而得知的一些故事全貌。

宏文兄鑽研半導體產業逾三十年，數次專訪張忠謀先生，對半導體產業的深入了解，恐怕無人能出其右。此次以台積電的視角出發，更是一舉站上半導體產業的制高點，俯瞰過去將近四十年台灣半導體產業發展的諸多關鍵時刻，以及張忠謀先生在這些關鍵時刻所展現出的經營智慧，值得現在急著想要了解半導體產業全球局勢的創業家與後生晚輩如我，好好讀一讀。

尤其，書中第一部談到張忠謀先生的「民有、民治、民享」經營智慧，特別在我心中引起極大的共鳴。

一直以來，有人以為台積電不過就是做晶圓代工，在供應鏈當中靠著穩紮穩打只做一件事情而成功的Ｂ２Ｂ（企業對企業）事業，甚至有人以「無聊」來形容台積電的事業。但透過宏文兄對台積電經營戰略的深入剖析，我才驚覺原來台積電這麼早就已經把「以客為尊」的核心價值，植入在公司的ＤＮＡ當中。

即使到了今天，「以客為尊」仍是備受重視的經營觀念。這個觀念最廣為人知的推廣大使之一，就是亞馬遜（Amazon）的創辦人貝佐斯（Jeff Bezos）。他在一九九四年成立亞馬遜時，便發下豪語要讓亞馬遜成為「全世界最以顧客為尊的企業」。有意思的是，一九九四年也是台積電公開上市的那一年（前後只差了兩個月），台積電早已走在「以客為尊」的路上，成為客戶眼中最值得信賴的晶圓代工夥伴，使命必達的企業精神，展現了台灣人的勤勞樸實。

受到貝佐斯的啟發，敝人經營的AI公司 iKala 也將「以客為尊」列為公司的核心價值之一。無論是B2B或是B2C（企業對顧客），軟體公司的成功關鍵絕對是全力滿足顧客的需求，與顧客共創價值。原來，這些經營智慧早就深植在台積電的DNA當中，讓我深感天下經營之道，殊途同歸。

宏文兄這本書，匯集了三十年半導體產業的研究報導功力，萃取出的經營智慧多如繁星。拿起本書細細閱讀，有如親眼目睹台灣半導體產業發展的關鍵時刻，更能讓此時此刻位於地緣政治熱點的台灣，有一個鑑往知來、擘畫未來戰略的沉澱時刻。

我誠摯地推薦本書給大家。

本文作者為 iKala 共同創辦人暨執行長

推薦序

以負責的態度，報導有把握的結論

蔣尚義

感謝宏文，給我機會先拜讀他的新書《晶片島上的光芒》。他說，我的名字在書內出現多次，所以要我先讀他的初稿，提供建議和指出需要修正的地方，並寫篇序文。

接下來那個週末的下午，吃過午餐的我有點倦意，就拿了 iPad 坐在躺椅上打開書稿檔案來看。原以為我會很快入睡，沒想到看了不久就睡意全消，一口氣看完時，天都黑了。因為這本書勾起我很多回憶，填補好些我原本不曉得的事，也多次讓我心想：咦，怎麼他連這些事也知道？

我個人一直認為：所有人為的事，都不會是絕對完美無缺的。以這本書來說，只要重要事實沒有和我所確知的不符，無論觀點如何，都是可以接受的。因此雖然宏文多次詢問，我都沒有提出任何修改的建議。

這本書的第一部，就像在講歷史，以張創辦人為主，時間為軸，把台積電從籌備和成立初期的艱辛場景，到晶圓雙雄激戰的年代，到開始受業界關注的 0.13 微米成果，到和英特爾、三星同屬三強鼎立的局面，到今天成為世界半導體邏輯製程技術的領先者，這本書為一路走來的重要里程碑，留下了真實的記載，為一個精采的成功故事，做了動人的描述。

第二到第五部，則是本書比較獨特的部分。作者把他了解的許多個案，分門別類的整理出來，有點像國外名校管理學院常有的 case study（個案研究）的簡化版。和第一部直接記載歷史的方式相比，第二到第五部更是作者蒐集和整理資料，再經過思考和消化吸收後得到的成果。

張創辦人在公司常常開課，我記得其中有一堂，是教我們如何學習。第一步，就是蒐集資料和數據。為了忠實傳達張創辦人的意思，容我引用他當時用的幾個英文單字。所謂的學習，就是經過過濾和整理，把 data 提升到更有意義的 information，再用心思考，提煉出來最重要的 knowledge 和 insight，把這些 knowledge 和 insight 進一步 internalize（內化）後，牢牢記住，日後才能夠隨心所欲的運用。從這個理念來看，這本《晶片島上的光芒》比我讀過的大多數其他著作，經過更多思考和提煉。

從另一個角度來看，我也讀過很多分析報導的書或文章，特別是有關專業領域的作品，非局內專業人士的作者往往憑自己所蒐集到的有限資料，經過邏輯推理，分析得出結論。這些作者的邏輯思維很好，讀起來頭頭是道，很動聽，但結論有時是錯的。因為有好些相關的專業知識，作者沒有蒐集到，也沒有充分了解，最後過度解讀和發揮。然而，本書作者在這方面拿捏得恰到好處，在各項分析中，以負責的態度報導他有把握的結論，沒有做過度解讀，相信他的交大電機工程背景，在這裡產生了很大的作用。

身為服務台積電、在晶片島工作多年的員工，我想對宏文說，我很高興您花了那麼多心血完成這本書。我也想對讀者們說，感謝您決定閱讀這本書，希望您會和我一樣喜歡。

蔣尚義　二〇二三年五月二十日　於台北市

自序

藏不住的光芒，何去何從

──三十年半導體採訪回顧

一九九三年起我開始跑半導體新聞，從《經濟日報》到《今周刊》，今年正好滿三十年。回想這段歷程，見證了台灣半導體產業成長茁壯，許多企業站上國際舞台，也學習到觀察景氣循環與企業起落，很高興自己有機會參與一個產業完整的成長過程。

不過，近幾年地緣政治興起，美中激烈對抗、晶片戰爭打不停，以前很少被世界注意到的台灣，如今成為「全世界最危險的地方」。而爭端的源頭，正是來自台灣這座晶片島上藏不住的光芒。台灣掌握了全球七成半導體製造能量，其中獨占九成高階製程技術的台積電，更成為全球關注焦點。

與此同時，台積電也在美、日政府要求下赴當地投資，國內也出現技術及人才外流的質疑聲。於是，我寫專欄，也上節目分享，希望提供一些更貼近產業真相的觀點，最後決定把三十年的採訪心得完整地記錄與整理出版成書，讓大家可以更認識台積電及半導體，也更理解台灣將何去何從。

我認為，雖然大家看法不同，對地緣政治的影響也有諸多討論，但根據我多年的產業觀察，我想在書中表達兩個重點。首先，我認為台積電很強大，是目標清楚、企業ＤＮＡ及管理都很好的公司，可以面對地緣政治帶來的困擾，也有能力解決各方面的挑戰。

我會做這個判斷，是來自多年累積的採訪與觀察。台積電能夠有今天的成就，是過去許多努力的總和，即使國際政治出現壓力，但整體產業競爭局勢，對台積電依然是有利的。我相信台積電有能力繼續保持領先，對於各種考驗都能化險為夷、迎刃而解。

其次，我也認為，台灣產業發展非常健全，產業鏈很完整，過去每一次的考驗，都讓台灣產業更上層樓，而且更壯大。因為台灣扮演全球半導體與電子供應鏈的代工角色，是全世界的朋友，我們秉持服務客戶、讓客戶贏的商業模式，而非取代別人的生意。

就像台積電，從成立第一天開始，就不曾想過要取代英特爾，只是要英特爾把製造交給台積電做，英特爾仍可擁有自己的產品，繼續維持ＣＰＵ的霸權。

所以，在地緣政治衝突中，台灣和其他所有發展半導體的國家不同。台灣是小國，沒有大國獨霸市場的思維，從來沒有要把誰取代掉的想法，不像韓國、中國、甚至早期的日本，都想建立霸權。台灣只做全球供應鏈的代工業務，恰如其分地扮演這個角色，當所有人的朋友。

這是我在這本書中最想傳達的兩個觀點，也藉著整理台積電發展的重要歷程與許多管理小故事，來闡述台灣半導體產業的國際競爭力。

在整理與構思內容時，我也注意到，近來半導體相關書籍中，不乏出自美、日等國學者與評論者之手，其中有許多是從國際政治、美中對抗與晶片戰爭等角度切入，較少從企業與產業的角度來解讀台積電及台灣半導體的競爭力，還有未來將面臨的挑戰。我希望能透過自己多年的採訪經驗，為讀者帶來較長期的第一手觀察，以及與美日專家不同的台灣在地觀點。

研發六騎士，還有三十年前那場午後的天南地北

早在台積電股票還未上市前，我就開始採訪半導體業，前後寫過的報導與評論，至少超過百萬字。我還清晰記得，一九九四年台積電在股票上市前夕，與媒體第一次在墾丁交流的情景。一九九八年，我也和幾位記者應邀去美國採訪台積電投資的晶圓廠 WaferTech。二〇〇一年，我還專訪了當時台積電的研發六騎士，拍下了一張六人同框的歷史性照片。

二〇〇九年我在《今周刊》工作，專訪了當時台積電執行長蔡力行，這是他第一次、也是唯一一次接受媒體專訪。台積電控告梁孟松，我因為二〇一二年出過一本談三星的書，其中一小段描述梁孟松與三星之間關係的段落，也成為法庭傳喚的證人之一。

回想這些歷程，許多情節都歷歷在目，就像昨天才發生的事情。我努力地邊回想邊下筆，找出過去的筆記，整理出台積電成功背後的故事——張忠謀的管理哲學、競爭策略與傳承交棒、在地緣

政治下與美日的投資及合作、對於全球半導體的競爭態勢，以及台灣在全世界半導體的重要性，提出我個人的觀察，幫助讀者理解過去、現在與未來。

這本書能夠出版，要感謝好朋友野島剛的鼓勵。他每次從日本來台灣，總是抽空找我聊天。去年八月他提到，台積電日本廠二〇二四年就要量產，日本人很想了解張忠謀及台積電，但目前日本沒有相關書籍，他建議我可以寫寫看。

野島剛與我年紀相近，他擔任《朝日新聞》台北特派員時，我們的小孩都在龍安國小就讀，我太太在學校擔任志工時，還教過他兒子中文。野島剛離開《朝日新聞》後，開始多元化發展，專欄寫作與出書不斷，與我的經歷非常相近，我們也都得過「卓越新聞評論獎」，經常互相鼓勵打氣，可以說是惺惺相惜的知音朋友。

不過，野島剛關心的層面更廣泛，對日台兩地的產業、政治、社會及文化等現象觀察入微，而且書寫得又快又好，令我非常佩服。我從他身上學習很多，他的鼓勵也成為我寫這本書的動力。希望這本書的中文版完成後，能出版日文版，也感謝他願意協助洽詢日本出版社。

我也要感謝媒體同業陳慧玲，她是最早提議我寫這本書的人。她說她看過很多談晶片產業的書都搔不到癢處，感覺需要跑半導體較資深的人來執筆，一定有很多人想看。慧玲自己也寫了好幾本書，她的建議，也成了我寫作時很大的鼓勵。

還要感謝早安財經出版社社長沈雲驄，是他不厭其煩地邀約，跟我做了多次腦力激盪，讓寫作方向更清晰明確。在寫作期間，他與早安財經團隊給了我不少建議，最後終於催生出這本書。

此外，我要感謝幾位曾經服務於台積電的朋友，他們給了我很多協助與指正。同時也要感謝多位媒體主管，包括《今周刊》、《數位時代》、《鉅科技》及《CIO IT 經理人》，書中也收錄了多篇我曾在這些媒體上發表過的專欄文章。例如第二部的〈不要只「創新技術」，要「投資創新技術」〉、第四部的〈記憶體三大趨勢，及早布局〉，就是依據我在《數位時代》的專欄文章補充及改寫而成。

另外，第二部的〈工時長、軟體爛、花很少錢在員工身上〉、第四部的〈堂堂一流大學，幫台積電訓練操作員？〉、第五部的〈我們到底為何而戰？為誰而戰？〉、〈台灣半導體，真的世界第一？〉則是改寫自《鉅科技》專欄。至於第四部的〈研發六騎士，怎麼只剩四個人〉、第五部的〈台積電是下一個被毀掉的東芝？〉是改寫自《今周刊》專欄。

最後要感謝的是太座大人，她聽說我有日文版出書計畫時，就不斷說要和我一起去日本辦新書發表會。為了讓她可以實現這個小小願望，我只有咬著牙拚命地完成。

寫這本書時，我回想過去多次與張忠謀先生進行過的重要訪談。其中最令我印象深刻的，是一九九三年我剛踏進新聞界時的那次採訪。當時，台積電還未上市，張忠謀顯得很放鬆，與我約在台北的辦公室聊天。那時候的我雖然是新聞界菜鳥，但很認真勤奮，張忠謀認真地回答我所有的問題。採訪後，他拿出菸斗，點起菸，天南地北的跟我聊起來，例如他做什麼運動、在哈佛的生活點滴，包括大一新生的一百公尺游泳考試，他是如何艱難地通過等等。

三十年前那個午後，陽光斜射至辦公室，映照著從菸斗飄出的裊裊煙霧，那一幕，至今我還記得很清楚。當時的我，沒有想到這位親切的長者，日後會成為世界級的第一流企業家，也沒想到台積電可以成長到今天這種局面，更沒預期到我會因此參與了台灣半導體業三十年的風起雲湧，見證台灣這座晶片島上的光芒。

我相信，讀者可以從這些故事中獲得許多啟發，找到企業成功的軌跡。台灣有張忠謀與台積電，還有一大群半導體護國群山，這是台灣的幸運，而我也何其有幸，參與了這一段過程，還能夠把這本書整理出來，讓大家都有見證及學習的機會。相信書中仍有遺漏與疏失之處，也請大家多多包涵指教。

楔子

這座島，光芒閃耀中！

——台灣半導體業的3＋1致勝之道

採訪半導體及資訊電子產業三十年，我嘗試建立一些觀察產業與公司的經驗法則，寫這本書，是希望在這個關鍵時代，陪讀者走一趟台灣晶片產業之旅，理解台積電張忠謀為何如此成功，台灣半導體如何領先世界走到今天，以及探索半導體產業的現況及未來。

不過在啟程前，我想先歸納一下台灣整體電子業成功的原因。台灣資訊電子及半導體產業會成功，我認為主要有三個很重要的原因。

員工勤奮＋超時工作＋薪資不高＝超高性價比

首先，是人民勤奮努力，性價比超高，這是產業成功最基本的要素。台灣人民很努力、負責盡職，一定把事情做到最好，即使沒有加班費也願意晚一點下班，甚至回家繼續做。另外，台灣整體薪資水平不高，公司營運成本很低，所以公司雇到這麼多性價比超高的員工，當然就有很強的競爭力。

員工勤奮努力、超時工作加上薪資不高，這是很重要的競爭條件。這種競爭力最明顯的呈現，就是台灣把很多別人視為低毛利的產品，也可以做得有聲有色，甚至還很賺錢。因為台灣電子業營運成本低，即使價格賣低一點，歐美日等外商都沒有利潤時，台灣廠商還能賺到錢。

早年我採訪過很多外商公司，像歐美做電腦的廠商，看到台灣光碟機、滑鼠、鍵盤賣那麼便宜，算一算也知道根本不需要自己做，因為買台灣的產品比自己生產的成本還低，所以訂單當然是外包就好。但是對台灣公司來說，那種低價產品只要大量生產、降低成本，還是可以創造很多利潤。

我還記得一位美商博通（Broadcom）公司主管曾跟我說，當他們第一次看到瑞昱半導體公司竟然可以把產品賣到那麼低價，全公司的人都難以置信，如果博通要賣那種價錢一定賠錢，因此只能放棄某些低階市場。但是台灣公司不僅獲利，而且還活得挺好的。

其實，早年很多矽谷ＩＣ公司，毛利率都要求五、六成以上，低於四成毛利的產品就不做了，因為再扣掉管銷研等營運成本後就無利可圖了。但台灣很多公司三成毛利率的ＩＣ還可以賣，想辦法省吃儉用就能擠出利潤，最後當然很多低階市場就被台商吃掉了。

歐美廠商關心價值創造，靠不斷更新產品賺錢。像英特爾不斷推出新世代ＣＰＵ晶片，賣得比前一代產品更貴，高毛利的新產品一直是獲利重點，因此公司內部對於降低製造成本這件事，重要性都排在很後面。當然，過去英特爾製程技術也是領先，但製造終究只排第二或第三順位，當台積電製造能力更強大後，就把市場吃掉了。

專業分工、聚焦發展、上駟優勢兵力，完勝！

台灣成功的第二個元素是專業分工，每個產業都可以再細分，然後把每個次產業都切出來獨立做。當大家都專心聚焦做一件事，把每個次系統或零組件各個擊破，一群螞蟻雄兵就把整塊蛋糕都搬走了。

早年英特爾要賣ＣＰＵ晶片，最初連主機板都自己做，因為他們要做出一台會運作的電腦給客戶看。不過，後來英特爾執行長葛洛夫（Andy Grove）來台灣，看到台灣把主機板這個次系統單獨切出來做成一個產業，生出一大堆像華碩這種的專業主機板公司，他也覺得很訝異，沒想到原來主機板都可以成為一個產業，而且獲利還相當好。

當然，英特爾後來也就不自己做主機板了，專心做ＣＰＵ及晶片組等半導體。每當英特爾推出新晶片，台灣這些主機板供應商就會以最快速度推出搭配的主機板機型，讓電腦廠商可以快速出貨，結果就是英特爾吃肉、台灣電子業喝湯，大家一起搶市賺錢。

英特爾沒想過的事，不是只有主機板這門生意而已，所有個人電腦衍生出來的各種電子次系統及零組件，在台灣都可以成為一門生意。從連接線、散熱風扇、磁碟陣列、監視器，一台電腦切出幾百種產業及成千上萬家企業，造就台灣成為ＰＣ王國。

專業分工背後包含兩個致勝觀念：一是集中火力、聚焦發展，把每一個切出來的產品都做到最好最便宜，做到沒有人可以跟你競爭，最後所有人都不再自己做，全部跟你買；二是更優勢的人才，台灣把每個產業都切出來做，像華碩這樣的公司，聚集台灣一流人才做主機板，反觀歐美大企業，負責主機板的人學歷應該都不是最好的，甚至根本就不受重視。台商用的是台交清成頂尖大學的一流人才，以上駟對下駟，當然可以做出別人做不到的成績。

至於半導體行業的專業分工更細緻，ＩＣ設計、製造及封測這種分工是最粗略的，光是ＩＣ設計又可以再細分成ＥＤＡ、ＩＣ設計服務、矽智財（Silicon Intellectual Property，簡稱ＳＩＰ）、布局（lay-out）、光罩、檢測等，前面提到英特爾做ＣＰＵ及晶片組，後來台灣也有威盛等公司出來搶市，雖然威盛後來沒有很成功，但當時也是給英特爾帶來一定的威脅。另外，聯發科第一桶金是光碟機ＩＣ，當時是把很多原屬日商、荷商大公司的訂單取代掉，勝出原因同樣是專業分工、聚焦發展及上駟優勢兵力。

當然，半導體是專業分工的產業，台灣其實只做其中一小部分，還是要靠各國產業鏈來支持。例如台灣晶圓代工很強，但用的設備來自荷、日、美等國，材料取自日、美、德；至於ＩＣ設計業，則要用到很多美、英等國的軟體與矽智財ＩＰ，封測也有很多設備來自美、日廠商。台灣只做自己專精的部分，在全球產業分工下，要與很多國家配合才能成功。

內部先激烈競爭，強者才能站上國際舞台

第三點是，台灣每一個電子次產業都是先在國內激烈競爭，經過一番優勝劣敗的淘汰後，才會有贏家產生，但也因此練就強大的競爭力，最後才能到國際上競爭。

「內部先有激烈競爭，才能到國際上去競爭！」這是競爭力大師麥可．波特（Michael E. Porter）的觀點，拿來比喻台灣電子及半導體產業，完全說得通。內部激烈競爭，練成百折不撓的實力，形成堅強的產業鏈，台灣因此才能站上國際舞台。

這種激烈競爭，來自每個產業崛起時，就出現大量的投資。從PC、半導體、太陽能、DRAM、面板、光學鏡頭，到小一點的光碟片、滑鼠、數位相機等，每個行業就像一波波新浪潮崛起，吸引眾多玩家進來競逐，而電子業本來就是面對全球市場的產業，因此最後能夠勝出的贏家，往往也成為全球排名前幾強。

電子產業的充分競爭，讓大家以創新、效率、成本來競爭，而不是靠關係、特許權或壟斷賺錢，因此競爭力強的公司活下來，最專業有效率的公司勝出。強者可以出頭，弱者遭淘汰，這對既能創新又很努力的公司來說，是最大的鼓勵。

激烈競爭也來自群聚效應，當所有競爭同業的員工，不是前同事，就是同學或學長姊學弟妹時，在頻繁交流下，哪家公司做得好、做不好，資訊都很透明，誰家股票或紅利分得多，一問就知

道，形成一種公開透明、激烈競爭的環境。這種環境培養出來的企業家精神，還有資本市場形成的自然調節淘汰機制，是推動產業不斷進步的關鍵。

內部激烈競爭，也會形成至關重要的產業生態鏈。事實上，在資訊電子業領域，所有系統產品相關的零組件及周邊配備，在台灣這個小島上一定都找得到供應商。外商主管來台採購零組件，只要從新北市到桃園、新竹走一遍，大概就可以買到所有需要的東西了。

同樣的，這種產業聚落在台灣並不少見，都是成功的關鍵，例如中部有精密機械、工具機及自行車產業，高雄、台南有螺絲螺帽產業。產業聚落發揮的力量最驚人，當產業發展到各種零組件一應俱全時，消費者就可一次購足，方便又省事。

前面這三點，都是台灣電子業成功的關鍵要素。這些要素可以解釋台灣所有電子業的成功原因，其中當然也包括半導體。

想領先，得靠研發、技術及長期耕耘

除了前面三點外，半導體還有其他資訊電子業所沒有的特性，那就是：精密度、複雜度、困難度都更高。這個特性，讓半導體成為高進入障礙的產業，要靠研發、技術及長期耕耘，才可能累積領先優勢。因此，這是台灣半導體產業特別擁有的競爭力，我想也可以說是3＋1中那個額外的成功要素。

半導體產業複雜度高，是因為設計、製造、封測等流程數百道，而且是資本密集、技術密集的產業，需要大量資金與長期投資。不像過去筆電、手機是靠高周轉、低毛利賺錢，廠商拚的是速度、應變，還有從管理上去擠出獲利，但半導體靠的是更多研發與超前技術，並且要長期耕耘，才可能累積領先優勢。

因此對比半導體，台灣在幾個複雜度較低的產業中，就做得不太好。例如光電產業中的太陽能、LED、面板或甚至光碟片，這些產業難度不高，毛利也不好，後進廠商可以很快追趕上來。

例如技術密集度較低的太陽能產業，早期設備廠商提供的是一整套的全製程轉移（turn-key）服務，基本上設備買來就可以大量生產，只有在少數產品項目上，有研發創造及加值的空間。當產業附加價值創造的程度較低時，這種產業以前還可以存活，但未來不會是台灣的優勢。

中國以國家力量支持太陽能，並搶下全球八成以上的市占率，一方面是因為能源產業對國家發展有重要的戰略意義，另一方面則是這個行業比較容易做，錢砸下去就有產出。這種產業，台灣要盡量避開，未來只能做複雜度及困難度高的產業，半導體就是困難產業中的最好案例。

不過，半導體行業中，也有不少標準型、差異化較低但數量很大的次產業，台灣也做得不好，記憶體產業就是一例。這個行業南韓最強，南韓很早就鎖定記憶體產業，並在八〇年代日本被美國制裁時脫穎而出，之後持續擴大投資，用各種競爭策略把對手趕出去。至於晶圓代工做的產品，幾乎都是量身定做的邏輯ＩＣ，每個產品都有差異化，這種產業更適合台灣發展。

談完台灣半導體業３＋１個關鍵成功要素後，大家已有初步的認識，接下來，就可以進一步深入了解台灣半導體業是如何在這樣的背景與條件下成功的。台積電是台灣半導體產業中最傑出的一家，因此我從台積電出發，從布局與策略、經營與管理、文化與ＤＮＡ、研發與技術以及地緣政治等五個面向，分析台積電及台灣半導體的競爭力，讓大家有更清楚的認識。

這是我三十年來採訪半導體累積出來的一些觀察與心得，希望能有助於讀者理解半導體的過去與現在，同時一起思考未來的方向。

第1部 布局與策略

老爸叫我去「台積」上班，因為聽起來像公家機關

——從TSMC這個名稱談起

我從一九九三年在《經濟日報》跑半導體新聞，台積電一直是產業界很重要的公司，也是我主跑路線上舉足輕重的採訪對象，所以每天都要盯著它，生怕漏掉大新聞。

我第一次聽到台積電這家公司，是在我畢業不久，從交大同學那邊聽來的。

我在一九九〇年從交大電信系畢業，台積電成立於一九八七年，也就是說我畢業那年，台積電才成立第三年。記得念大三、大四時，學校都會辦大型企業校園徵才（open house），許多竹科企業到學校徵才，很多同學都很有興趣去每個攤位逛逛，回來也會討論一下有哪些公司。

回想當年，其實我根本不記得有什麼公司來學校徵才，當然更不記得有台積電。

我之所以對這些到校園徵才的公司沒印象，主要是因為我在交大求學時期很挫折，覺得自己沒天分，理工不是我的興趣及專長。我大部分時間在交大青年社編校刊，以及在梅竹賽擔任採訪小記者。大三和大四那兩年，我常到清大社人所旁聽社會學的課程，根本沒打算去竹科工作，所以當然不在乎是什麼公司來學校徵才。

後來我從同學那裡知道，有一家叫「台積」的公司（這是早期常用簡稱，「台積電」是上市後才有的習稱），針對交大幾個電機相關科系，例如電子工程、控制工程、電信工程、電子物理等系的學生，全面發出招募通知，尤其是當時第一大系電子工程系，每個畢業生都收到邀請加入的信函通知。

當時我有一位控工系同學，就同時應徵上台積電及華邦電子，收到錄取通知後，因為搞不清楚兩家公司有什麼差別，不知道去哪一家好，於是回家問父親。

結果他父親說：「台積比較好，這家公司名稱聽起來比較像公家機關，念起來很像台鐵、台銀。國營的比較有保障，你就去這一家好了。」

我那位同學後來真的去台積電工作，雖然只做了短短幾年，就決定出國念研究所，但台積電的履歷讓他加分不少，他後來在資訊及創投業工作很順利。

這位同學說，其實他決定去台積電，當然不光是因為爸爸那樣講，而是有向學長們打聽過。很多學長都告訴他台積電這家公司應該有前景，因為創辦人張忠謀來自德州儀器（Texas Instrument）及工研院，技術團隊也來自工研院，團隊實力不錯，也很有拚勁。

他很慶幸自己當年去了台積電，確實是選對了公司。台積電這名字取得好，確實有很大的印象加分作用。

TSMC的T，從Texas到Taiwan

台積電的全名是台灣積體電路製造公司（Taiwan Semiconductor Manufacturing Company），正式的英文簡稱是TSMC。公司名稱直接冠上「台灣」，標榜從台灣出發，做全世界的生意。

把國名放在公司名稱裡的企業不少，例如早期美國半導體公司中，就有一家叫「美國國家半導體」（National Semiconductor，現已併入德儀）；目前大陸第一大晶圓代工廠「中芯國際」裡的「中」，指的當然是中國。

台積電當然不是國營企業。不過，台積電於一九八七年成立時，確實有台灣政府的投資。初期資金有四八%來自政府，另外二七．五%來自飛利浦，其餘二五%左右來自其他民營企業。另外，台積電最初的核心團隊主要來自工研院，大約有一二〇位工研院員工，和工研院的實驗工廠一起移轉到台積電。可以說，台積電的成立，政府不但出錢也出力。此外，政府也給予產業發展期的投資、租稅等政策獎勵及協助。從這些角度來看，要說台積電是台灣政府出資成立及支持的企業，應該也沒錯。

有意思的是，二〇二三年三月，張忠謀與《晶片戰爭》一書作者克里斯．米勒（Chris Miller）對談時，認為米勒的書中過度強調台灣政府在台積電創立時的角色，他覺得有修正的必要。張忠謀不認為台積電是靠政府補貼而成功的企業。

他說，台灣政府雖然是台積電成立時的初始投資者之一，但當時似乎不是很心甘情願，政府中只有李國鼎先生全力支持，而李國鼎是他的朋友，也是唯一相信他且支持他的人。有李的支持，政府才願意投資台積電。

張忠謀說，台積電是在一九九四年（也就是成立後的第七年）股票上市，而股票一上市，政府馬上就賣股票，而且賣很多。後來台積電在一九九七年去美國紐約證交所掛牌上市，也是為了讓政府可以賣股票。另一家早期就參與投資台積電的飛利浦，後來也把股票全出脫了，但台灣政府的角色不同，後來他提醒政府應該保留持股，不應該再賣，因此至今國發基金還保留了近六%的台積電股權。

台積電確實受惠於國家產業政策，但一路走來，台積電成功的模式與方法，卻與目前政府控制主要股權的國營企業不同。最重要的差別，在於許多國營企業即使已經民營化，政府仍經常用政治手段介入任命經理人，而台積電由專業經理人張忠謀所帶領的團隊治理，在國際競爭中取得成績，基本上政府沒有插手的餘地。

令人玩味的是，關於TSMC這個名稱，米勒提到另一個發現。他說，他在德儀內部一份一九七六年的文件中發現，張忠謀擔任德儀副總裁及半導體集團總經理期間，曾在德儀經營會議中建議，成立一家公司來生產顧客設計的晶片。雖然德儀沒有執行這個計畫，但可以看出是後來台積電晶圓代工（foundry）生意的原始構想。

因此米勒說，很可惜當時德儀沒有採用張忠謀的建議，不然TSMC的T可能代表的不是現在的Taiwan，而是Texas了。

說到Taiwan，台積電前研發處長林茂雄曾提過一個有意思的觀點。他說，一九八〇年代以前台灣很多公司創立時常以「中國」命名，例如中國鋼鐵、中國造船、中國石油等，可是張忠謀當年創立台積電時，卻決定以「台灣」為名，的確有先見之明。否則，以今天地緣政治如此敏感的情勢，一家設在台灣的全球最重要半導體公司卻叫「中國積體電路」，恐怕會引起很多不必要的爭議與麻煩。

關於台積電的英文簡稱，眼尖的讀者可能會發現一個小細節：有時候，台積電會把大寫的TSMC，改成小寫的tsmc。為什麼會這樣？我們知道，在英美國家有時會因為各種不同理由而把自己的名字改為小寫（例如表示低調等等），不過，對台積電而言，據說主要是因為大寫T有道橫槓，有種被壓抑的感覺，而小寫的t有突破、探出頭來的象徵意涵。

當然，名字取得好，不一定代表公司就會成功，很多取了好名字的公司，後來也是以失敗收場。台積電的取名藝術、我同學爸爸對台積電名稱的詮釋，或許也只能當作趣聞聊聊。

我想這本書就用與TSMC這個命名有關的故事開頭，跟大家分享一下我所了解的台積電、張忠謀，以及這家成功企業背後的各種小故事。

張忠謀說這叫「鑄矽」，不是晶圓代工

——商業模式，是最值錢的創新

很多人都知道台積電是「晶圓代工」產業的龍頭，但我在多年跑新聞的過程中，常會聽到一種批評，說台積電沒什麼了不起，不過就是層次不高的「代工」業者而已。

這樣的說法很常見，幾年前台大化學系發現九成研究生一畢業，就到台積電上班，因此有教授還喊出要「廢除碩士班」，不想繼續當台積電這種代工業者的職前訓練所。

的確，以代工為主的台灣電子產業中，有些公司因為毛利率很低，常被調侃「毛三到四」（毛利率三％到四％），會讓人以為晶片代工也是很 low、利潤不佳的產業。

我想起早年台積電剛上市時，張忠謀有一次與媒體聊天時說到，他覺得「晶圓代工」這個詞無法彰顯台積電在產業鏈中的位置，認為應該正名為「鑄矽」，矽就是 silicon，鑄則有「建立、打造」的意思。

我記得當時張忠謀一說完，在場媒體先是一陣靜默，不一會兒全都忍不住爆笑。因為大家都知道，「鑄矽」的發音與台語「穩死」一樣，但是 Morris（張忠謀的英文名）很有威嚴，所以剛開始大夥兒不知道要怎麼跟他解釋。後來是一位女記者勇敢地告訴他，這個詞不太吉利，從此以後，「鑄矽」這個說法就再沒被提起了。

回想起當年這段小插曲，我覺得還是挺有趣的。老實說，若沒有台語諧音的聯想，張董事長提出來的「鑄矽」，確實在境界上比「晶圓代工」高出許多。

不過話說回來，「代工」不等於就很 low，很多做代工的企業不但技術實力超強，產業位置也很重要，台積電就屬於這種超強的代工廠商。相反的，那些品牌形象很好、知名度很高的，不代表就一定很厲害，也有一大堆技術弱爆、毛利率很差的企業。

台積電的晶圓代工，與過去台灣其他電子業如ＰＣ、手機、網通或面板等明顯不同，因為台積電打造的，是一個技術超前且獨一無二的賣方市場。

很多承接代工訂單的台灣廠商，大部分都沒有比客戶更強的研發及技術實力。拿台灣的網通業來說，最大的營運風險不在代工同業的競爭，而是來自客戶。

這些大客戶往往擁有比代工廠更強的技術實力，例如訊號完整性（signal integrity）及散熱技術，前者是控制電子訊號傳輸品質不至於失真的關鍵，後者則是進入 100G 及 400G 時代要積極處理的負效應。這些關鍵技術，國際大廠都有研發團隊做得比台灣代工業者出色。只要這些大廠想更換供應商，就可以培養出另一家代工業者，這也正是台灣網通代工業的最大風險。

不僅網通業如此，台灣大部分的代工生意都要面對同樣的問題。

但是，台積電不一樣。台積電是自己掌握關鍵技術，其他競爭對手如三星及英特爾，不是做不出來，就是良率不佳，最後都只能在台積電下單。像蘋果、輝達（NVIDIA）、超微（AMD）等國際大客戶，本身沒有晶圓製造的技術與設備，都需要仰賴台積電供應，這就是台積電晶圓代工最大的不同之處。

也就是說，其他代工產業大部分做的，是被客戶主宰的「買方市場」，而台積電做的是「賣方市場」生意，客戶仰賴台積電的程度非常高，而且「只此一家，別無分號」。台積電的最大客戶蘋果公司，過去一向積極扶植第二、第三供應商，想辦法分散風險，但對台積電卻很難提出同樣的要求，因為台積電的技術比其他供應商強很多。

總之，是不是叫「代工」並不重要，**掌握客戶不具備的技術，讓客戶更加依賴你，才是影響勝負的關鍵**。

拿了錢，一路笑到銀行去

張忠謀曾在二〇一七年七月工商協進會的一場演講時提到，台積電是很典型的「商業模式創新」企業，台積電這麼賺錢，就是靠著很好的商業模式。

那場演講的題目是「成長與創新」，產品和技術的創新固然可貴，張忠謀說，但在各種創新裡，「商業模式」的創新最值錢，也最值得重視。在今天的網路時代，常可見到成功的商業模式創新，但在他看來，早在「商業模式創新」這個詞誕生之前，就已經有兩個成功的商業模式創新個案了，一個是美國的星巴克，另一個，就是台積電。

一九八〇年代初崛起的星巴克，靠的是一個很簡潔有力的觀念：提升消費者對咖啡的品味，把價錢提高。在星巴克崛起前，五星級飯店的咖啡一杯約五十美分，高速公路旁的一杯二十美分。但星巴克把品質提升之後，價格一下提高到兩美元，消費者照樣買單。

台積電是另一個商業模式創新的成功例子。他說，在九〇年代，其他半導體同業的主要客戶，都是像ＩＢＭ或惠普這種電腦終端產品業者，但這種客戶，台積電一個都沒有。台積電的主要客戶，都是像德儀、英特爾、摩托羅拉這種自己也做半導體的公司。

他說，台積電當時沒有一個客戶跟同業一樣。「這些半導體公司絕大部分的產品自己生產，但也有小量他們自己不想做的，讓別人去做。我們去找他們，請他們給我們做。」張忠謀說，當時就是這樣開始的。後來時勢所趨，很多新創企業開始自己設計ＩＣ，然後委託給台積電替他們製造，台積電就這樣趁勢而起了。

所以，就算今天我們沒有用「鑄矽」來取代「晶圓代工」，無法還給台積電一個公道，但我相信在很多企管學院的研究案例中，台積電確實可以做為一個很好的教學個案，讓研究企業創新的教授及學子們，好好了解一下來自台灣的台積電如何在全球半導體產業中，創下一個全新商業模式的傳奇故事。

「大家都說我們是代工業，我也無所謂，我們就拿了錢，一路笑到銀行去。」張忠謀說。

每一個階段都正確選擇，每一個階段都無縫銜接

台灣半導體產業如今舉世聞名，成功得來不易。一個從無到有的產業，透過國家產業政策的高度，主導與美國企業談判，取得正式技術授權之後，派人員赴美受訓，再把技術帶回台灣，在工研院試量產，最後移轉為民間企業，並建立起一整個新產業鏈。

如今，台灣半導體產業已形成像中央山脈般的護國群山，靜靜地護衛著台灣，在世界舞台散發光芒。這主要歸功於從第一天開始，台灣就已經把根深深扎進土壤裡，奠定日後長成撼動全世界的龐大產業基礎。過程中有很多關鍵的人，在每一個十字路口做出最佳的判斷與抉擇。這些人這些事，值得我們仔細回顧。

首先，台灣半導體業為什麼會如此成功？我認為可以分三個階段來看，台灣在每一個階段都做了正確選擇，每一個階段都無縫銜接，讓產業一棒接一棒地發展延續下去。

第一階段：ＲＣＡ技術授權

第一個階段是ＲＣＡ的技術授權，這是台灣半導體技術從零到一的開始。

一九七六年三月，在海外學人潘文淵的協調及籌畫下，完成專家評估並選定美國無線電公司（ＲＣＡ）為技術轉移對象。ＲＣＡ同意以二百五十萬美元技術轉移費及一百萬美元技術授權金，與工研院簽訂十年技術移轉合約，除了技術移轉外，也協助台灣培訓人才。

在這個階段，台灣政府有遠見與信任，放手讓工研院電子技術顧問委員會（Technical Advisory Committee，簡稱ＴＡＣ）評估與決策。其中，ＴＡＣ也做了三個如今看來都很正確的決策，奠定了台灣ＩＣ工業發展的基礎。

第一個決策是選擇了CMOS製程。七〇年代，ＩＣ發明才不過二十年，每種製程都各有優缺點，例如PMOS、NMOS、Bipolar等，都有公司在做研發與生產。ＴＡＣ當時考量未來電子產品應該要有輕薄短小、攜帶方便等特性，而且必須省電，因此選擇了CMOS。不過，為了保險起見，當初電子所也派人去接受NMOS與Bipolar的製程訓練。

第二個決策是ＴＡＣ選擇了一條龍的ＩＣ技術移轉。ＲＣＡ的技術授權，涵蓋了設計、光罩製作、製程、設備維修、測試、封裝、品管、廠務、成本會計、生產排程與物料管理等。當時，世界上CMOS做得比較好的公司是休斯（Hughes）及ＲＣＡ兩家公司，經過多次談判，最後ＲＣＡ同意移轉所有技術。

一九七六年四月，台灣派出第一批十三名學員赴美接受ＲＣＡ訓練，其中包括史欽泰、曾繁城、曹興誠、蔡明介、劉英達、楊丁元、章青駒等人，先後總計有四十餘人前去受訓。這些「取經大使」，後來都成為台灣ＩＣ產業赫赫有名的人物。

ＲＣＡ收了台灣政府的授權費，還真的傾囊相授，很認真地把技術移轉給台灣。當時派去受訓的學員全都住在一起，白天在工廠認真學習，晚上有什麼問題互相討論。

ＲＣＡ主管也很快就發現，這群台灣人對半導體有超強的學習能力與超高的學習動機。例如，當時有學員發現ＲＣＡ對於各種技術、資料及檔案都整理得相當好，而且全都可以公開給大家看，只要登記名字，就可以把資料影印帶走。很多學員回台灣時，行李箱裡都帶了不少資料。

ＴＡＣ當時的第三個決策，是取得ＲＣＡ技術後，回台灣工研院建立一個以量產為目標的示範工廠。當時，政府沒有為了省錢，而只成立實驗性質的小工場，相反的，將示範工廠的三吋晶圓月產量設計為高達一萬片左右。這樣的設計，就是要為未來進行商業化生產做準備，因為必須產能夠大，才會發現各種量產後會發生的問題，並快速回饋與修正。結果，**工研院量產三個月後，良率就超過美國ＲＣＡ**，遠超乎大家預期。

ＴＡＣ這三個決策，讓台灣可以完整複製ＲＣＡ全套技術，並徹底在台灣落地實現，不是只有學到皮毛，也不是花拳繡腿，是很扎實地把當時最先進的美國ＩＣ技術帶到台灣。以當今全球產業競爭局勢來看，這種跨國的技術授權是絕對不可能再發生的，當年台灣政府花了三百五十萬美元（大約新台幣一．四億元）的授權費，造就了如今近五兆元的半導體產值，真的是太值得了。

第二階段：技術移轉，聯電誕生

ＲＣＡ技術在工研院示範工廠練兵了幾年之後，技術移轉給民營企業，也開啟了第二階段。其中技術移轉的第一家，是在一九八〇年成立的聯華電子。

當時，工研院電子所為了保證技術移轉成功，要求聯電比照當初ＲＣＡ對電子所的要求，要「完全複製」（copy exactly）。不過，聯電在一九八〇年中開始建廠時，美、日已經開始有四吋晶圓廠在量產。因此，聯電堅持不採工研院的三吋晶圓，而是使用四吋晶圓，設備則盡量使用與電子所相同的廠牌，以避免不可預料的變數發生。

這個決定，讓聯電產能大增，技術也從7微米，進步到3.5微米、2微米，製造成本也大為降低。一九八三年工廠正式量產後，第二年就遇上美國開放家庭電話機晶片的熱潮，一九八四年開始賺錢。

此外，聯電還有一個從工研院衍生出來很重要的部門，就是產品設計。這也是後來聯電切割出許多ＩＣ設計公司，打造台灣成為ＩＣ設計產業重鎮的關鍵之一。

不過，工研院電子所最初只打算移轉製造技術給聯電，聯電要生產的產品，則還需向電子所及ＲＣＡ取得授權。聯電經營團隊認為，沒有產品設計能力，永遠要仰人鼻息，因此當時總經理曹興誠就說服在工研院服務的蔡明介加入聯電，這也讓聯電與電子所的關係，一度搞得很不愉快。

但如今證明，這是一個很正確的決定。因為聯電後來培養出很多ＩＣ設計人才，否則如果當初只把ＩＣ設計局限在電子所，或許不容易開枝散葉。如今台灣ＩＣ設計業居全球第二位，全球前十大ＩＣ設計公司中，台灣就占了四家，分別是聯發科、聯詠、瑞昱與奇景，其中前兩家，就是聯電分割出來的公司。除了這兩家之外，還有很多同樣是「聯字輩」（由聯電員工所開創）的公司，例如瑞昱、普誠創辦人都出身聯電，還有智原、原相、盛群、聯陽、聯傑、矽統等，主要團隊也是出身自聯電。

第三階段：台積電成立，新商業模式橫空出世

到了第三階段，一九八四年，工研院電子所又展開超大型積體電路（VLSI）的發展計畫，並於一九八七年衍生出台積電。台灣半導體業也正式從無到有，成就了今天的國際地位。

台積電的成立，規模與層次都比聯電高出甚多，這當然也與台灣產業基礎已逐漸完整有關。除了由工研院院長張忠謀親自領軍，擔任台積電董事長外，工研院也由原本的示範工廠廠長曾繁城帶

隊，總計移轉了一百名以上的工程師出來。此外，工研院六吋 VLSI 工廠，也作價移轉給台積電。台積電還獲得飛利浦投資（持股占二七．五％），以及飛利浦關鍵的全球專利保護傘。

台積電的成立，是以純晶圓代工服務為主，也讓台灣ＩＣ產業鏈的垂直分工模式更為明確。整體ＩＣ產業也從設計、製造到封測，形成完整的產業鏈，並各自找到在國際市場蓬勃發展的空間。台灣晶圓代工產業於二〇二一年占全球六四％，其中光是台積電就獨占五三％，在7奈米以上的先進製程，市場幾乎都由台積電囊括。

台積電成立那一年，華新麗華集團也延攬楊丁元、章青駒等人成立華邦電子，隔年（也就是一九八八年），吳敏求則從美國帶回數十個家庭，創辦旺宏電子。台灣半導體產業的創業風氣日益興盛，國內各大學也紛紛設立電子、電機、材料等半導體相關科系，提供大量人才。各晶圓製造廠及ＩＣ設計公司，也從海外引進許多專家，ＩＣ產業實力更向前邁進一大步。

前面這三個階段，讓台灣半導體從零到一，奠定完整的產業基礎，接著再從一到一百，創造出台灣的半導體奇蹟。在邁向成功的過程中，從政府官員到民間企業有很多人無私奉獻，有無數的無名英雄，他們都是讓晶片之島光芒耀眼的關鍵。

護國群山背後，不應被遺忘的功臣

——潘文淵與胡定華的無私奉獻

張忠謀先生曾在一場座談會上說，在他看來政府當年投資台積電不是「心甘情願」的，政府中只有李國鼎先生相信他。不過，很多過去曾經參與半導體業發展的人，對他這番說法不以為然。例如當年參與其事、高齡九十七歲的前經建會副主委葉萬安，就投書表達對張忠謀說法的質疑。

在我看來，張忠謀說這番話，是他一路走來的霸氣風格，他可能只想表達當年自己的感受。畢竟每個人的感受不同，判斷也會因人而異。我認為，台積電的確對台灣有非常巨大的貢獻，張忠謀也是舉世尊崇的企業家，但台灣半導體產業不只有台積電，也不只有張忠謀。還有很多發生過的人或事，對於台灣產業發展都留下了深刻的足跡。

採訪半導體產業多年來，我聽過很多關鍵推手的故事，從孫運璿、李國鼎、潘文淵、胡定華到史欽泰等。其中很多大家應該已耳熟能詳，例如當時的政務委員李國鼎，對台灣電子產業與經濟的貢獻應該不需我贅言。或許，我這裡來講一講兩位令我印象最深刻的關鍵人物，一位是負責RCA技術授權的潘文淵，另一位是負責推動半導體國家計畫的胡定華。

對台灣半導體產業有重大貢獻的人當中，潘文淵博士是相當特別的一位。他是中國大陸上海交大畢業的校友，是一位從大陸赴美的海外學人，在美國工作多年，服務過RCA，本來與台灣的淵源不深，也沒有在台灣工作或定居過。一九七三年，時任行政院長蔣經國給行政院祕書長的費驊一項重要任務，希望在科技發展方面找一個突破性的項目在台灣發展。費驊是上海交大土木系畢業，因此就找上了同為上海交大畢業的校友潘文淵。

潘文淵被指派為台灣草擬積體電路發展計畫後，辭掉美國工作，來到台灣。當時他出於一片熱誠，在當年政府號召下，為台灣奉獻心力，義務幫忙台灣的潘文淵，不曾在台灣領過一份薪水。前面提到台灣先後派出四十多位年輕人赴美受訓，並推動後來台灣半導體產業的蓬勃發展，背後的主要功臣就是潘文淵。為了紀念這位台灣「積體電路之父」，包括台積電、聯電、華邦電、胡定華等企業及個人，決定共同出資成立「潘文淵基金會」，並設立「潘文淵獎」，做為目前台灣科技業中最高榮譽的終身成就獎。

另一位值得記上一筆的功臣，要算是胡定華了。他是台灣半導體產業能夠發光發熱的奠基者，卻也是一位淡泊名利、不居功的科技界前輩。

胡定華是台大電機系及交大電子所碩士，留學美國取得密蘇里大學電機工程博士後回國。一九七三年，胡定華三十歲，在交大電子工程系擔任教授兼系主任。沒多久，他接下籌備工研院電子所的任務，一九七六年又接下工研院台灣半導體國家計畫的負責人。

在工研院執行國家半導體計畫時，胡定華負責規畫聯電、台積電等衍生計畫，由於他教過許多學生，大家也都會尊稱他一聲「胡老師」。雖然他與每一位從工研院衍生出去的計畫主管都有密切互動，但為了避嫌，沒有加入聯電與台積電。離開工研院後，他選擇從事創投業，先是擔任漢鼎總經理，之後自己創業成立建邦顧問公司，因為他最喜歡的，就是科技創新。

由於胡定華非常支持技術障礙高、創新難度高的公司，因此他曾主導投資旺宏、合勤、晶心科技等企業，其中旺宏是投入非揮發性記憶體利基產業，合勤是研發數據機的網通業者，晶心則是國內少數投入做CPU矽智財的業者。

胡定華先生在二〇一九年過世，當時我曾寫過兩篇文章紀念他。我在文中提到，台灣半導體能夠發展如此成功，固然是很多因素促成，但最重要的，是當時的政府有遠見，也願意大方給年輕人舞台，才成就了一個完美的國家產業發展計畫。

為年輕人才，打造世界舞台與盛世

回顧台灣半導體業這段發跡，從一九七六年RCA技術授權開始，政策的討論與形成有很多前輩的智慧，例如政務委員李國鼎、行政院長孫運璿、海外回來的TAC專家如潘文淵等，後來還有像張忠謀這種具國際企業經驗的專家回國共襄盛舉。這些前輩不僅提供想法及遠見，更重要的是，他們為年輕人打造了大展長才的舞台。

當年被派去海外取經的科技人才——像史欽泰、曾繁城、曹興誠、蔡明介、劉英達、章青駒、楊丁元、陳碧灣等人——很多都是不到三十歲的年輕人，其中負責推動半導體國家計畫的胡定華，當時也才三十三歲。這群無所畏懼的年輕人，以滿腔的熱情與衝勁，為台灣半導體奠定基礎，也開創出接下來四十多年的黃金年代。

我相信，台灣今天積極推動的很多產業，如生技、能源、電動車、ＡＩ網路、軍工，應該可以從過去發展半導體產業的成功找到軌跡。四十多年前，台灣敢把一個國家重大計畫交給一個三十出頭的胡定華，以及一群不到三十歲的年輕世代。如今，領導者有沒有足夠的胸襟與遠見，把舞台交給年輕人？

把製造業當服務業，才能創造超高利潤

——民有、民治、民享

張忠謀先生曾經分享過當年創辦台積電的經驗，談到創業過程中可以參考哪些原則。在我多年採訪經驗中，就曾遇到一個創業家，受惠於張忠謀對創業及選題的影響和啟發，讓我印象特別深刻。

我從二〇〇九年起在環宇廣播電台 FM96.7 主持《陽明交大幫幫忙》節目。有一次，我邀請一二三視科技公司總經理談肖虎上節目，他曾經兩度從工研院離職，後來自行創業。他談到早年服務於工研院時，聽到剛從美國回台灣擔任工研院院長的張忠謀一場演講，改變了他對於創業的許多想法。

當時張忠謀認為，工研院同仁在選擇研究題目時，應該要看產業界有沒有實際的需求，他以美國憲法裡面的「民有、民治、民享」來比喻，讓談肖虎深受啟發。

「民有、民治、民享」是出自美國第十六任總統林肯著名的《蓋茲堡宣言》，這篇演說其實很短，第一段簡述美國立國精神，第二段簡述內戰的神聖使命，第三段悼念烈士精神。全文是這樣結束的：

that this nation, under God, shall have a new birth of freedom—and that government of the people, by the people, for the people, shall not perish from the earth.

譯成中文就是：

吾國，在上帝庇佑之下，自由將新生，這個民有、民治、民享的國家，將在世上永存。

我家就是你家，不，比你家還棒

張忠謀創辦台積電，基本上就是依循「民有、民治、民享」三原則。他從客戶需求出發，把台積電打造成有如客戶自家的晶圓廠（民有）、依照客戶需求而治理（民治），以及與客戶共享成功果實（民享）的目標，把這三個原則徹底落實，台積電才能如此成功。

在林肯總統的主張中，人民擁有國家，是國家的主人。對張忠謀來說，客戶就是人民，民之所欲要長存心中，因此要把客戶需求了解透徹，並做出客戶需要、可以解決客戶問題的東西。

張忠謀講了創業前的一個小故事。當時他有一位朋友想創立ＩＣ公司，若要自己蓋晶圓廠，必須募很多錢，但後來這位朋友找到代工的晶圓廠，讓他可以單純做ＩＣ設計，原本募資壓力也大幅減輕。這讓張忠謀發現，ＩＣ公司對製造代工的龐大需求，也讓他相信專業晶圓代工業務會有很大的發展空間。台積電的晶圓代工業務，就是要做到為客戶服務，而且要把台積電工廠做到有如客戶自己的晶圓廠。

張忠謀說過，早年其他同業的主要客戶，是ＩＢＭ、惠普這種終端電腦產品公司，但台積電的客戶卻是像英特爾、德儀這種自己有工廠的公司。他從創立台積電第一天起，就沒有想要和英特爾競爭，而是要英特爾把生產的任務交給台積電。

台積電把自己定位為「客戶最佳的晶圓代工廠」，吸引了許多沒有工廠的ＩＣ設計公司。台積電把自己變成像客戶家的虛擬工廠，客戶只要敲進一組密碼，就可以隨時進入台積電提供的電腦系統，直接看到晶圓生產進度——目前正在台積電的哪個工廠、進行到哪個流程——就像聯邦快遞（FedEx）用戶可以查閱自己的郵件進度一樣。

台積電的工程師會為客戶解決所有難題，就像客戶自己家的員工，只要客戶一通電話，就可以把台積電工程師從睡夢中挖起來，比自己經營的工廠還要好。

因此，客戶最後往往把最新製程訂單交給台積電，或是把無法解決的最困難問題交給台積電，台積電工程師都會一一解決，真的做到「家花哪有野花香」，讓許多原本有工廠的公司，最後都決定收掉自己的工廠，下單給台積電。

台積電的客戶經常會給台積電出難題，例如某批貨要提前出，要求優先處理，甚至還有超急件

（super hot run）的臨時插單。這時台積電就得趕快更改內部產線排程，想辦法讓客戶提前出貨，但又要減少對其他客戶的影響，不衝擊到公司獲利。這也是為什麼台積電工程師都很忙，除了睡覺以外都在工作，為的就是完成這些最艱難的任務。當然，這種緊急出貨訂單，收費一定不會太便宜。

其實做到這個地步，台積電已不只是客戶的虛擬工廠，也不是在做製造業，根本上已變成服務業了。**把製造業當成服務業在做，也才能創造客戶更高的價值，以及台積電超額的利潤。**

至於所謂的民治，意即人民是治理國家的主體，透過選舉制度找出有能力的人來治理，並且依人民的意志及願望去做。

台積電的管理基本上也是如此，客戶需要什麼技術、什麼製程、要多少成本才能接受，台積電都要彎下腰來傾聽，成為客戶信賴的代理人，把客戶需要的東西做出來，把客戶的需求當成自己唯一努力的目標。

客戶需要最先進的製程技術，才能做出最好的產品，與其他對手競爭，因此台積電就不斷投資研發最新製程，砸大錢蓋最新的晶圓廠；如果有哪些新服務太貴，客戶不願意採用，那台積電就要想辦法把成本降下來，讓客戶願意採用。

例如台積電前研發資深副總蔣尚義就說過，台積電曾做過 CoWoS 的封裝技術，但價格超出客戶預算甚多。高通（Qualcomm）公司反映，這個封裝價格至少要降低到每平方毫米一美分才願意採用，蔣尚義請人算了一下，當時的價錢是每平方毫米七美分，於是台積電後續開發的 InFO 先進封裝技術，就降到每平方毫米一美分，後來也成功賣給了客戶。

這種全心全意為了客戶、為客戶「赴湯蹈火」的文化，在台灣發生九二一大地震之後，發揮了強大的力量。換作在歐美日，發生這麼嚴重的地震，公司員工一定會覺得太危險，要等隔天早上才前往工廠善後。但在台灣，一想到客戶產品在工廠裡，竹科許多工程師連夜飛奔回公司救機台。兩週內，多數工廠就完成復原，一個月後進入正式恢復量產，速度之快把全世界驚呆了。

這就是台灣工程師的精神，看起來很呆、只會賣肝，卻是台灣科技業成功的關鍵。把自己當成客戶的工廠，把自己的工程師變成客戶的工程師，這樣的服務心態哪有不成功的道理？

解決未被滿足的需求，想清楚你真正的客戶是誰

最後的民享，則是人民享受國家進步的成果。對台積電來說，晶圓代工事業就是為客戶而存在的，因為自己沒有產品，所以台積電每年投資那麼多研發及設備，都是為了客戶而做的。客戶成功，台積電才會成功，客戶不成功，台積電就會失敗，所以利益是完全綁在一起的，成果當然也要一起共享。

並非所有公司的目標都能與客戶利益一致，但對台積電來說，這一點非常明確，而且也只有專業晶圓代工廠的台積電才做得到。其他有自己產品及品牌的公司，例如三星及英特爾都無法如此，

因為他們未必是客戶成功，他們才成功，有時也很可能是客戶的產品不成功，才對他們銷售自己的產品有利。因此，晶圓代工事業對三星與英特爾來說，是和客戶有利益衝突的事業。

最近幾年我也關心生技產業的發展，科技業要了解客戶需求，生技醫療產業也是如此。我採訪過不少生技廠商，生技醫藥的開發同樣需要了解市場需求，要解決的是未被滿足的醫療需求（unmet medical need）。否則，一顆藥耗時十年研發及臨床試驗，可能要花費數億美元經費，如果沒能做到滿足及貼近實際的醫療需求，只會浪費更多的金錢以及員工無謂的青春。

晟德藥廠董事長林榮錦說過，了解市場需求後，還要了解目前市場上有哪些對手，他們的藥在設計上有何特色，然後再評估自己擁有什麼利基，能解決哪些最優先的問題。

另外，還要搞清楚最後要賣給誰？由於大部分台灣生技公司規模都不大，很難獨力走完研發到銷售的整個過程，因此還要先想清楚：未來可能會有哪些藥廠想接手？誰來賣這個藥最好？

換言之，不管是科技業或生技業，無論是想創業的人，或是目前已經在經營公司的企業家，「民有、民治、民享」這三原則，都是很好的思考重點，也是檢視自己公司經營治理好不好的指標。

談肖虎說，他覺得張忠謀這番「民有、民治、民享」的建議非常好，於是重新思考自己的創業計畫，到底是不是產業界需要的？

很多創業家都是擁有技術的研發人員，最常見的通病，就是喜歡強調自己有什麼技術，卻因為沒有實際了解客戶需求，往往做了一堆技術及產品，卻無法解決客戶的問題。最後當然是賣不出去，空有技術也無用武之地。

從技術衍生出有用的產品，再以產品形成具價值的服務，最後變成一種成功的商業模式——這是卓越企業在做的事情，可惜的是，大部分企業都做不到。

晶圓雙雄並起，各顯神通

台積電腹背有強敵夾攻的那些年

台積電從創立第一天開始，就是以純晶圓代工為發展主軸，如今做到晶圓代工世界第一，在先進製程技術方面更是一枝獨秀。至於台灣另一家晶圓代工廠聯電，一度與台積電並駕齊驅，但發展之路不太一樣。

聯電是從原先擁有產品的ＩＤＭ（Integrated device manufacturer，垂直整合製造商），進行切割並轉型到純晶圓代工。這段轉型過程，以及和台積電的激烈競爭，對於台灣及全世界半導體產業的專業分工模式，都具有重大意義。

一九八〇年代的全球半導體產業，雖然仍是美國主宰，但日本廠商已開始崛起，對美國的記憶體產業形成威脅。當時的韓國及台灣都還在初期發展階段。

聯電成立於一九八〇年五月，比同年十月成立的新竹科學園區還要早幾個月。聯電「天字第一號」員工劉英達說，他剛去上班時，園區連馬路都還沒鋪好。在那個台灣半導體才剛萌芽的年代，聯電是第一家從工研院衍生出來的半導體公司。

由於聯電是從政府計畫衍生而出的首家民營企業，很多工研院主管及同仁都沒信心，大家都不想被調去聯電上班。工研院內部對於到底要派誰去，一直無法定案。

至於為何是劉英達第一個去？據說是因為當時擔任電子所所長的胡定華，有一天跟劉英達說，他已把人事案送給方賢齊院長，院長已經批了。「胡定華是我在交大電子所的指導教授，他知道我個性好，不會抗拒，所以我就去了。」劉英達笑笑地說。

聯電成立前，工研院的示範工廠是授權自ＲＣＡ的三吋廠（後升級為四吋廠），當時工研院是移轉三吋及四吋技術給聯電，但聯電第一座廠房是自己蓋的四吋廠。最初月產能僅幾千片，也只能生產很低階的消費性ＩＣ，例如當年流行的聖誕卡音樂ＩＣ。

當年在各種條件限制下，晶圓代工生意不穩定。於是接任總經理的曹興誠向工研院爭取產品授權，並請當時在工研院做ＩＣ設計的蔡明介到聯電。一九八二年廠房才剛進入生產，聯電就掌握到美國開放家用電話機市場，逮到電話機ＩＣ的機會。聯電一直到一九九五年，才從ＩＤＭ發展模式轉型為純晶圓代工公司。

力拚台積電，曹興誠大玩合縱連橫

聯電的轉型，與台積電一九八七年成立後快速成長有很密切的關係。

台積電純晶圓代工的模式很成功，業績一路成長，很快就逼近聯電。而聯電來自晶圓代工的業務成長也相當快，逐步追上自有產品的占比。為了爭取更多來自晶圓代工的訂單，聯電決定轉型及分家。

聯電分家，還有一個很重要的因素，就是當晶圓代工廠也擁有自己的產品線，很容易讓客戶產生疑慮，擔心產品會被拿去模仿並銷售。為了消除客戶疑慮，聯電決定將產品部門獨立出去，也因此陸續衍生出聯字輩ＩＣ設計公司，而聯電本身，則轉型為與台積電完全一樣的晶圓代工模式。

在聯電轉型過程中，曹興誠曾想出一個震驚市場的策略。

當時，聯電宣布與美、加兩地十一家ＩＣ設計公司合資，共同宣布興建三家八吋晶圓代工公司，分別是聯誠、聯瑞、聯嘉。聯電在每一家都出資占三五％股權，另以技術作價再取得各公司一五％股權，不僅一次解決轉型時資金不足的問題，更一舉綁住客戶及訂單，同時快速追趕台積電的產能規模。

一九九五年，是全球半導體景氣很好的一年，由於景氣熱絡，晶圓代工產能供不應求，客戶搶不到產能。當時台積電還一度要求客戶下單時必須繳交保證金（deposit），等於是要預先收錢，綁住客戶。客戶為了搶產能，也只好接受這種要求，但心裡難免有些不滿。

於是聯電趁這個機會，尋求和這些ＩＣ設計業者聯盟。業者反應出乎意料的好，短短三個月內，聯電就得到十餘家公司正面回應，願意把原本要付給台積電的保證金，變成與聯電合資的股本。這樣不僅確保未來有足夠的產能供應，出的錢也算是投資，將來可以回收，可以說是一舉兩得。

這種與客戶合資的模式運作了兩年，一九九七年，聯電陸續把ＩＣ設計部門全部分割出去，分別成立聯發科、聯詠、聯陽、聯傑、聯笙、智原與盛群等公司。

到了一九九九年，曹興誠又推動震撼業界的「聯電五合一」，以聯電為主，合併集團旗下的聯誠、聯嘉、聯瑞及合泰等四家晶圓代工公司。合併後的聯電產能規模，大約達到台積電的八五％，大幅拉近兩者的差距。

對聯電來說，這個先把自己的產品部門切割出去，與外部客戶合資成立公司，之後又再全部合併回到母公司的策略，是聯電快速擴大產能並追趕台積電的一場大布局。一九九五年當聯電轉型做晶圓代工時，市占率不到一成，但在四年後合併時，市占率已快速拉升到三成五，和台積電當時的四成五市占率，已經相去不遠。

聯電從一九九五年推動轉型，到一九九七年把ＩＣ設計公司獨立出來，是台灣半導體產業很重要的里程碑。聯電與台積電激烈競爭的同時，雙雙躍上國際舞台，讓台灣成為全球晶圓代工的重鎮。當時聯電切割出來的ＩＣ設計公司，如今也都成為全球非常重要的領導廠商，其中聯發科、聯詠都躋身全球前十大ＩＣ設計業之林。

對台灣科技業而言，聯電轉型還有一個重大意義，就是為後來台灣ＰＣ產業分家帶來啟發。

台灣目前最知名的兩家個人電腦品牌——宏碁（Acer）及華碩（Asus），早期一樣擁有產品及代工兩大業務，但在自有品牌開始成長，但又同時代工ＩＢＭ、惠普及戴爾等歐美大廠時，業務上已明顯出現利益衝突。因此宏碁在二〇〇〇年一分為二：宏碁擁有ＰＣ及筆電品牌，緯創則以代工歐美等大廠訂單為主。華碩也在二〇〇七年拆分為華碩及和碩兩家公司，一家做品牌，一家負責代工業務。

台韓崛起，日本失色

台灣這種專業分工的模式，在全世界半導體及資通訊（ＩＣＴ）產業的發展上，也扮演了重要角色，對日韓及中國等亞洲國家的產業發展都具有示範意義。

早在台灣半導體業開始發展的一九八〇年代，日本廠商也有這種ＩＤＭ廠的模式。不過，由於日本半導體廠都不以專業晶圓代工為定位，基本上都是以生產自有產品為主，只有當景氣不好、產能空出來時，才對外接一些訂單。對ＩＣ設計客戶來說，很難與日本半導體公司進行長期合作。

日本半導體業雖然很早就與無晶圓廠的ＩＣ設計業有頻繁的生意往來，但因為不把代工事業當一回事，無法承諾與客戶長期合作，因此許多成長快速的歐美ＩＣ設計公司都跑到台灣下單，也讓日本逐漸失去在邏輯ＩＣ的發展機會。再加上日本記憶體在一九八〇年代發展達到顛峰，引發美國全面打壓，也造成後來很多日本大型半導體集團逐漸沒落。

另外，韓國半導體業向來由大財團領軍，同樣以發展記憶體為主，並且很快取代了日本的位置，三星、海力士目前在記憶體產業分居前兩大廠。不過，韓國沒有像台灣一樣，明確地把品牌及製造切割開來。直到二〇〇三年，三星才開始投資以邏輯ＩＣ為主的晶圓代工產業，如今還在努力追趕台積電。

至於中國大陸的半導體產業，則是很明顯以台灣做為模仿對象。從二〇〇〇年由前世大總經理張汝京去上海創立的中芯，到台塑集團王文洋赴大陸創辦的宏力半導體，基本上都是以台灣晶圓代工產業為學習目標。大陸的ＰＣ產業，同樣是從台灣的發展模式中學習經驗，大陸聯想電腦創辦人柳傳志就曾在一九九七年來台灣拜訪時，與宏碁董事長施振榮深談過後，回去就決定先暫時不發展海外市場，以深耕大陸本地市場為主。

當然，如果再把時間點拉回二〇〇〇年聯電完成五合一的那一年，以現在的觀點來看，當時也是聯電最接近台積電的時刻。在那之後，台積電又逐漸拉開與聯電的差距。

台積電終究是業界龍頭，對客戶智財權保護比較周詳，在技術、良率、交期及服務等面向也都擁有主導地位，讓很多一級大客戶都下單給台積電。當時台積電最大的客戶是台灣的威盛電子，還有美國的摩托羅拉、輝達、洛克威爾（Rockwell）等等，聯電只能在後面苦苦追趕。

晶圓雙雄，為何規模漸行漸遠

聯電之所以在二〇〇〇年後逐步落後台積電，有幾個重要因素。

首先，從二〇〇〇年開始，台積電與聯電同時計畫切入研發 0.13 微米銅製程。台積電自行開發，聯電則與ＩＢＭ合作，最後台積電開發成功，聯電卻因與ＩＢＭ合作，晚了兩年才推出。一個世代沒有跟上，就影響到後來客戶下單的意願，聯電與台積電的差距就此拉開。

另外，一九九七年聯瑞發生大火，把整座廠房燒個精光。雖然從財務面來看，聯瑞獲得保險公司理賠，不至於對獲利影響太大，但是從ＩＣ設計客戶的信賴度來說，卻是很大的重創。

事實上，不只是聯瑞火災，聯電與ＩＣ設計客戶合資成立聯誠、聯瑞、聯嘉的策略奇謀，雖然當時市場一片叫好，但事後發現，有不少問題隱藏其中。例如三家合資企業中，聯誠總經理張崇德來自聯電，因此設備採用的都是原聯電習慣使用的機台，與聯電的人員及設備可以無縫接軌。但是，聯瑞總經理許金榮及聯嘉總經理溫清章分別來自台積電及華邦電，採用的設備以他們熟悉的台積電及華邦電系統為主，因此在聯電五合一後，由於各種機台設備的參數及編號都不同，花了大量時間進行互通及整併，客戶也要重新進行各種認證。此外，各家公司使用的電腦系統也不同，五合一合併後，耗費很多時間及精力才完成整合，這些都是後來聯電與台積電差距愈拉愈大的原因。

儘管如此，聯電當年在策略上的大膽布局，仍然值得記上一筆。影響力之廣，涵蓋了從半導體到ＰＣ的眾多科技業。台灣科技業就在這種內部激烈競爭，又秉持專業分工、追求服務及效率的架構下，對全世界的產業生態鏈做出極大的貢獻。

吞德碁、搶世大，晶片島上併購戰雲密布

——二〇〇〇年的那幾場半導體併購戰

在台積電發展史上，很少出現併購案，幾乎全是靠自己有機成長茁壯至今。但二〇〇〇年左右，台積電短短八天之內，宣布了兩起罕見的收購案。

時間回到一九九九年十二月三十日，台積電選擇在二十世紀落幕的三十二個小時前，在全世界正屏息等待千禧年到來的時刻，宣布併購德碁（TI-Acer）半導體。

緊接著，八天後，台積電又宣布以一比二的換股比例，併購原本傳言將併入聯電的世大積體電路，為半導體業丟下一枚更大的震撼彈。

短短八天內，先後收購德碁半導體及世大積體電路，到底為什麼？我認為有其競爭環境、條件及前因後果，在台灣半導體史上值得記上一筆。

從產業大環境背景來看，這兩個併購案都是從一九九九年就開始洽談，當時全球資通訊產業景氣熱絡，晶圓代工訂單暢旺。與此同時，聯電與北美ＩＣ設計客戶合資設廠，聯電市占率快速增加，逼近到台積電的八成五。這些都成為台積電的壓力，因此盡快尋找外部併購機會，成為台積電

的策略考量之一。

近水樓台！台積電如何合併德碁半導體

德碁半導體是美商德儀與台灣宏碁合資的企業，原本以生產 DRAM（動態隨機存取記憶體）為主，但因德儀後來退出 DRAM 產業，德碁又多次尋找合作夥伴遇到瓶頸，因此決定轉型晶圓代工產業。

當時兼任宏碁及德碁董事長的施振榮，與張忠謀有多年情誼，施振榮也受張忠謀之邀，長期擔任台積電董事。於是這次轉型，施振榮決定找台積電幫忙。

一九九九年六月，台積電取得宏碁集團手中三成德碁公司股權，並指派曾繁城、陳健邦等人進駐，大力推動轉型。

經過幾個月努力，獲得很好的轉型成效。再加上當時晶圓代工市場需求暢旺，於是台積電決定進一步併入德碁，並以二〇〇〇年六月三十日為合併基準日。在完成合併換股後，宏碁集團原持有的德碁股票全部轉換為台積電股票，宏碁集團成為台積電公司的主要股東之一，也讓台積電與宏碁集團之間原就相當密切的盟友關係，更為深厚。

只是當時台積電以一股換德碁六股，相當於只花了不到三十億元的成本，就取得德碁超過三百八十億元的資產，全年八吋晶圓總產能並由原先的二百八十萬片提高到三百萬片左右，僅次於半導體巨擘英特爾。這也是為什麼當時在合併案宣布後，雖然市場為台積電叫好，德碁內部卻是一片譁然，因為許多人覺得賣得太便宜了。

晶片界的「窈窕淑女、君子好逑」

至於合併世大的過程，更是充滿了晶片大廠之間的博弈與較勁，是相當精采的一段故事。

就在台積電準備併購德碁的同時，市場上也盛傳聯電打算吃下世大積體電路。世大是當時台灣第三大專業晶圓代工廠，握有不少先進製程產能，隨著半導體景氣逐漸翻揚，世大身價也水漲船高，市場上都曾傳出台積電、聯電前往「勘查」的消息，就連英特爾也榜上有名，可見當時世大的熱門程度。世大的大股東當中，包括中華開發及華邦電子。當時身兼中華開發總經理的世大副董事長胡定吾，曾一度以「窈窕淑女、君子好逑」來形容世大炙手可熱的程度。

其中最早退出的是英特爾，由於持股方式等問題沒有達成共識，英特爾與胡定吾、華邦電焦家等世大股東的談判破局，主要競標者剩下台積電與聯電。正好當時台積電宣布併購德碁，讓市場的關愛眼神全部轉移到聯電身上。雖然先前包括曹興誠、宣明智等人曾多次予以否認，但在千禧年前夕，市場卻開始盛傳，聯電將於一月三日五合一正式生效的一、兩天內，宣布合併世大的消息。

結果，最後新郎不是聯電，而是台積電宣布合併世大，換股比例為一比二。當時市場分析，世大總產能為四十萬片八吋晶圓，比德碁大上一倍，假如落入聯電手中，有可能使產業排名豬羊變色。台積電將德碁、世大雙雙納入旗下，從企業競爭與版圖擴展的角度來看，算得上是為所應為。

在併購德碁與世大前，台積電全力擴充產能，但估計仍有近三成左右的客戶訂單需求無法滿足，對於一個以服務為企業精神的產業來說，這肯定會是公司信譽上的嚴重傷害。

張忠謀在合併記者會上，堅決否認這項合併案與宿敵聯電之間有任何因果關係。不過業界人士當時普遍認為，除了聯電，很少有對手能逼台積電出招。

台積電併購世大的消息傳出，大家都很好奇曹興誠會有什麼反應。很多人心想，個性直率的曹興誠會沒反應才怪。果然，在世大併購案後兩天，曹興誠對聯電內部發出一封公開信，信中的曹氏風格一覽無遺。

各位同仁：大家好

此次台積電合併世大，由於換股比例超乎常理，業界譁然。員工苦幹者錯愕不解，投機者得意洋洋；而我業界傳統之務實精神，亦因此金錢遊戲受到重創。

外界先前盛傳，世大將與本公司合併，並已確定換股比例云云，與事實全然不符。實情是世大不斷向本公司提供資料，並請高階主管頻來遊說合併，但本公司從未正式表態，亦從未建議任何換股比例。本公司由於有併購合泰及新日鐵之經驗，深知由併購增加產能，須克服之困難極多，而本公司ramp-up新廠之速度，舉世無匹；兩相權衡之下，除非世大主動提供優惠條件，否則本公司對世大並無特殊興趣。

由事後結果來看，我們可以合理懷疑，先前種種傳聞，係中華開發施放之煙幕，藉以誘發台積電之競標心理。此種商場常用之小手段，竟能使台積電輕易上鉤，實令人難以置信。世大案之錯誤示範，料將激起投機心理，以為興建晶圓廠，未來即使經營不善，總可轉售圖利。為遏止此種投機行為，重塑半導體工作倫理，本公司已正式決定，並鄭重在此宣布：今後絕不在台灣收購任何其他公司之晶圓廠。未來如有任何台灣晶圓廠意圖出售，將請其逕洽台積電，以杜絕炒作空間。本公司未來產能之擴充，除自建或與他人合建精銳新廠之外，將以提升製程及良率為主。如此產能與毛利可以同時提高，不景氣時尚可以避免產能尾大不掉。

半導體廠之投資金額日趨龐大，其經營績效，對國家經濟之影響亦日趨重要；因此半導體公司之經營，須謹慎將事，不僅不可有絲毫投機心理，在景氣暢旺之時，對下次不景氣之來臨，亦須有審慎之準備。倘景氣佳時財大氣粗，魯莽躁進，景氣反轉時，必自食苦果。在此景氣大好之時，本公司高層願以「責任經營」四字，與全體同仁共戒共勉，並謹此預祝各位同仁春節愉快。

董事長曹興誠　總裁宣明智　執行長張崇德

二〇〇〇年元月十日

曹興誠這封信，當天在所有媒體及業界人士手中傳開。

這場併購大戰引發了許多討論，也有各種不同的聲音。依我的觀察，當時台積電在產能及技術上雖然都有領先，但並沒有拉開差距，因此最後出手收購世大，應該是要避免被聯電納入之後，讓聯電壯大、威脅台積電。

二〇〇〇年，是全球科技業很關鍵的一年，那年科技景氣達到最高峰，美國那斯達克指數漲到歷史高點。但股市隨後在二〇〇〇年三月大幅崩跌，網路投機泡沫破滅，產業淘汰賽也跟著展開。在這個歷史性的一年，台灣半導體產業也是熱鬧滾滾，台積電與聯電的較勁，成了那年搶占最多版面的新聞。

台積電併購世大後，原創辦人張汝京很快就到中國大陸另起爐灶，在上海成立中芯國際，一起去中芯的原世大同仁高達上百位。之後又引發兩岸人才的挖角及流動，甚至後來還侵犯台積電的營業祕密及官司纏訟等事件，這些都是後來的故事了。

中芯營運會很辛苦，威脅不到台積電

——張忠謀的神預言

二〇〇〇年是台灣半導體產業風起雲湧的一年，那年台積電收購德碁及世大，聯電則完成五合一全力追趕台積電。另外，世大創辦人張汝京因為公司被台積電收購，帶了百位以上員工到大陸另起爐灶，創辦目前中國第一大晶圓代工廠中芯國際。

當時中國正快速崛起，台灣不少企業西進中國投資，科技業更掀起「移民上海」的風潮。中芯的創辦，成為兩岸與國際的矚目焦點，對於許多想要投身中國大陸的科技人來說，這是一個極具吸引力的指標企業，大家都對中芯的未來前景極度關心。

我曾經在專訪張忠謀先生時，請教他對中芯未來營運及發展的看法。我直接問他：「中芯未來有可能威脅台積電晶圓代工龍頭的地位嗎？」

我記得，當時張忠謀是這樣說的：「中芯不會威脅到台積電，我預期它的營運也會很辛苦。景氣好的時候，也許賺一點小錢，或是不賺錢，不景氣時，就會賠很多錢。」

如今，二十多年過去了，回想當年張忠謀的看法，可以說相當精準。這些年來中芯的營運發展，確實大部分時間都在賠錢，只有幾年有少數獲利。到了二〇二〇至二〇二二年景氣大好，才有較大獲利。

其實，當年聽到張忠謀如此回答，我心中半信半疑，我猜想很多業界人士可能也不太同意他的看法。因為當時中國氣勢如日中天，大國崛起的姿態讓全世界都驚豔，台灣許多產業都面臨人才流失與來自中國的激烈競爭。很多人對中芯寄予厚望，認為將對台灣半導體業造成大威脅。

不過，如今對照中芯的發展軌跡，回頭看張忠謀當年的研判，可以看出他對產業發展及競爭同業的深入觀察。更重要的是，顯然當年的他就已經對晶圓代工產業的未來成竹在胸，也對台積電當時扎根十多年的競爭優勢有充分信心。

有一流的客戶，才有一流的晶圓代工

張忠謀可以在中芯創立之初，就預見它未來的命運，我認為有三個重要的原因。

首先，是台積電的根扎得夠深，張忠謀有絕對自信。

台積電從一開始就以發展晶圓代工為定位，公司的使命就是讓客戶成功，自己就會跟著成功。晶圓代工的主要客戶在歐美，尤其是美國，台積電以美系企業文化為根基，再充分運用台灣優秀的製造人才，為美系一流客戶提供優異的服務，建立晶圓代工霸業。

反觀中芯，總部在中國，但中國ＩＣ設計業仍在發展初期，客戶不夠強、製程不夠先進、規模也不夠大，很難讓中芯磨練出好身手。缺乏高端客戶對技術及服務的挑剔要求，缺乏與客戶一起成長的機會，要追趕以世界一流客戶為服務目標的台積電，談何容易？

對台積電來說，客戶是讓晶圓代工廠成功的關鍵。有一流的頂尖客戶，才會有一流頂尖的晶圓代工公司，若客戶只有三流水準，也只會找三流的代工廠。台積電把一流客戶都吸引過來，其他對手很難有超車的機會。

話說回來，不只是比台積電晚了十三年才成立的中芯沒有優勢，即使是早台積電七年成立的聯電，對晶圓代工的轉型承諾及聚焦不夠深化，一樣很難有超越台積電的條件。

聯電在二〇〇〇年之前透過一連串的轉型、合資、切割再五合一，產能規模一舉拉近到台積電的八成五，但那一年，也是聯電與台積電歷史上規模最接近的一年，之後兩者的差距又再度拉開。

當時很多人一度認為，聯電策略靈活迅捷，而且產能規模已逼近，很快就能追上台積電，包括我自己也曾作如是想。但實際上，聯電打從二〇〇〇年代的 0.13 微米銅製程落後給台積電，與台積電的差距就一路被拉開了。

如今回想，顯然我當時的觀察不夠深入。聯電的策略靈活，其實意味著對核心事業的承諾不夠。至於產能規模，更只是眾多競爭條件之一，其他更重要的還有技術、智財、服務、品牌、企業文化等，這些都是客戶考量是否長期合作的條件，若只看產能這一項，是很難做出正確判斷的。

張忠謀不但認為中芯無法追上台積電，甚至預測中芯營運「大部分時間會虧損，只有景氣好時賺一點小錢」，張忠謀當時沒有進一步說明理由，但我覺得可能是來自他對中國產業發展情勢的總體判斷。例如中國政府會強力制定產業政策，會強勢介入企業投資及管理等等。在產業發展初期，政府的強力主導與介入或許有幫助，但長期來看一定弊大於利，中芯的發展軌跡正是如此。

從一開始，中芯就受到政府過度關心，太多勢力介入，人事更迭與經營團隊改組頻繁，形成內部派系傾軋。再加上中國各地方政府都想投資半導體，投資設廠後卻不善於管理，只好邀請中芯代管，但由於中國幅員廣闊，這些工廠遍布上海、北京、廣州等地，使得中芯團隊疲於奔命，很難發揮營運績效。

擠不進半導體贏者圈？二線與一線的差別

我認為，一個國家的產業競爭力，除了來自產業環境與政策外，更重要的是企業能夠讓專業經理人有充分發揮、一展長才的空間，再輔以資本市場的力量，才足以引導產業做良性發展。如果這些條件都不具備或不健全，必須長期靠政府補貼，通常很難求得好結果。

半導體產業是技術與資金密集的產業，只有像台積電、三星及英特爾這種規模的企業，才能拿到進入國際舞台的門票。但中國政府不斷追逐新投資項目，整體環境也缺乏自由競爭的機制，是中國半導體目前最大的問題，也是讓中芯距離贏者圈還很遠的原因。

當然，中芯始終遠遠落後台積電，還有企業本身的問題。

在中芯創辦與成長過程中，我聽過許多故事。世大被併購後，張汝京帶著孤臣孽子的心情，拿出傳教士般的精神，遠赴上海重建江山，號召百餘名員工一起奮戰。許多在中芯服務過的員工，對中芯都有一股強烈的向心力。但向心力再強，也無法抵銷中芯管理上各種漏洞所造成的傷害。尤其是兩度因抄襲與侵權台積電的官司敗訴，被判賠錢與割讓股權，對中芯的殺傷力非常大。這兩次侵權事件也顯示，中芯似乎想走捷徑，用挖角與抄襲台積電的方式取得技術，而不是靠自己認真長期投資研發，當然很難有超越台積電的機會。

中芯如今雖然位居全球第五大專業晶圓代工廠（次於台積電、三星、聯電及格芯），也扮演中國大陸半導體製造的核心角色，但由於大股東各有盤算，導致內部派系不合，經理人快速更迭，不僅與一線大廠台積電、三星及英特爾差距拉得很遠，展望未來在美中晶片戰的壓力下，中芯恐怕要很努力，才能從二線廠中突圍而出。

回到張忠謀對中芯的預言。我相信，張忠謀二十多年前的預測，或許不見得能夠神機妙算到今天大陸半導體的現況，但我相信他應該早就想得既深且遠。正所謂薑是老的辣，如今張忠謀支持美國（放慢中國半導體發展腳步），也認為中國半導體至少落後台灣五到六年，是否意味著這位老人家也預見多年後的大勢了？

三星可畏，但不是可敬的對手——張忠謀評韓國強敵

在多年採訪張忠謀的經驗中，我很少看到他在媒體前動怒。但有一次，我看到他真的生氣了。生氣的原因，是他認為記者講錯了一個形容詞。

當時的情況是這樣的：有記者問張忠謀，對三星與台積電的競爭有何看法？這位記者說：「以前張董事長說過，三星是可敬的對手……」但記者話沒講完，就被張忠謀打斷。「我不是說三星是可敬的對手，我說三星是『可畏』的對手，英文是 formidable 這個字。」他說。

為什麼要強調「可畏的」、而不是「可敬的」來形容三星？為什麼要為了這個形容詞動怒？張忠謀當下沒有多做解釋。但張忠謀與三星之間的關係，可以從三十多年前談起。

一九八九年，三星前董事長李健熙造訪台灣，請張忠謀及宏碁董事長施振榮吃早餐。張忠謀說，當時李健熙已經知道施振榮想投資德碁公司，希望台灣不要做記憶體，於是邀請他們去南韓參觀三星的工廠。

張忠謀還記得，當時李健熙是這樣說的：「你看了我們工廠後就知道，辦個記憶體廠需要多大

的資本？需要多少人才？你知道了，也許你就決定不投資，跟我們合作好了。」

三星是從一九八三年開始製造記憶體，張忠謀心想，去看看也好。於是他和施振榮，還有當時擔任工研院電子所所長的史欽泰，一起去了首爾參觀三星工廠。

張忠謀看過很多工廠，通常只要花半個鐘頭，就可以知道對方潛力如何。他說，相較於他印象中德儀最好的日本記憶體廠，三星絲毫不遜色。他們共參觀了三天，第三天返台前和李健熙見面。李健熙說：「你們現在應該知道，這要花很多資本，需要很多人才。」

施振榮與張忠謀後來都沒有與三星合作記憶體產業。那次參訪的幾個月後，施振榮宣布成立德碁。工研院電子所也完成電子工業第一期ＩＣ示範設置計畫（一九七五～一九七九）、電子工業第二期發展計畫（一九七九～一九八三）以及超大型積體電路計畫（一九八三～一九八八），更預計進入次微米計畫（一九九〇～一九九四），超大型積體電路計畫後來衍生出台積電，次微米計畫則衍生出世界先進，這兩家公司都由張忠謀領軍，並由台積電投資入股世界先進 DRAM 記憶體的發展計畫。

除了德碁及世界先進，台灣後來還發展出南亞科、茂德、力晶、華邦電等記憶體公司，這些公司都是從日本、德國或美國等地取得授權技術。

當然，三星後來的發展非常驚人，不只橫跨半導體、通訊、面板、手機等領域，也成為一家垂直整合的世界級超級大廠。三星在站穩全球記憶體龍頭大廠地位後，又在二〇〇九年切入晶圓代工業務，與台積電競爭。

天賜良機，三星展開「滅台計畫」

二〇一三年，張忠謀應邀在台北美國商會亞太年會以「台灣高科技產業」為題發表演講。當時台灣正面臨 DRAM、面板、LED及太陽能等四大產業崩壞，我在《今周刊》寫了一個封面故事，提到三星內部有一個「滅台計畫」，要趁 DRAM、面板產業最糟的時刻，把台灣業者逼出市場。

三星會有滅台計畫，主要是因為看到二〇〇八年金融海嘯後，台灣面板及 DRAM 產業都出現巨額虧損。三星認為，這是把台灣競爭對手殺出市場的好機會，因此三星電視品牌部門突然將所有給友達、奇美電（後來被群創合併）的訂單取消，又在後來的歐美面板反傾銷戰中成為告密者，讓好幾位台灣面板同業高層被抓到美國服刑。至於 DRAM 產業則是透過殺價競爭、各種包裹行銷、刻意把低階市場讓給對手等策略，全面瓦解台日廠商的 DRAM 聯盟。

在張忠謀那場演講中，逐一分析IC設計、晶圓、DRAM、PC、面板、太陽能、LED、行動裝置等八大產業，他認為時間可以證明，創新及創造價值才是成功關鍵。龐大的資本投資，有時候反而是企業的負擔。

演講結束後，他被問到三星的滅台計畫。他表示，台積電過去一直認為三星是可畏的對手，也時時刻刻嚴陣以待。「面板、DRAM同樣需要高資本投入，但台灣的DRAM產業一開始就走錯方向，資本投入雖然大，但是欠缺創新，做的都是標準規格產品，拚低價市場，最後只好整併，路愈走愈艱難。」

張忠謀退休後的二〇二一年曾經接受《財訊》雜誌專訪，談到當年見李健熙的情景。他說：「李健熙不是半導體專家，可是他認識、了解半導體的潛力，也認識手機的潛力，是關鍵人物，他是造時勢的英雄。」不過張忠謀說：「韓國有李健熙，台灣有我。那個敢做、勇於承擔風險、創造新商業模式，就是我。」

張忠謀一向是謹言慎行的人，我相信他心中對三星的競爭手段一定有很多不以為然的地方。但口頭上的批評沒意義，最終只有在經營上徹底打敗對方，才是證明自己實力的好方法。

三星曾是台灣很多企業的頭號對手，與三星有過競爭的廠商不計其數，成為其手下敗將的企業也很多。我研究過三星，還寫過一本關於三星的書《商業大鱷SAMSUNG》，談三星在二〇〇八年金融海嘯後，如何短短四年內就把台灣眾多DRAM、面板、手機等競爭者擊垮。出書後，我應邀到台灣各大產業公協會及企業，總計做了四十多場演講，談台灣企業應該如何認識三星，以及如何因應三星崛起的挑戰。

我在《今周刊》寫的這篇〈三星滅台計畫〉，深入採訪許多產業界人士，以及當時在三星總部參與經營會議的主管，解密三星是用什麼手段、如何有步驟地將台灣與日本等對手逐出市場。

直到現在，還是有人問我，三星真的有過「滅台計畫」嗎？其實，產業競爭本來就是很血腥殘酷的，三星的競爭手段之一，就是把競爭對手趕出市場，形成寡頭壟斷後，市場及訂價都由他來決定。我在報導中只寫出其中很小部分，如果你去問問那些曾被三星以各種手法逼死的公司，聽聽他們是如何被三星玩弄的，我相信那些素材應該多到可以寫一本書。

三星是一個大集團，什麼產品都有，既是品牌大廠，又擁有各種零組件事業，可以玩的手段花樣相當多。從早年打敗日本企業，到後來面對台灣、中國的挑戰，從來不曾手下留情過。或許，這就是為什麼張忠謀會說「三星是可畏的對手」了。

三星與台積電之間的競爭，可說互有勝負、難分高下。在記憶體領域，三星從二〇〇八年金融海嘯後，早就把台日等競爭者逐出市場，坐穩龍頭寶座十多年。至於台積電投資的世界先進，儘管張忠謀也曾很努力過，但最後仍在二〇〇〇年選擇退出 DRAM 市場，轉型至晶圓代工產業。

但在晶圓代工領域，顯然台積電目前遙遙領先。台積電全球市占率超過五成，是三星的三倍左右，在先進製程技術甚至獨占九成市場。不過，二〇〇九年才開始投入晶圓代工的三星，至今仍加緊投資，亦步亦趨，完全沒有認輸的跡象。

ＩＣ設計公司鈺創董事長盧超群回憶，十多年前，有一次韓國主辦全球半導體會議，全球六個地區代表都去參加，張忠謀也與幾位台灣企業家一起出席。

盧超群說，他也跟我一樣問過張忠謀，如何看待三星這個超強對手。「Morris（張忠謀的英文名）跟我說，就算三星是gorilla（大猩猩），但若找到牠的弱點——例如腳趾頭——用力踩下去，不見得沒有贏的機會。」

很顯然，盧超群說，張忠謀早就認定三星是關鍵對手，而且想辦法要超越三星。

三個角度，看台韓大戰

雖然這些年來三星曾對台積電造成不小壓力，但我認為台積電與三星在晶圓代工上的競爭，還沒到最後結局，或許可以從三個角度來觀察。

首先，是蘋果公司的訂單。在爭取蘋果這個最重要的客戶時，台積電與三星曾展開激烈對決。二〇一五年，蘋果手機iPhone 6s和6s Plus，首度由兩家廠商共同代工蘋果自行設計的處理器A9。其中，台積電採用的是16奈米製程生產，三星採用的是14奈米製程生產。

不過，當時美國網站iFixit拆解兩款蘋果剛上市手機，發現台積電和三星製造的A9處理器型號不同，而且可輕易辨識。依播放影片、跑測試軟體等不同方法，他們發現台積電版處理器，最高可比三星版省下近三成電力。

這個事件在全球引發一股實測「台積電貨」與「三星貨」效能差異的熱潮，也讓許多買到三星版的手機用戶，大量湧到蘋果專賣店退貨，搞到全世界都知道，原來三星製造的晶片性能比較差。

蘋果也在其後的Ａ10處理器全部改向台積電下單。

在這場兩強爭霸賽中，還發生過一起重大事件。原本在台積電服務的資深研發處長梁孟松，二〇〇九年從台積電離職後，於二〇一〇年加入三星旗下的成均館大學擔任訪問教授，並且參與三星內部的企業培訓工作。二〇一一年七月，梁孟松正式加入三星集團，擔任三星ＬＳＩ部門技術長，同時也是三星晶圓代工的執行副總。

從台積電離開時很不愉快的梁孟松，選擇去台積電頭號對手三星工作，一心想做出成績，證明自己的實力。他說服三星從28奈米製程，直接升級跳至14奈米製程，一次完成三代四級跨越，硬是超越台積電的16奈米。市場認為，後來三星拿下原為台積電獨占的蘋果Ａ９處理器首批訂單，以及高通的手機晶片訂單，都與梁孟松的貢獻有關。

不過，後來台積電認為梁孟松涉嫌洩漏商業機密，對梁孟松提出訴訟，最後打贏官司，梁孟松不可以在三星任職。二〇一七年，梁孟松轉戰中芯，擔任共同執行長，繼續挑戰台積電。

與此同時，三星在14奈米追上台積電，搶到部分訂單，也讓台積電產生強烈的危機意識。

一名台積電工程師回憶，二〇一四年至一五年間，台積電為了10奈米這非贏不可的一役，從原本二十四小時不間斷的生產，再升級提升為二十四小時不間斷的研發，也就是大家熟知的「夜鷹計畫」——研發部門要三班制運作，拉大與三星的差距。

第二個觀察角度，是智慧手機龍頭高通的訂單。

早年高通均以台積電為主要晶圓代工供應商，但後來三星積極搶單，突破台積電為主要供應商的局面。三星雖然擁有自己設計的手機晶片，但也部分採用高通手機晶片，因此三星以採購高通晶片為重要籌碼，說服高通將手機晶片移至三星下單生產。

不過，二〇二二年十一月，高通於夏威夷舉行年度技術高峰會，傳出新一代頂級行動平台Snapdragon（驍龍）8的Gen 2消息。這回，晶圓代工訂單全數由台積電獨家拿下，採用4奈米製程。這也是台積電連續兩度獨家拿下高通頂級手機晶片大單，也打破先前三星獨拿或至少拿下一半訂單以上的情況。

在10奈米及5奈米部分，三星都是獨家取得高通晶片訂單，但到了Snapdragon 8的Gen 1及Gen 1+，台積電都取得半數以上訂單，到了Gen 2的4奈米製程，則成為獨家供應商，主因就是台積電在更高階的4奈米製程、良率及成熟度都比三星強。

不過，這裡還是要補充一下，由於台積電、三星、英特爾三家公司在製程技術節點的定義並不完全相同，因此三家公司即使是用同樣數字的製程技術，卻不一定代表是相同的技術節點。例如英特爾的10奈米，大約是台積電的7奈米，而台積電的7奈米，大約是三星的5奈米，至於台積電的5奈米和3奈米，大概是三星的4和2.4奈米。

近年來，全球手機晶片龍頭高通之所以面對聯發科的強力挑戰，主要原因之一，就是聯發科將主要訂單交給台積電生產。尤其三年疫情期間，晶圓產能極度缺貨，台積電提供大量產能給堅定盟友聯發科，是聯發科市占率得以超越高通的主因。

第三個角度，是美國布局。在地緣政治衝擊下，三星與台積電雙雙到美國投資建廠。台積電在亞利桑那州投資四百億美元，三星則在德州投資一百七十億美元，並喊出二十年內要投資兩千億美元、蓋十一座晶圓廠。

我認為，在晶圓代工的競爭上，三星想追上台積電很不容易，因為台積電持續投資精進，三星若沒有更大規模的投資及研發，兩者間的差距將很難拉近。

但更重要的一點是，台積電一直在談的三個核心競爭力是技術、製造及客戶信任，三星或許在技術、製造都能追趕，但在客戶信任上，台積電沒有自己的產品，一定是客戶先成功、台積電才會成功的理念及定位，這一點三星就明顯不具備。

三星擁有很強的自有品牌，又有眾多上下游產業的布局，是否能夠獲得客戶完全的信任，顯然是要打點折扣的。這是我看三星與台積電的競爭，一個很重要的觀察指標。

一度風光的 DRAM 業，為何不再閃耀？

世界先進，撤退與停損的勇氣

二○○○年初，當時身兼台積電及世界先進董事長的張忠謀宣布，成立才六年的世界先進，將退出 DRAM（動態隨機存取記憶體）產業。他在記者會說：「世界先進退出 DRAM，我與大家一起同悲。」

我們前面說過，世界先進的前身是工研院次微米發展計畫，在一九九四年十二月成立公司，並由台積電參與投資。直到二○二二年，台積電都是世界先進最大股東，持股比率達二八％以上。在台灣 DRAM 產業發展過程中，台灣民間企業投資眾多 DRAM 廠，但只有世界先進是由政府出資的工研院主導。

因此，當世界先進在成立短短六年後的二○○○年，就宣布要退出 DRAM 產業時，震撼了台灣半導體業界，比一九九九年最先宣布退出 DRAM 的德碁半導體所造成的衝擊更大。因為和其他公司以授權國際大廠技術為主的對手不同，世界先進是極少數由台灣自行開發的 DRAM 技術，當世界先進宣布退出，也意味著台灣 DRAM 技術遭遇重大挫敗。

當張忠謀說出「我與大家一起同悲」時，兩百多位從工研院時代就一路走來、在 DRAM 產業堅持十餘年的世界先進同仁，內心更是百感交集，相當不捨。

台灣 DRAM 產業沒有成功，關鍵原因在於沒有發展出自有技術，少部分發展自有技術的公司，頂多開發出一、兩代自有技術後，就因無法跟上技術更新速度而遭到淘汰。

之所以如此，多少也跟 DRAM 產業競爭激烈有關，企業不是大賺就是大賠，很難長期持續投入研發。景氣好時，技術母廠比代工廠賺；景氣差時，代工廠背負太多產能，虧得又比母廠多。這就是以技術授權為主的台灣 DRAM 業者，不容易在該產業發展的關鍵因素。

而且，當 DRAM 技術全靠授權而來，而技術母廠本身有時候也會面臨下一代技術跟不上的窘境，因此台灣每一家 DRAM 廠商想要存活，都必須不斷尋找更新的授權廠商。

以台灣第一家 DRAM 廠德碁半導體為例，最初是由德儀技術授權給宏碁，由雙方合資成立。但是德儀授權給宏碁時，本身已不再做 DRAM 研發與製造，技術開發腳步當然也就停了下來。德碁的技術後繼無力，最後只能轉型晶圓代工，進而併入台積電。

另外，像目前還在生產 DRAM 的南亞科技，是由台塑集團投資，早期是靠授權日商沖電氣（OKI）技術，後來又從日商沖電氣轉到美商IBM、德商英飛凌（Infineon）及奇夢達（Qimonda），再到美商美光（Micron）等，五度更換技術授權與合作開發廠商，技術發展道路相當崎嶇坎坷。

像華邦電也是如此，最早授權東芝，後來轉到富士通、英飛凌、奇夢達及爾必達（Elpida），一樣是不斷更換技術來源。南亞科及華邦電是目前台灣少數還在生產 DRAM 的廠商，但主要已不生產標準型 DRAM，而是以利基型產品為主。

至於茂矽及德國記憶體大廠英飛凌合資成立的茂德，由於不堪多年虧損，後來宣布破產並進行重整，如今已轉型為ＩＣ設計與軟體服務公司。最初引進三菱技術的力晶，則是與世界先進一樣，轉型做晶圓代工，改名為力積電，並在二〇二一年底重新掛牌上市。

由南亞科技轉投資的華亞科技，還有力晶轉投資的瑞晶，後來雙雙被美光收購，日商爾必達也被美光納入版圖，全球 DRAM 產業最後形成三星、海力士及美光三足鼎立的天下。

為什麼 DRAM 產業沒有一起發光

世界先進從成立到結束 DRAM 生產業務，前後短短不到十年，箇中原因也值得細究。

雖然世界先進靠的是自力研發技術，但我認為失敗的原因跟其他同業頗為相似，同樣是受限於經濟規模太小，難以負荷金額龐大、技術不斷躍進所需的研發經費。再加上記憶體原本就已是競爭激烈且相當成熟的產業，龍頭廠商三星大幅領先，世界先進從第一天起就只能苦苦追趕，沒有太多優勢。

台灣DRAM家數太多、規模太小，也是關鍵因素之一。二〇〇〇年初，台灣的DRAM產業約占全球市場二〇％，是僅次於南韓的世界第二大DRAM生產地，但由於業績分散在五、六家公司，每家公司規模都不大，也無法達到獨立研發的經濟規模。二〇〇八年遇上金融海嘯後，各家公司都面臨大幅虧損的財務困境，當時曾被提出的台灣記憶體公司（Taiwan Memory Corporation）整併計畫，可惜最後也沒談成。

DRAM是資本密集產業，台灣一個小島擠進那麼多公司，政策上又沒有發揮整併力量，很難與規模超大的三星及海力士競爭，也注定了後來的悲慘結局。最後，美光趁機進行併購，將台灣、日本虧損累累的DRAM廠全部收編，整合美、日、台的第三勢力，與兩家韓商分庭抗禮。

還有，台灣發展記憶體產業明顯忽略NAND Flash技術，也是另一個關鍵原因。

因為NAND Flash與DRAM在功能與特性上不同，可以產生互補及營運綜效，而且NAND Flash的應用市場增加很快，成長速度不輸DRAM，對記憶體廠商的營運及發展至為重要。台灣缺乏NAND Flash技術，只單壓DRAM，成了敗因之一。

前茂德副總、台大物理系客座副研究員林育中分析，二〇〇〇至二〇一三年，DRAM與平面NAND Flash享有製程與設備可以互為利用的綜效，3D NAND Flash二〇一三年之後崛起，才與DRAM分道揚鑣。缺乏NAND Flash技術，讓台灣記憶體產業沒有產生營運綜效，相當可惜。

如今，台灣僅剩南亞科、華邦電及晶豪科、鈺創等ＩＣ設計公司生產利基型DRAM，在全球記憶體產業市占率只有四%，遠遠落後於南韓的五九%、美國的二九%及日本的八%。

其中，南亞科將華亞科賣掉後，加強在自有製程技術的開發，二〇二〇年宣布10奈米開發成功。華邦電、旺宏也生產 NOR Flash，分居全球市場的第一、二名，另外還有晶豪科、鈺創等企業生產部分記憶體。

整體來看，在全球記憶體產業中，台灣能夠站上全球舞台的企業並不多。相較於台灣在邏輯ＩＣ及晶圓代工的明顯領先，記憶體產業的表現只能說差強人意，需要更努力才行。

台灣 DRAM 的落敗，也給整體高科技業上了一堂珍貴的課。

DRAM 與邏輯ＩＣ的發展軌跡很類似，每一個世代的技術演進都要花大錢。例如台積電的晶圓代工技術，從7奈米到5、4、3奈米，每個世代從開發到量產至少要兩、三年，競爭門檻愈墊愈高。DRAM 也是一樣，因此只有規模夠大、獲利夠多的企業，才有能力繼續朝下世代技術推進。

因此，後進者若沒有很深的口袋、很強大的企圖心，是很難超越領先者的。韓商從九〇年代末期開始建立國際競爭力，逐步把日商淘汰出局，在研發及製造上都累積雄厚實力，新進業者想要超越本來就不容易。

國內 DRAM 產業過去發展模式，主要是取得國際大廠技術授權方式代工生產，除了缺乏自有產品開發技術及品牌通路外，更重要的是，每年都要支付技術母廠龐大的技術授權費用，總計超過新台幣兩百億元。

以平均值來算，台灣 DRAM 廠每年要付約一〇%營收做為技術母廠的權利金。以二〇〇四年的茂德為例，當年茂德獲利一百億元，光是權利金就要付出高達四十五・二億元，就算茂德賠錢，支付的權利金費用也會高達三十三・三億元。

因此，當年前經濟部長尹啟銘曾形容國內 DRAM 業，不但產業自主性低、集中度高，每年還要提列大筆技術移轉費用，這個產業雖然產值很大，但沒有關鍵技術，毛利低，利潤又少。

我認為，台灣在 DRAM 產業的挫敗，也應該成為未來發展其他產業的參考經驗值。台灣資源有限，不該一窩蜂投入熱門產業，當年 DRAM 產業吸引過多投資，加上廠商完全沒有差異化的商業模式，只靠授權取得技術的模式，早就種下日後敗因。

而且，DRAM 產業早已存在韓商這種強大的領先者，想切入 DRAM 產業，一定要想辦法繞過這些大廠。過去聯發科創業時，選擇電腦周邊的光碟機ＩＣ，就是因為英特爾在ＰＣ核心產品太強大，所以要離得愈遠愈好。後來聯發科選擇開發手機晶片，同樣是因為這是英特爾布局不成功的領域，想先從市場邊緣建立優勢，再逐步建立自己的競爭利基。

張忠謀早年在美商德儀工作，曾經目睹日、韓 DRAM 大財團取代美商的過程，對 DRAM 產業的競爭態勢相當清楚。回到台灣創辦台積電並接手世界先進之後，他一定也知道台灣要與三星競爭 DRAM 產業，並非容易的事。相較之下，以邏輯ＩＣ及晶圓代工模式為主的台積電，靠著商業模式創新，有比較大的機會扳倒三星。在張忠謀同時擔任台積電與世界先進董事長那段期間，曾繁城、蔡力行都一度被派至世界先進擔任總經理。台積電內部主管都很清楚，曾、蔡二人都是台積電最幹練的人才，調到世界先進是張忠謀給他們的試煉，可視為接掌台積電總經理前的一場考試。

在我看來，其實無論世界先進如何耗盡全力、不斷砸錢用力投資，記憶體市場都不是對台灣有利的戰場，贏的機會並不大。相反的，避開別人最強的領域，做自己最拿手專精的項目，投入全力去做，比較有機會做出好成績。世界先進早早停損，撤出 DRAM 產業，是正確的抉擇。

企業要懂得撤退，知道何時該停損，才是經營之道。世界先進沒有國際競爭力，拖到更晚才撤退，對公司、對台積電、對台灣半導體產業都不好。「撤退，需要勇氣。」英特爾董事長葛洛夫曾經說。因為一九八五年的英特爾，也曾在日商圍剿下決定退出 DRAM 事業。如今回頭看，張忠謀和葛洛夫都做了正確的決定。

談英特爾、超微、台積電的三角習題之前，讓我先給大家看一看這三家公司在我下筆時，也就是二〇二二年第四季的財報。

台積電公告淨利為新台幣二九五九億元，相當於近一百億美元，年增率高達七七．八四％，預期二〇二三年會繼續成長。

英特爾則出現虧損六．六四億美元，並預期二〇二三年仍然展望不佳。

超微小賺二一〇〇萬美元，並預估二〇二三年第二季起PC業務有望回升。

以上簡單的財報數字對比，透露的是整個產業的大轉變。晶圓代工所帶來的專業分工及新的商業模式，正加速改變半導體產業面貌。

英特爾面對「超微＋台積電」聯盟，市占率節節敗退，二〇二〇年就是很關鍵的一年，因為就在這一年，英特爾與超微市占率首次出現死亡交叉。英特爾銷售的筆電ＣＰＵ晶片，幾乎都是以14奈米（相當於台積電的10奈米）製程技術生產，但超微則採用台積電的7奈米生產，吃下五成的電腦桌機市場。英特爾與超微的產品設計能力在伯仲之間，照理說，不應該輸得這麼慘，但ＩＣ產品的功能來自製程技術的影響至關重大，英特爾會落敗，就是因為當時製程技術已落後台積電，而且差距擴大到一．五代，落後時間超過三年。

此外，英特爾在ＰＣ領域的敵人也不只超微一家，還有一個強敵就是蘋果。二〇二〇年，原是英特爾大客戶的蘋果，宣布將旗下所有電腦產品使用的處理器，改為蘋果自己設計的晶片。當年年底就有三款上市的筆電及桌機是使用蘋果設計的Ｍ１處理器，效能則高達前一代英特爾版本的三．五倍。

過去英特爾新世代產品功能，只較前一世代微幅提升一〇%，但是蘋果設計的新世代晶片一次功能可大幅跳升一五〇%至二〇〇%。蘋果Ｍ１的出現，讓原本壟斷市場的英特爾慘敗，從此之後，許多大型企業如微軟、Alphabet、亞馬遜、Meta 等公司，都模仿蘋果自行設計晶片。

英特爾不僅失去蘋果這個大客戶，而且輸在「蘋果＋台積電」的產業合作架構。蘋果大量下單台積電，自二〇二〇年起就年年高居台積電第一大客戶，二〇二一年更占台積電營收二六%。

「ＩＣ設計客戶＋台積電」的新商業模式，改變許多半導體產品的生態鏈，其中一個比電腦產業發生更早、更徹底的，是二〇〇七年掀起的智慧型手機熱潮。

在智慧型手機產業革命中，除了ＩＣ設計業之外，還多出一個具關鍵影響力的矽智財產業。也就是說，不只是「高通＋台積電」或「聯發科＋台積電」成功奏效，還有安謀（ＡＲＭ）這種提供非常省電且功能強大的矽智財廠商。

安謀創立於一九九〇年的英國劍橋，目前大股東是日本軟體銀行，如今全世界九成以上智慧型手機等行動裝置使用的晶片，都要授權使用安謀的矽智財。由於各家智慧型手機晶片都內建安謀核心ＩＰ，透過「ＩＣ設計＋矽智財ＩＰ＋晶圓代工」更細緻的專業分工，大家都做自己最厲害的部分，才能完成智慧型手機長達十三年的快速成長，造就移動互聯網的大航海時代。

別忘了，英特爾早在一九九九年就開始投資研發手機晶片，但屢屢失敗，到了智慧型手機時代也一直拿不出成績。除了設計趕不上，在手機晶片這種需要量產且需快速降低成本的產業，英特爾的大量生產能力也不及台積電，最後只能在二〇一九年把智慧型手機數據晶片部門賣給蘋果。

結果，英特爾搞不定的事，蘋果接手後大為成功。關鍵原因也是蘋果委託台積電代工生產，大量採用安謀ＩＰ，而不是像英特爾一樣，所有事情都要自己做。

如今，英特爾雖然已完全退出智慧型手機市場，但是旗下的主力產品電腦、伺服器晶片，同樣面臨蘋果來勢洶洶的挑戰。高通也推出「常時連網筆電」（Always Connected PC）或 Chromebook 等非主流或低階產品晶片，預料又會瓜分英特爾的市場。高通這款晶片採用的不是安謀矽智財，而是高通二〇二一年收購 Nuvia 公司的矽智財，目前已獲戴爾等公司採用。高通這個新動作，同樣是

「ＩＣ設計＋矽智財ＩＰ＋晶圓代工」致勝方程式的鮮明案例。

達盈管理顧問公司合夥人方頌仁說，一九九〇年代他在美國德儀公司工作，當時德儀製程技術是 0.18 微米，主管開會時經常會提出兩家企業當 benchmark（標竿），一家是小 i，一家是小 t。前者是比 Performance（性能），後者是比 cost（成本），結果連續兩季德儀的 cost 都輸給小 t。

方頌仁說，當時的小 i 指的就是 intel（英特爾）。但大家都很好奇，小 t 到底是哪家公司？結果老闆透露，是台灣的 tsmc。當時所有德儀工程師都覺得不可置信，竟然會輸給一家台灣小公司。德儀的製造性能輸給英特爾還說得過去，但製造成本敗給名不見經傳的台積電，大家都認為太扯了。也就是在那時候，方頌仁發現亞洲半導體要起飛了，決定辭職回台灣，最後選擇加入聯電。

打團體賽，台積電技高一籌

英特爾的半導體龍頭地位被台積電取代，關鍵就在張忠謀所說的商業模式。

英特爾的產品全部由自有晶圓廠生產，但英特爾的產品線並沒有那麼多，因此當一些舊製程技術逐漸成熟時，英特爾不見得找得到產品生產，對舊製程產能的管理也會很棘手。但是台積電、聯電的成熟晶圓製程，還可以接到很多其他成熟製程客戶的訂單，而且這些成熟製程因為折舊已攤提完畢，反而是公司很強的獲利來源。

台積電可以找到全世界最好的客戶如蘋果、輝達來練兵，把製程技術調到最佳狀態，成熟製程又可以去找合適的客戶如汽車ＩＣ、電源ＩＣ來填產能，這就是晶圓代工高效率及高成長的商業模式。

張忠謀曾引用輝達黃仁勳的話說，台積電與四百位客戶合作共舞，但英特爾則是從頭到尾一個人獨舞。

前面文章提到，台積電創立初期，張忠謀曾找過年輕時代有一點點交情的英特爾創辦人來投資，但對方沒答應。不過，當時全球都是ＩＤＭ（整合元件製造大廠）當道，不管是 DRAM 廠或邏輯ＩＣ、類比ＩＣ廠，全是ＩＤＭ型態，台積電創立時找到的大股東飛利浦，也是擁有設計及製造的半導體ＩＤＭ廠。

飛利浦當初投資台積電，主要是因為當時飛利浦亞洲營運重心在台灣，對台灣生產製造能力很有信心，加上當時的飛利浦亞洲總裁羅益強極力支持，才會投資台積電，完全沒預料到台積電的表現會那麼好。一九九七年，飛利浦把台積電持股全部出清，轉型去做醫療健康事業。

曾經負責台積電研發部門的處長林茂雄回憶，早期台積電的訂單不穩定，因此想替產量較大的 DRAM 廠代工，以填補產能空缺。當時，台積電第二任總經理魏謀（Kraus Wiemer）是德裔美國人，輾轉找到德國西門子（Siemens），希望爭取西門子做 DRAM 技術移轉及代工。

於是，林茂雄與台積電團隊在一九九三年飛到慕尼黑西門子半導體總部。「沒想到才開會不到半小時，就被他們趕出來。」當年從台灣搭機到慕尼黑，大約要二十個小時，結果無功而返，大家只能無奈地搭機回台灣。

我說這幾個小故事，只是想讓大家看到，當年台積電吃過很多國際大廠的閉門羹。就是在這種不被看好的環境中，台積電憑著一點一滴的努力，才累積出今天的成就。

諷刺的是，沒想到當年把台積電主管趕走的德國，在二〇二〇年新冠疫情爆發後的兩年間，由於汽車ＩＣ缺貨嚴重，影響到汽車產業，德國經濟部特別來拜託台灣政府及台積電，希望優先供貨給他們。

林茂雄說，早期他與同事去拜訪國際大公司經常會吃閉門羹，主要是因為這些大公司都有自己的工廠，不太可能將訂單交給台積電。但他也發現，這些大公司主管雖然沒有下訂單，卻持續關心台積電，與他保持聯繫。

這些國際大公司的主管會關心台積電，林茂雄說，原因之一可能是未來若他們想離職創業，要自己設計ＩＣ，不可能自己蓋晶圓廠，會需要像台積電這樣的晶圓代工廠幫忙生產才行。今天矽谷的ＩＣ設計創業家當中，有不少都是當年台積電拜訪過的大公司主管。

回頭看，晶圓代工已是不可逆的產業趨勢。英特爾、超微、台積電如今一消一長的演變，正是半導體歷經專業分工的沖洗下，最具體、最血淋淋的證明。

早在多年前，張忠謀就提出台積大同盟（tsmc Grand Alliance）的概念。這是他引用自二戰時期，英美各國為了對抗德義日等軸心國侵略世界的野心，所組成的同盟國聯軍的概念。如今，台積大同盟不只包括超微、輝達、高通、博通、聯發科這些傳統客戶，更加入許多系統廠商如蘋果、微軟、特斯拉、亞馬遜和Alphabet，以及矽智財廠商安謀、電子設計自動化（EDA）新思科技（Synopsys）等業者，還有艾司摩爾（ASML）等設備廠商等等。透過這種專業分工及大同盟的合作架構，台積電取得了顛覆半導體產業的力量。

因此，與其說是台積電打敗英特爾，不如說是台積大同盟正在發揮威力。這個大同盟的贏者圈，仍在不斷擴大中。那些還未加入大同盟的廠商，可能會有種落單的窘迫心情吧！

交棒失敗，毅然回鍋，打造盛世

——一堂珍貴的企業接班課

五十六歲創立台積電的張忠謀，在二〇〇五年將台積電總執行長職務交給蔡力行，那一年，張忠謀七十四歲。不過，四年後，張忠謀又拔掉蔡力行的職務，自己重新披掛接掌兵符。直到二〇一八年再交棒給劉德音及魏哲家，張忠謀才正式從台積電退休。

張忠謀第一次交棒為何失敗？他又如何安排權力被收回、從高峰跌下來的蔡力行？當權力再度回到自己身上，張忠謀又如何讓台積電攀上新的高峰？

先談蔡力行。他是在一九八九年（台積電創辦兩年後）加入，之前他在美國惠普任職，被曾繁城邀請回台。由於執行力強，一路從副廠長攀升，內部稱他「小張忠謀」，二〇〇一年被拔擢為總經理暨營運長，外界視他為張忠謀的接班人。

果然，張忠謀在二〇〇五年宣布，蔡力行升任總執行長。接下來的四年任期內，從績效來看，接班期間蔡力行表現穩定，沒有讓台積電的業績變差。沒想到，二〇〇八年金融海嘯帶來的嚴峻挑戰，打亂了張忠謀的交棒布局。

當時，全球因金融海嘯造成的景氣急凍，園區許多企業訂單嚴重縮水，台積電業績也一路下滑。根據幾家媒體的描述，當時蔡力行暫緩先進製程40奈米的設備採購，並主導績效考核制度，要求內部淘汰表現最差的五%員工。

結果被裁員的員工拉起白布條，徹夜在張忠謀大直住家外抗議，也讓力圖打造「幸福企業」的張忠謀震怒，決定撤換蔡力行，並重新回鍋擔任執行長。

堅持對員工誠實，就算裁員，也要光明正大

張忠謀重新回任CEO，是台積電發展歷程中很重要的一段歷史，我認為有四個角度可以觀察分析。

首先，我認為張忠謀重新掌舵的想法之一，是要捍衛台積電「對員工誠實」的經營理念。台積電長期以來有所謂PMD（Performance Management and Development，績效管理與發展）考核制度，最早是融合德儀及工研院的制度而來，後來持續修正。但蔡力行當時讓台積電員工不安的是，經營團隊以執行PMD為名，要求績效最差的五%離職，而且沒有任何觀察緩衝期。

根據了解內情的主管說，在德儀任職期間裁過上千人的張忠謀，並不反對裁員。但他主張若是裁員，就要光明正大的裁員，並提出一套可以說服人的評估制度。在員工夜宿事件後，蔡力行的經

營團隊聲稱只是「執行比較嚴格的PMD」，還說「員工是自願離開的」。可能是這一點，讓張忠謀決定重新評估蔡力行的接班大計。

不過，實際上到底為何換掉蔡力行，張忠謀至今都沒有揭曉答案。根據我與多位主管的訪談，很多人認為裁員事件應該只是導火線。蔡力行四年總執行長期間，可能還是有些地方讓張忠謀不滿意，例如過度重視短期績效的達成、對供應商砍價、對客戶的訂價等等。至於真正原因為何，恐怕就有待張忠謀本人來解密了。

拔掉職位的同時，為部屬保留下台階

我的第二個觀察角度，是看張忠謀如何為蔡力行安排下台階。可以想像，蔡力行從權力高峰跌落，心理上必然難以接受。張忠謀要如何做，才能安撫這位資深幹才呢？

在張忠謀宣布撤換蔡力行的記者會上，我注意到，張忠謀並沒有向外界明講蔡力行做錯什麼事，他只針對裁員事件表達「痛心跟遺憾」，而且每一次提到Rick（蔡力行），也強調他是台積電非常重要的人才。

張忠謀不但為蔡力行保留了一席台積電董事，薪酬也沒有減少，並且安排他擔任新事業總經理。張忠謀甚至還說，將來他再度交棒，蔡力行也仍然會是考量人選之一。後來台積電把新事業切割為台積電固態照明、台積電太陽能，由蔡力行出任董事長。

明眼人都知道，新事業說得好聽，其實是挑戰很大的任務，也不會是一個可以大到與半導體晶圓代工相比的事業。很明顯，這是張忠謀給蔡力行保留的下台階，讓蔡力行很有面子的留下來，繼續為台積電效命。

在那之後，蔡力行繼續在台積電工作了四年。二〇一三年十一月，張忠謀再次卸任執行長一職，台積電董事會決定由劉德音、魏哲家接任台積電共同執行長。有意思的是，蔡力行當時也是批准新任執行長上任的董事會成員之一。投下這一票後不久，行政院通過由蔡力行接任中華電信董事長，他才離開台積電。

讀者可以想像，蔡力行從管理數萬員工，變成一個只有二十多人的小事業群主管，心境有多鬱悶。但能夠忍人所不能忍，需要有超強的耐心與定性，我當時認為，蔡力行經歷這個考驗後，日後職場生涯肯定不寂寞。果然，從中華電信董事長退下來後，他又被聯發科請去擔任執行長，繼續創造更上層樓的職場生涯。

大膽押注，一舉站上龍頭地位

我觀察的第三個重點，是張忠謀回任ＣＥＯ後，如何重整軍旗，擴大資本支出，拉開與對手之間的領先差距。

二〇〇九年六月回任執行長的張忠謀，趁著金融海嘯的景氣低迷時刻大舉投資，這是台積電日後一舉站上龍頭地位，大幅甩開其他對手的重要布局。

張忠謀回任後，第一件事是找回已退休的蔣尚義負責研發重任，其次是大手一揮，將二〇一〇年的資本支出上調一倍，拉到五十九億美元。張忠謀在董事會中提出這個議案時，有兩位獨董表達反對，其中之一是前德儀董事長兼執行長安吉伯（Thomas J. Engibous），不過張忠謀最後還是成功說服了董事會。

當時台積電大增資本支出的決定，也嚇壞了資本市場及許多分析師。二〇〇九年上半年，市場還陷在金融海嘯肅殺的氣氛中，許多公司連訂單都沒有，張忠謀如此大膽押注，外資莫不膽戰心驚。

沒想到，二〇一〇年全球景氣勁揚，半導體業隨之成長三一．八%，是歷來成長幅度最大的一年。張忠謀前瞻的決斷，早已大幅擴充28奈米製程產能，正好趕上這波大成長，一舉拿下全球28奈米的八成市場，打出漂亮的一仗。

其實，對於張忠謀近八十歲再回任執行長，董事會當時也不是沒有疑慮，也做了許多討論，但最後仍選擇相信張忠謀，並讓他大幅增加資本支出。事後看來，在張忠謀回鍋接掌兵符，直到二〇一八年卸任，長達近九年的布局，讓台積電的基礎更穩固，也讓他更從容地淡出台積電。

高調接受專訪，犯了大忌？

講到這裡，就要談到第四個重點。蔡力行CEO任內第一次、也是唯一的一次接受媒體專訪，就是在二〇〇九年五月，接受我的邀訪。當時我在《今周刊》工作，專訪後完成一則封面故事，標題是「鐵血管理蔡力行」。

我很榮幸有機會專訪蔡力行，參與了這段歷史的一部分。不過我也多次聽到有人說，蔡力行當年接受專訪，違反台積電執行長該有的低調原則，讓張忠謀不高興，也許是種下他被撤換的原因之一。例如，一位在台積電工作多年的朋友告訴我：「你當時做的那個專訪，大家都注意了。但台積電主管高調接受專訪是第一次，大家也隱約覺得 Rick 犯了大忌。」

「不過後來張忠謀強勢回鍋，把台積電帶到另一個境界，間接促成台積電變成護國神山。」這位朋友說：「從這個角度看，你那篇報導，功勞很大。」

我當然沒有這麼想過，也不覺得自己有什麼功勞。不過，見證與記錄張忠謀交棒過程，我感受到的是：企業傳承確實不容易，選擇接班人要考量的地方很多，上台與下台之間，更是充滿各種智慧的安排。張忠謀從交棒到回鍋，又從回鍋到交棒，最後打造了台積電盛世，或許可以為很多企業家帶來啟發。

至於蔡力行，多年後對於張忠謀的安排，心裡面到底是怎麼想呢？

二〇一七年十月底，台積電舉辦三十週年慶，已在前一年接下聯發科共同執行長的蔡力行也到場共襄盛舉。媒體問他對張忠謀退休有什麼感想，他說他「非常肯定張忠謀對台灣的貢獻，非常尊敬，比尊敬還尊敬」。對於張忠謀交棒給劉德音及魏哲家的安排，蔡力行說「他們兩人都非常能幹」、「董事長安排得很好」，態度從容自若，展現十分的氣度。

蔡力行沒有被挫折打敗，到聯發科後，又繼續帶領聯發科突破新局，強勢挑戰高通。或許在台積電跌的那一跤，正是讓他人生更豐富的一堂課。

把優秀人才全部留下來

——劉德音及魏哲家的接班之路

二〇一八年，八十七歲的張忠謀宣布正式退休。他的交棒與傳承安排，也為台灣企業留下重要典範。

我記得早期採訪張忠謀時，他曾談到美國奇異公司（GE）交棒的故事。他認為GE的交棒並不成功，雖然傳奇CEO傑克・威爾許（Jack Welch）在三、四個候選人中選出傑夫・伊梅特（Jeff Immelt）接班，但其他幾位落選的高階主管後來全都離開奇異。張忠謀說，這些都是很傑出的人才，離開對奇異是很大的損失。

因此，「把人才留住」一直是張忠謀交棒布局中非常重要的考量。他所設計的交棒模式，基本上只是給候選人出考題，觀察誰適合接哪個位置，而不是讓候選人之間彼此惡性競爭。對張忠謀而言，這些原本就已經很成熟、歷練豐富的專業經理人，無論誰接班，全部都要留下來。

他第一個設計，是在二〇一二年任命劉德音、魏哲家、蔣尚義擔任共同營運長。這三位原來就分別負責台積電最重要的三個營運部門——製造、行銷業務及研發。請他們擔任共同營運長，就是要讓他們三位都可以有半年時間輪流接掌原本不熟悉的部門。

這段期間的輪調過程中，經常出狀況。例如原本就負責研發的蔣尚義，對研發進度掌握最好，其他兩位接手時，狀況就比較多。張忠謀曾在接受《天下》雜誌專訪時承認，三人輪調的階段並不是完全成功。

此外，蔣尚義也曾多次向張忠謀表達沒有接CEO的野心。他的年紀較劉、魏稍長幾歲，因此後來的選拔主要是讓劉、魏二人可以有更多研發、銷售的經驗。蔣尚義於二〇一三年滿六十七歲退休，後來才由劉、魏二人擔任共同執行長，形成今天大家熟悉的雙首長制。

在選拔過程中，張忠謀很早就排除從外部找空降部隊來接班的想法。他認為，從外部找空降的人，對內部士氣打擊會很大。

很多人都說台積電有濃厚的美國文化，很多高階主管都留過洋，而且在美國工作過。但在張忠謀眼中，台積電的企業文化中，有七、八成還是很「台灣文化」，在這種情形下，找空降部隊來一定會很難適應。

排除了外面與外國的空降部隊後，內升自然就是以魏哲家跟劉德音二人為主。於是，張忠謀根據劉、魏兩人的個性及特質，設計了兼具互補又齊頭的接班架構。台積電最重要的兩個職務，就是董事長與執行長，為了讓兩個人都留下來，如何安排兩位來接這兩個位子，張忠謀也費了一番思索。

張忠謀在接受《天下》雜誌專訪時提到，魏哲家是自信豪爽、幽默風趣、決策很明快的人，劉德音則深思熟慮、個性較嚴謹，若有足夠時間，思考會非常縝密。因為兩個人相當不同，直到定案前一年，張忠謀才確定由劉德音擔任董事長，魏哲家出任CEO。

CEO不只是「執行長」，應該稱為「總裁」

我們通常將CEO譯為執行長，不過張忠謀認為，這是不正確的翻譯。他認為，CEO絕不只是「執行長」而已。

為了讓大家更了解CEO的職務，張忠謀還分享過CEO一詞的典故。CEO的發明者，是美國開國元勳、憲法起草人之一的亞歷山大．漢密爾頓（Alexander Hamilton）。美國獨立之後，漢密爾頓想自己做點生意，於是在紐約開了一家銀行。

漢密爾頓雖然是老闆，但並不想自己投入經營，於是聘請了一個專業經理人來負責。他心想，要給這位專業經理人什麼職稱呢？然後，他想到了美國憲法。

依據美國憲法，美國是行政、立法、司法三權互相制衡的國家，而美國總統是Chief Executive。於是他心想，那就用Chief Executive Officer這個職稱吧。CEO的典故就是這樣來的。

張忠謀說，台灣常把CEO翻譯成執行長，可能是看到executive這個英文字，和execute（執行）差不多，所以就直接翻譯為執行長。然而，字面上的意思與實際上的意義差很多。

在美國憲法中，總統被稱為Chief Executive，擁有最大的行政權力，但總統不只是政策的「執行者」，同時也是政策的「制定者」。因此張忠謀認為，這翻譯是不對的，CEO手上掌握政策制定與政策執行兩大權力，絕非只是「執行」長而已，應該稱為「總裁」比較恰當。

張忠謀指出，台積電過去沒有「總裁」這個職務（因為他自己就是實質上的總裁），因此劉、魏兩人的職稱叫共同執行長。但他退休後，必須要有一個像是漢密爾頓所想像的那種角色，所以才提出「總裁」這個職稱。

不過，一般美國企業仍然是以董事長與執行長這兩大職務為主，兩者的責任劃分清楚，薪資上董事長也較CEO低很多。為了不讓劉德音成為權力較小的虛位董事長，兩人能夠分工合作，不會產生心結，張忠謀重新調整台積電董事長與總裁這兩個職務的職責範圍，讓兩人可以在角色上互補、擔負起同等重要的責任，薪資也完全相同。這個讓兩人互補、平行的雙首長制，就是希望把兩位人才都留下來，繼續為台積電效命。

在兩人的分工職掌上，董事長劉德音要領導董事會，對政府和社會來說，他是最高代表。至於對客戶、供應商及大聯盟成員來說，總裁魏哲家則是最高代表。

在美式企業中，CEO對重大營運事項都要負全責。但是在台積電，張忠謀要求董事長劉德音必須參加台積電內部最重要的三個策略性會議，包括資本支出會議、訂價會議與銷售季會。在一般美式企業中，董事長是不會參與這些會議的。

張忠謀所定義的總裁，基本上很接近CEO，但為了強調他對CEO職責的重視，才把中文名稱正名為總裁。他也不希望大家誤以為董事長比總裁權力小，因此讓劉德音也能參與重大決策，平衡劉、魏兩人的權力關係。這些做法，都是要讓兩位接班人感受到自己被同等重視。張忠謀的別出心裁，融合東西方的特色，就是要讓交棒過程萬無一失，順利傳承。

CEO最大的責任，就是把外面的世界搬到公司裡

張忠謀在退休後，曾應邀到清華大學演講，透露出他為台積電選擇CEO的思維。他說，他當然知道技術很重要，但業務與市場行銷也很重要。沒有業務，就沒有生意，也就不會有獲利。做生意，才是公司賴以維生的根本。因此除了技術之外，訂價和領導都是CEO的必修功課。CEO最大的責任，就是把外面的世界搬到公司裡面來，動員公司的資源來迎接外部挑戰。CEO是公司內外最重要的連結，把客戶處理得好，股東也會開心。

從這些說法來看，很可能就是張忠謀選擇兩位接班人的理由。張忠謀在《天下》雜誌的專訪中也提到，劉、魏兩人有非常強的互補作用，魏哲家是總裁，但劉德音是公司主要決策的最後把關者，重大決策不論是資本支出、併購、資遣員工、副總以上人事任命等，往往需要充足的時間考量，都要董事會通過。若魏哲家搞錯了，還有最後一道把關者，就是劉德音。

如果兩人意見不合，怎麼辦？張忠謀說：「假如兩人有嚴重的意見分歧，董事會應該扮演相當重要的角色。」

如果情況更嚴重一點，例如其中一人想把另一個人換掉，怎麼辦？依公司組織架構的權力模式來看，台積電仍是屬於董事長制，依法董事長對外代表公司，有權把總裁換掉，但總裁卻換不掉董事長。儘管如此，董事長若要換掉總裁，還是要努力說服董事會所有成員，所以最後決策權仍在董事會。目前台積電董事會成員，都是邀請曾擔任世界級企業或具國際聲望的人士來擔任，若兩人衝突已達無法溝通、解決的地步，最後當然只能由董事會來定奪。

張忠謀在順利選出劉德音與魏哲家兩位接班人、規畫了「雙首長平行領導」的權力模式後，自己選擇完全「裸退」，退休後完全不擔任任何與公司有關的職務，也就是他說的「三不」——不擔任董事，不擔任顧問，不擔任榮譽董事長，什麼都不當就對了。

這就是張忠謀的獨特之處。不少企業主退休後仍插手公司事務，對經營團隊干預指導，放不下權力及好處。張忠謀公私分明，值得創業家學習。

這本書出版時，劉德音、魏哲家從張忠謀手中接下台積電董事長及總裁已經五年。這段期間，全球政經局勢都出現大幅波動——新冠疫情、俄烏戰爭、美中貿易與晶片戰等等，台積電都首當其衝。劉、魏是如何帶領台積電度過這五年的？

其實，劉、魏上任短短半年內，台積電就發生過兩次重大意外。一次是電腦系統及部分產線機台中毒事件，另一次則是光阻劑原料出狀況，導致晶圓報廢超過萬片的事件。

在電腦系統中毒的部分，是因為安裝人員沒有執行病毒檢測，就把機台接上網路，以至於病毒擴散。由於台積電已建置雲端自動化系統，生產系統都已連線，導致病毒快速蔓延，包括竹科、中科及南科等廠區都無法倖免，最後第三季財報認列近二十六億元損失。

二〇一九年一月，台積電內部又因為光阻劑供應商使用不合格材料，導致製程出現問題，南科14B廠製程受影響，報廢晶圓數量超過萬片。台積電一向是業界優等生，短短不到半年就兩度出包，而且正好就在新團隊接手後，讓大家相當緊張。

在中毒事件後三天，魏哲家就召開記者會，向社會大眾解釋及致歉，並把事件定調為「非蓄意的人為疏失」。至於化學材料不合格的部分，則是加強供應鏈管理，並要求內部建立更有效的品質控管機制。

地緣政治帶來各種內外在經營風險

經歷這兩次震撼教育後，擺在兩位接班人面前的，還有更複雜、更難解的挑戰。我認為，至少有三大面向。

首先，地緣政治帶來的各種內外在經營風險。台積電擁有全球最領先的製程技術，如何將這個優勢極大化，並且降低政治對營運的衝擊，這需要很大的智慧，也需要與經營晶圓代工行業完全不同的學問。

二〇一八年起，美國前總統川普對中國發動貿易戰，地緣政治衝突不斷，拜登上任後，對中國晶片封鎖的手段更為激烈。外界對台積電的關注與期待、地緣政治對兩位接班人帶來的考驗，顯然比預期要大很多。

劉德音與魏哲家目前面對的挑戰是：美中晶片戰愈演愈烈，台積電壟斷大部分先進製程及產能，工廠也集中在面臨軍事風險的台灣，已讓台積電成為懷璧其罪的對象。此外，隨著台積電的美國、日本海外投資，二〇二四年要進入量產，要如何讓台積電的製造實力延伸到美日這兩個高成本地區，同時還能保持台灣在技術研發的領先優勢，將是很大的考驗。

在美、日的投資部分，目前日本政府補貼政策比較大方，日本生產成本也不如美國高，再加上日本與台灣工作文化較為接近，因此台積電日本 JASM 公司未來挑戰應該比較小。但是，美國亞利桑那的考驗會不少，除了要向美國政府爭取更好的補貼條件，還要拉近美台兩地生產效率的差距，困難度高很多。

目前德國政府也很積極。由於英特爾、格芯及三星都出現虧損或獲利縮水，在歐洲的投資計畫預計會放慢，因此德國可能也需要提出與日本政府一樣好的優惠條件，爭取台積電的投資。但對於台積電來說，同時間把戰線拉太長，對台積電營運不見得好，德國投資案一定會審慎評估考慮。

投資美、日兩個海外市場，可以說是劉、魏接班後最重大的決定，也可能是未來最大的營運風險。如何讓這些工廠順利運作，解決成本過高的問題，有待他們找出最佳解方。過去張忠謀曾投資美國 WaferTech，但最後沒有成功，如何讓張忠謀的美夢不會變噩夢，是他們接棒後的首要工作。

其實，面對地緣政治，台積電目前的兩大對手——三星及英特爾，對美國的深耕與遊說，都比台積電更有經驗及影響力。面對這種業內與業外都是大猩猩等級的重磅對手，台積電只要在政策補貼或遊戲規則上出現一點閃失，很可能都會吃大虧。這是地緣政治下，台積電未來最可能出現的營運風險，不能掉以輕心。

加強人才及營運的國際化

其次，台積電以製造業務為主，而且偏重投資台灣，未來不論在人才及營運的國際化上，都需要更加強。

台積電能夠超越三星及英特爾，關鍵因素是贏者圈中不只台積電一家公司，而是一個供應商遍布全球、上下游產業鏈綿長的台積大同盟。靠著一大群螞蟻雄兵的支援合作，才能成功超越三星及英特爾比較封閉的系統。

因此，在這個生態系中，所有人都希望台積電成功，因為大家是命運共同體，一旦台積電無法維持龍頭地位，將成為供應鏈成員的大災難。因此，台積電只有讓經營更國際化，大力吸收各國人才，讓營運更順暢，才能持續領先。

劉、魏上任前後，就相當積極進行國際化，例如，與全球最前端的學研機構合作、擴大台積電供應鏈大同盟的成員，還有持續延攬海外人才等，這些布局都要再擴大加強。

其實，對於台積電的國際化營運及管理，張忠謀曾說過，他認為台積電去美國投資，無法像當年德儀那樣，從美國管理全世界。台積電要在台灣總部管理全世界，當然也會有很大的困難。張忠謀這番話，其實就是講給劉與魏聽的。不過張忠謀說，台灣團隊過去做不到的，正好是劉、魏兩人未來最大的使命，能否做到張忠謀認為做不到的事，將是兩位台積電接班人最大的挑戰。

不過，我還是要說：我很尊敬張忠謀，但很希望他的預測是錯的。如果連台積電這家台灣最強的企業，都無法做到「從台灣經營管理全世界」，那麼台灣還有什麼企業可以做到？如果連台積電都沒有辦法國際化，對台灣會是很大的打擊，企業發展國際市場的信心也會受到影響。

護國神山的社會責任

第三點，也是最後一點則是：劉與魏要對台灣社會盡更大的責任，協助台灣走向綠色能源，達到二〇五〇年淨零碳排的目標。

半導體業是台灣用電大戶，先進製程更是吃電怪獸，根據政府的電力報告，以二〇二八年全國負載約四千兩百萬瓩來說，光是1奈米廠就相當全國用電量的二．三%左右。因此，預估二〇二五年台積電整體用電將占全台的一二%，二〇二八年將再增至一五%。

因此，在大家最關切的水電等基礎建設到底夠不夠，還有台灣未來需求龐大的再生能源電力要從哪裡來，都是目前大家憂心的議題。而且，台積電幾乎已經把台灣未來二十年的綠電都買下來了，當綠電資源被一家企業壟斷，也引起不少企業反彈，認為台積電這家台灣最大的民營企業，所擁有的財力與資源，應該比其他企業盡更多責任，而非只是把資源壟斷為其所用。

當台積電已成台灣護國神山，不論是對經濟、股市的影響，或對產業及社會的責任，都需要扮演更主動積極的角色。過去張忠謀擁有國際企業光環及崇高的社會地位，也有很強的溝通與說服能力，不管是對外與國際社會溝通，或是對內與台灣社會對話，張忠謀都很用心，花很多時間投入，未來劉、魏兩人也需要做得更多。

這三大方向，應該就是劉德音與魏哲家最重要的任務了。

蘋果執行長庫克（Tim Cook）於二〇〇九年接棒，當時蘋果是基礎已經穩固、產業地位確立的公司。但庫克接棒後的頭三年至五年的表現，嚴格說都還不能完全算是他的成績，因為有部分要算是賈伯斯留下的資產。但接下來十四年，蘋果繼續維持成長榮景，產業地位也更上一層樓，即使庫克不像賈伯斯那麼有創新力，沒有替蘋果創造出太多新東西，但他在舊有基礎上延續及擴大發展，成績確實很不錯。

同樣的，劉、魏如今大約接班五年多，台積電業績也屢創新高，但這應該有很大一部分是延續張忠謀打下的基礎。或許時間拉長一點，十年後再來觀察，才能看出兩位繼任者到底做得好不好。

我認為，台積電和蘋果很像，都是管理健全、基礎穩固的企業，只要不犯大錯，保持原來領先幅度，很有機會在全球競爭中更上一層樓。兩位接班人應該可以繼續維持台積電霸業，就像每次運動會時台積電同仁喊出的口號：「台積台積，屢創奇蹟。」我們都在拭目以待。

台積電第三代接班人已浮出檯面？

——從TSIA新任理事長侯永清講起

我正在寫這本書的二〇二三年三月，台灣半導體產業協會（TSIA）改選第十四屆理監事並推舉新任理事長，由台積電資深副總經理侯永清出任，接手已擔任TSIA兩屆理事長的台積電董事長劉德音。

TSIA是台灣半導體產業最具分量且最有代表性的協會，會員含括國內所有半導體重量級大廠。從歷屆理事長名單來看，更透露出能夠被推舉為理事長的人，絕非等閒之輩。侯永清代表台積電出馬，顯示這位從台積電眾多副總群中竄出來的新秀，應該是台積電積極培養的接班梯隊人選之一。

除了台灣的TSIA之外，目前全球半導體大國都有類似的半導體產業協會（Semiconductor Industry Association，簡稱ＳＩＡ）組織，從美國半導體產業協會（ＳＩＡ），到韓國半導體產業協會（KSIA）、中國半導體產業協會（CSIA）等，都是由每個國家重量級半導體產業代表組織而成。

成立於一九九六年的TSIA，當然也是台灣半導體最重要的產業協會組織，從TSIA歷屆理事長人選，更可以看出協會在產業界的龍頭地位。TSIA每兩年改選理監事及理事長，第一、二屆理事長由當時任工研院院長的史欽泰擔任，第三、四屆理事長則由台積電董事長張忠謀擔任。

第五、六屆理事長是力晶董事長黃崇仁，第七、八屆是當時台積電執行長蔡力行，第九、十屆為鈺創董事長盧超群，第十一屆由時任台積電共同執行長的魏哲家擔任，第十二、十三屆由台積電董事長劉德音擔任，第十四屆則交給台積電資深副總經理侯永清。

從這份理事長名單來看，除了史欽泰、黃崇仁、盧超群，其他理事長人選都來自台積電，顯示台積電對此協會的重視。而且，協會成立之初，除了當時是由具半官方色彩的工研院院長史欽泰出任外，黃崇仁、盧超群領導的企業都與台積電有密切合作，可以看出TSIA的台積電色彩相當濃厚。

再仔細觀察台積電派出來的人選，除了老帥張忠謀曾御駕親征外，其他代表人都是時任台積電總執行長、總裁、董事長職位的最高主管，如今最新一屆理事長由台積電資深副總侯永清出任，當然也代表他是台積電裡非常重要的人物。

侯永清為美國紐約雪城大學電機暨電腦工程博士，出身交大控制工程及電子所，曾在學界擔任副教授，也服務過工研院電通所。他是在一九九七年加入台積電，歷任設計與技術平台組織資深處長、設計暨技術平台副總經理、研發組織技術發展副總經理等要職，目前為歐亞業務及技術研究資深副總經理。

從專長來看，過去蔡力行、劉德音及魏哲家等接班人都是在晶圓廠營運部門歷練很久的人，侯永清則歷任設計、研發、業務等領域，但沒有晶圓廠營運經驗，是侯永清很特殊之處。

此外，在台積電目前八位高階資深副總中，侯永清也是最年輕的一位。在台積電的接班梯隊中，侯永清已具備獨特優勢，至於接掌台灣最大半導體產業協會 TSIA 的理事長，也意味著台積電開始讓新世代接班人選對外亮相，並參與更多公眾事務。

據了解，在侯永清接掌 TSIA 理事長後，劉德音曾拜託多位 TSIA 理監事幫忙協助侯永清，因為 TSIA 要與ＳＩＡ等國際產業協會做各種溝通交流，而各國的理事長幾乎都是重量級企業的董事長或執行長擔綱，TSIA 由台積一位資深副總擔任，算是少數例外，也難怪劉德音要拜託產業界多支持。

其實，在以晶圓廠營運為主流的台積電高階主管中，侯永清沒有營運管理的歷練，或許是他的弱點之一，但也可能正是他的突出之處。因為，侯永清在設計及研發領域的貢獻，正凸顯晶圓代工產業並非只是工廠營運管理強就行了，還要與設計業者進行更深度的整合，這是台積電之所以有別於其他對手之處。

光榮參加台積電論壇，卻含淚接受頒獎

如果要觀察台積電最重要的競爭優勢，可以從每年台積電都會舉辦的三大論壇來看。

第一個是每年九月舉辦的台積電技術論壇（Technology Symposium），主要邀請所有客戶及供應商參加。在這個論壇中，會揭示台積電未來幾年技術發展藍圖，從製程技術的量產時程，在架

構、效能、功耗、速度等方面各有哪些優勢等等。負責這個論壇的是業務、研發及營運部門相關人員，例如近年來都會出現在會場上的張曉強、羅唯仁及米玉傑。

第二個是開放創新平台（Open Innovation Platform，簡稱OIP）論壇，這是每年十月舉辦的活動，主要參與者是IC設計生態鏈的公司，包括電子設計自動化（EDA）、雲端、矽智財、設計中心及價值聚合設計服務等業者。至於負責OIP論壇的人，則是台積電設計技術平台（Design Technology Platform，簡稱DTP），而這個部門，就是由侯永清一手建立起來的。

第三個則是年底舉辦的供應鏈論壇（Supply Chain Forum），論壇邀請的對象是台積電的供應商。每年都會頒獎給貢獻最多的供應商，也鼓勵供應商繼續努力，達到更好的服務及更低的價錢，讓台積電可以達成最佳營運效率。負責這個供應鏈論壇的人，主要是台積電的採購部門。

不過，很多供應商都會說，參加台積電這個論壇雖然很光榮，但都是含淚接受頒獎。因為台積電對供應商要求從不手軟，各家供應商彼此都是競爭對手，大家每年來領獎之餘，還要一起討論如何再降價，這是一個為台積電賣命的場合。

在台積電這三個重要論壇中，外界都把重點放在第一個技術論壇，但其實第二個OIP論壇也很重要。OIP指的是一個完整的設計技術架構，台積電找來IC設計業者需要的電子設計自動化（EDA）、矽智材夥伴，結合自己的製程參數、技術檔案，提供給客戶大批經認證的設計選項。

也就是說，OIP涵蓋所有關鍵性積體電路設計範疇，可有效降低客戶在設計時可能遇到的各種障礙，並提高首度到台積電投片即可成功的機會。這就有如一位頂級大廚寫出許多食譜，客戶藉此參考設計出獨特的一道好菜，並在台積電的廚房炒出最佳味道。

舉例來說，蘋果在二〇一六年將原本在三星生產的訂單，全部移到台積電生產。這中間當然有很多部門參與貢獻，例如開發先進製程技術的研發部門、投資先進封裝技術 InFO（整合扇出型封裝）及 CoWoS 的先進封裝部門，還有高良率及高效率的晶圓廠營運部門。

不過，一手建立台積電設計技術與設計生態系統開發，並從二〇一一至一八年擔任設計暨技術平台（ＤＴＰ）副總經理的侯永清，功勞也不小。為了讓蘋果的ＩＣ設計可以更快導入台積電生產體系，侯永清當時帶著ＤＴＰ一組團隊進駐蘋果公司一、兩年，將蘋果的設計順利引進台積電廠房生產，讓能耗、良率、效率都明顯大幅提升。

台積電這個ＤＴＰ團隊，正是其他晶圓代工廠難望其項背的主因之一。因為台積電靠的不只是晶圓廠生產效能而已，更與設計業者及生態鏈合作，將各種不同的複雜設計有效地連結到晶圓廠量產，這是其他競爭對手很難模仿的。

再從台積電的接班來看，劉、魏兩人都已年近七十，未來五至十年也勢必要準備交棒，以侯永清目前不到六十歲的年紀，很可能是接班梯隊中的人選之一。

當然，張忠謀交給劉、魏兩個人，未來劉、魏再交棒下去，應該至少也是兩個或甚至可能更多人，採取多人接班及集體領導的可能性不低。

而且，以晶圓代工為核心事業的台積電，目前接班人都出身晶圓廠營運部門，這是公司最核心的部門。因此，若未來出身設計與研發領域的侯永清是接班人之一，台積電一定會加入營運部門主管與他一起搭配，才能補其不足之處。

當然，台積電營運部門人才濟濟，不論是資深副總秦永沛，或是負責美國、日本新廠的王英郎及廖永豪，以及身兼科技院士及營運副總的張宗生，人選應該相當多。只是要做為第三代接班人，條件一定是要更年輕點才行。接下來台積電的世紀交棒，值得大家拭目以待。

第2部　經營與管理

每個人身上都有張忠謀的影子

——為了跑贏，提前半年布局

二〇二三年三月底，台積電增設了「海外營運辦公室」（Overseas Operations Office, OOO），由營運組織資深副總秦永沛、業務開發組織資深副總張曉強及負責亞利桑那相關業務的資深副總凱西迪（Rick Cassidy）三人負責，並且任命台積電營運副總王英郎擔任美國廠執行長，營運副總廖永豪則擔任日本子公司 JASM 執行長。他們兩位除了接下新工作外，也同時負責原本在台灣晶圓廠的管理工作。

這是台積電為強化全球布局、加速海外營運組織效能的一項重大組織調整。這兩位調派督軍美、日兩地的大將王英郎及廖永豪，都是台積電內部營運管理績效最好的高手，也是升遷速度與表現最佳的專業經理人。更重要的是，我認為這兩位可說是台積電成功的「工程師治理文化」背後，典型的代表人物。

先說王英郎。在台積電老員工中，流傳不少關於他的故事。他在台積電內部，曾創下許多升職速度最快的紀錄，是台積電最年輕的經理、部經理、副廠長、技術處長、廠長的傳奇人物。他也曾獲選十大傑出青年，五次獲得國家發明獎，還五度得到張忠謀董事長獎。

之所以能夠創下那麼多紀錄，是因為他每件事都要做到最好，就連台積電運動會的大隊接力比賽，都不例外。

外界都知道，台積電每年會舉辦運動會。其中有一項五千公尺大隊接力跑步比賽，這是最需要團隊合作的競賽，由各廠區派出二十五位男生及二十五位女生組成，每人跑一百公尺，總計跑五千公尺。

一位資深主管說，為了贏得比賽，每個晶圓廠都想辦法做準備，當時他們廠區特別請一位教練到部門來挑人，把跑得最快的男生及女生找出來，當時男生平均可以跑約十二秒，女生則可以跑到十三秒。經過訓練後，大家最後跑出來的成績，比去年的冠軍快了三秒。

由於這個成績真的還不錯，當時大家都覺得，今年冠軍應該就是非他們莫屬了。但沒想到，最後還是輸了，冠軍隊就是王英郎帶領的廠區隊伍，而且至少贏第二名一至兩圈，把大家全驚呆了。

後來大家才知道，原來王英郎為了這個比賽，早就做好準備。由於比賽規定的選手資格，是至少要在台積電任職半年以上的員工，因此他在比賽前半年，就找台南的長榮中學體育班洽談，把整個體育班都雇進他的晶圓廠。體育班男生百米速度都可以跑到十一秒，女生也有十二秒的實力，一般員工根本不是對手。

有些人可能會覺得，不過就是一個大隊接力比賽，又不是與製造或業務有關的事，需要這麼認真嗎？但話說回來，如果一個大隊接力比賽都這麼認真，半年前就布局，那還有什麼事會不認真？

其實不只是大隊接力，王英郎帶領的南科十四廠，在內部其他各種比賽，例如良率改善、出貨比賽、cost down（降低成本）、cycle time（生產週期）競賽等，每次幾乎都是前幾名。體育班學生不只跑得快，在晶圓廠內的績效一樣突出，這就是王英郎能成為台積電升遷最快的主管的原因。

王英郎沒有留過洋，是清大物理系學士、中山材料碩士、交大電子工程博士，他在一九九二年加入台積電，並帶領南科十四廠，把這座廠擴建為全世界最大的晶圓代工廠，是一般晶圓廠的六、七倍大。二〇一五年他升為技術研發副總，又投入研發更先進的10奈米、7奈米和5奈米製程技術，並成功地將這些技術導入生產。

此外，王英郎在全球擁有兩百八十三項專利，其中包括一百三十六項美國專利。在台積電打贏中芯的專利訴訟案中，還用到他的四項專利，其中的專利低溫製程技術，是保護台灣半導體產業不受中國侵權的關鍵。

王英郎績效超強，讓他一直被視為台積電最狠角色，也帶出一批死忠幹部，從台南調任新竹時，還帶了三百多人的部隊到十二廠，被形容為台積電史無前例的大藩王，氣勢無人能擋，當然也引發內部不同的聲音。如今他被指派負責最難搞的美國廠，顯然是高層對他寄予厚望，要在異邦再度展現他的超強領導力。

你十點下班，那工程師就得十一點才離開，哪有生活品質？

另外，早在台積電成立第二年就加入的廖永豪，也是台積電內部績效卓著的營運副總。他負責的台中晶圓十五廠，成功量產28奈米、10奈米及7奈米製程技術，讓台積電成為全球第一個量產7奈米製程技術的公司。他也協助晶圓十五廠創下台積電最快裝機速度和產能提升的紀錄，並讓研發到製造的技術轉移一次到位。

廖永豪在帶晶圓廠時，曾經有一位部經理跟他說，自己做了很多事，都到晚上十點才下班，言下之意對公司很有貢獻。但廖永豪反而提醒他：「你十點才下班，那工程師不是要十一點才能走？這樣哪有生活品質？別人八點都能下班，你十點才能下班，是不是要檢討一下你的工作效率呢？」結果，這位部經理當然很不好意思，不過，從此以後也更加認識這位廖廠長務實的管理風格。

廖永豪負責的台積電日本子公司JASM廠，是唯一台積電非獨資的海外工廠，情況相當特別。他要和很多日本合作夥伴如索尼及電裝（Denso）合作，必須面對台日不同的文化差異及磨合，廖永豪相對溫和的管理風格，應該是領導日本JASM廠的最佳人選。

從王英郎與廖永豪身上，可以看到台積電非常特殊的工程師文化。當每一位工程師都負責盡職，都追求績效及表現，最後就能累積出很大的力量。台積電有六萬五千名員工，其中五萬名是工程師，碩士及博士又占了九成，這群人是台積電的核心，也是組成台灣半導體「矽盾」的關鍵力量，更是未來台積電美國廠要完成不可能任務的主力部隊。

工程師治理文化，功不可沒

對於台積電的海外人才調動，台灣內部出現正反兩面的聲音。批評者擔憂台灣半導體人才會因此外流，但也有正面的聲音認為這是企業海外投資的正常人力調動，不必太擔心。不論是什麼觀點，都深深同意一點，那就是：工程師是台積電及台灣產業最重要的資產。

我記得很早以前，曾聽過時任台積電人力資源副總張秉衡說過，從微觀來看，台積電每個主管的風格都不同，差異很大；但宏觀來看，台積電就是張忠謀的樣子，提到台積電就想到張忠謀，每個人身上都有張忠謀的影子，這就是企業文化最強的滲透力。

我一直覺得，台積電的成功，當然有賴於張忠謀的治理與領導力，但在日常治理台積電這件事情上，像王英郎或廖永豪這種優秀工程師所組成的團隊，功不可沒。

台積電一直有著工程師治理的文化。在公司內部，也是工程師最大，包括許多在其他公司可能牽涉到重大利益的事情，例如設備採購，在台積電則是由機台購買評選委員會（New Tool Selection Committee，簡稱 NTSC）拍板決定。NTSC 是由台積電經理級以上主管組成，評估報告及判斷資料則由各廠區的技術工程師提供。

在採訪半導體產業時，我曾聽過有些公司主管主導設備採購，但每天都要使用到機台的技術工程師卻有意見，覺得沒有買到適合的設備或品牌，或甚至出現主管收回扣及中飽私囊的情況。

但是台積電採購設備，是由技術工程人員決定，不是主導商務或採購的主管決定。要做到這一點，需要長時間累積，把所有與設備相關的知識做紀錄，並且把最好的機器設備、材料及製程都記錄成可以共用的 know-how，再把這套知識快速移植到新的廠房，讓客戶覺得無論把訂單放在台積電哪個廠，都可以獲得同樣好的品質。

因此，當全世界最強晶圓工廠的知識，都累積在台積電的技術委員會檔案中時，設備採購就變得簡單許多。由於所有設備的相關知識都有標準作業手冊，因此業界也流傳一句話：「台積電的設備採購，都是工程師決定的。」

工程師最重要，因為所有事情都要依據專業判斷，這就是工程師每天都在做的事。不過，工程師最重要，但壓力也最大，每天都要面對各種挑戰，這對台積電的工程師來說，就是每天的日常。

例如，台積電接到客戶訂單後，往往會把一筆訂單分散到三個不同的晶圓廠生產，讓內部展開比較及競爭。如此做的好處是，彼此競爭可以看出誰的績效最好，也會刺激落後的工廠趕快跟上；而對客戶來說，也不會因為一、兩個廠區出狀況而交不出貨。

有員工就說，每個台積電人就像一顆小螺絲釘，在整個機器運作時，若是小螺絲鬆動，其他人便會開始追進度，同時自己也需要去追別人的進度。因為一個專案的進行，不會只有你一個人，為了不拖累他人，就會逼著自己快點融入環境，不要成為他人的負擔，不要因為自己的關係而影響到整個團隊。

因此，當每個台積電員工都有責任感時，責任感也會變成一種壓力。這種讓內部激烈競爭的管理模式，就是讓每個工廠的廠長及主管皮都要繃得很緊，壓力比山大。

把公司交由工程師治理的文化，鼓勵內部激烈競爭，也提供一個好環境，激勵工程師可以往上爬，進階管理的工作。而當企業文化形成之後，大家都以此為榮、努力做到，企業的良性循環就形成了。企業文化是決定成敗的關鍵，很多人可能對這句話半信半疑，但在台積電，這真的是公司治理及企業文化中，一個非常核心且難以取代的部分。

說到做到，開會才有意義！——台積電如何開會

對很多主管或員工來說，開會是日常。開會占據每天工作非常多的時間，但到底要如何開會？怎樣開會比較有效率？開會該注意哪些小細節？有沒有什麼禁忌？

我相信這是很多人沒有想過，或是會忽略的地方，看看台積電是如何開會的，或許對增進開會效率會有些幫助。

一位曾經在台積電製造部門工作八年的前台積電主管告訴我，台積電每次開會，最重要的是**先 review 上一次開會的內容，包括未完成的事項等等**，一定要讓相關人等報告上次開會後的待辦事項，確認問題獲得解決之後，才會繼續進行當天的新議程。

進入正式會議後，令他印象最深刻的，就是主管會要求每一位報告人一定要**先講結論，再講為何要這樣做，時間大約只有一分鐘**。你在這一分鐘內的報告內容，大概就決定你的命運了。

關於「開會先講結論」這件事，曾負責台積電研發工作、大家都稱他為「蔣爸」的蔣尚義，就曾說過自己的一段經驗。他說，他剛到台積電時，還不太懂如何報告，一場三十分鐘的簡報，身為

工程師的他只會流水帳式的報告，先說問題，再說實驗方式，接著是數據，最後是結論。「如果你這樣向張忠謀報告，你就麻煩大了。」他笑著回憶，張忠謀會罵人，甚至撕掉報告，叫你出去。

他說自己琢磨了好幾年，才學會反過來講，在報告一開始就先說結論，讓張忠謀覺得自己「值得花三十分鐘聽你講」，接下來，他就會很有耐心的聽你講細節，而且態度很友善。

如果報告的人講不出結論，那麼一分鐘後就可能被要求離開會場了。**主管會再給你一次機會，請你下次開會再來報告，但一定要帶著結論來。主管只會給你第二次的機會，不會再有第三次。**若第二次你還是講不出結論，除非問題真的複雜到主管也解決不了，否則你大概也可以準備捲鋪蓋了。

另外，**每個人要簡報的內容，一定要先讓部門主管知道**。如果你報告得七零八落，其他主管一定會問，你這個報告有給主管先看過嗎？如果沒有，你代誌就大條了。

如果報告前沒有讓主管知道，你肯定會被K到滿頭包，而且不只報告的人被K，主管恐怕也會被K得很慘。因為下屬報告得那麼糟，自己還搞不清楚狀況，表示你這個主管根本沒有用心，被狠K一頓是應該的。

此外，台積電的會議還有一點相當特別。**如果報告的人要指責別的部門的缺失，一定要在開會之前就先知會該部門**。也就是說，當你要提出的問題是發生在哪個部門時，要先與該部門主管就此事討論過，不能直接在會議中提出來，因為這樣做，不僅會讓該部門措手不及，會議主題也會失焦，演變成誰對誰錯的相互指責，會議時間會拖得很長，無法進行有效及建設性的討論。

晶圓製造是台積電公司的核心部門，也是員工人數占比最高的單位，總共分成黃光、蝕刻、薄膜、擴散、離子植入等五大區。由於對生產良率、交期與品質等的要求永無止境，因此製造部門可以說是台積電內部壓力最大、要求也最高的單位。這個部門對開會的細節要求之高、開會時的氣氛之肅殺，可以說是台積電內部最讓人覺得恐怖的部門。

至於台積電的研發部門，開起會來情況就有些不同。研發部門開會不見得很緊張，通常比較融洽，但也同樣會嚴格要求研發進展及效率。

在工廠裡，員工之間的階級區分比較明顯，工廠裡的工程師會稱呼主管「XXX長官」。相較之下，研發部門比較沒有階級之分，彼此交談幾乎都是直呼其名，包括研發部門的副總，大家也是直接叫他的名字。當然，這也只是稱呼上的差異而已，不管哪個部門，對開會的進度及效率，要求都還是一樣高的。

如果你從小工程師升遷為小主管，然後再爬到中階主管位階，例如做到部經理以上，那麼你在台積電內部通常算是可以獨當一面的人了。如果你能善用開會技巧，對於業務上的進展會很有幫助。例如，在整合跨平台或跨部門的計畫上，主持的經理人可以很有技巧地讓其他部門的主管接下你的AR（action required，待完成任務），若能讓這種會議文化做到非常有機的運作默契，這個主管應該就離成功不遠了！

報告進度，報告解決方法，不要一直講問題在哪裡

以上是台積電開會時，大致上需要遵循的方法及原則：要讓會議目標可以達成，問題可以解決。前面講的是「該」怎麼做，接下來當然有「不該」做的事。在台積電開會，哪些事情不能做呢？大致有以下幾點。

首先，報告進度與方向，還有解決問題的方法及做法，要做出有目標及方向的結論，但要注意的是：**細節不需要說太多**。

至於每個人做了多少事、問過多少人、做了多少苦工、過程有多挑戰，這些都不需要講，主管不想聽這個，也沒有空聽。大家都很忙，會又那麼多，你到底做了哪些貢獻，大家從工作成果就可以看得很清楚。

尤其要切記：**不要解釋問題的困難點**。只要報告進度，報告解決方法，不要一直講問題在哪裡。台積電**找你來是要解決問題，不是請你來抱怨的**。

對了，台積電的會議到底多不多？

只要問一下台積電員工，絕不會有人告訴你會議不多。會議不多的人，大概都是因為自己的角色不太重要，或是準備要捲鋪蓋走人了。像當年還未離職前的梁孟松，就有很長一段時間沒事做，沒有會議要開。

只要是正常的台積電員工，每個人的會議當然都不會少。雖然大家都想辦法減少開會，讓開會更有效率，但是晶圓廠內製造流程繁雜，牽涉細節太多，只有靠密集溝通，才能做到更佳管理。每天開會，這些互動密切的同事，也會在年終時成為影響你考績的人。考績決定分紅，這可不是開玩笑的。

在製造部門，打考績的人包括直屬主管，再加上相關部門的主管（例如黃光、蝕刻、薄膜、擴散、離子植入這五個區的部門主管及同事），都會評核你的考績。

不過打考績這件事，研發部門就不太一樣。在研發部門裡，考績主要還是直屬長官決定，因為研發有特殊專長的差異性，其他次部門的同事沒有足夠的專業立場評斷你。不過升遷競爭時，就會引入各部門之間的互評，這時情況會複雜許多，除了專業成就外，能否跨部門合作可能更是重點。

關於在台積電開會，還有一點也很重要，這一點與開會本身不一定有直接關係，而是與工作態度有關，那就是：**每個人對於自己說出來的承諾（commitment），一定要徹底執行並達成**。也就是說，如果你說出了目標，就要說到做到，全力完成自己設定的工作目標。

有一位朋友，原本在另一家半導體公司工作，後來轉到台積電任職。他說，在原本的公司，不論主管還是員工，大家都很習慣講很高大上的目標，但最後往往都做不到，就算做不到也不會怎樣，反正事情過去就算了。但是他到台積電後，發現大家講出來的話都一定會做到，不管是自己的主管或其他部門的同事，每個人都是如此。若有人說出來的承諾沒做到，通常都會「死得很難看」。

他說，在台積電這家公司上班，完全不能打馬虎眼。當你的同事們都能說到做到，你自己就要努力改變自己。你講出目標之前，一定要先衡量一下自己做不做得到。一旦做出承諾，就一定要全力以赴，履行承諾。

我認為，「說到做到」是台積電企業文化中最重要的特質之一。台積電有十大經營理念，也可以精簡成兩組ＩＣ，分別代表：

Integrity 誠信

Commitment 承諾

Innovation 創新

Customer trust 客戶信任

很多公司都重視誠信、創新和客戶信任，但「承諾」就比較少有公司強調。每一家公司、每一位主管天天都在開會，但開會到底有沒有達到效果？是否會而不議、議而不決、決而不行？其實這才是最重要的。台積電透過開會，讓員工學會承諾，然後再徹底要求員工履行承諾。

這位朋友說，他花了好長一段時間才讓自己完全調整過來。從他身上，我們可以看到一家企業的文化，的確可以對員工的行為帶來巨大的改變。

看見台灣半導體的「供應鏈韌性」

——如何在百年大地震後快速復原

「九二一大地震」是台灣史上最傷痛的一頁。這場百年強震不僅奪走兩千條以上人命，一向被視為台灣最具國際競爭力的半導體工業，也在強震、停電、生產線受創中，面臨史上最大挑戰。一九九九年九月二十一日凌晨一時四十七分，台灣發生規模七·三級強震，震央位於南投集集。當時正值千禧年前的景氣高峰，又正值科技業旺季出貨階段，竹科園區內的晶圓廠產能利用幾乎都是滿載。根據經濟部產業技術資訊服務推廣計畫的資料，一九九八年台灣晶圓代工產值達新台幣九百三十八億元，約占全球代工的五三·九%，而 DRAM 產值則占全球的一〇·三%，兩個產業都在全球扮演重要角色。

發生地震的當下，正值美股交易時間，台積電美國存託憑證（ＡＤＲ）當天重挫，跌幅高達九%，許多台積電與聯電代工的ＩＣ設計客戶，例如輝達、Altera、亞德諾（Analog Devices）、PMC-Sierra、SanDisk、賽靈思（Xilinx）等，股價也全部下跌。

當時台灣 DRAM 廠也幾乎都是日本企業的主要代工廠，例如與華邦電有策略聯盟的日本東芝，股價也大跌四％。

倒是美光、三星、現代等同業則漁翁得利，應聲大漲。因為市場傳出晶圓代工訂單將轉至南韓、新加坡等地，當時僅次於台積電、聯電的第三大廠新加坡特許半導體（CSM），股價也是大漲。

由於大地震加上停電，對製程精密的半導體工廠損傷非常大。原本世界各國對台灣何時能夠復工憂心忡忡，日本就有媒體報導，預估台灣大概要花上一個月的時間才能復工。

沒想到，台灣晶圓廠的緊急應變效率，令全世界大開眼界。

許多工程師連夜進廠搶救，也沒有一家公司發生員工傷亡事件。大約兩個禮拜之內，幾乎所有廠商都已恢復生產。一個月後，全面進入全能量產，有些業者甚至還有能力滿足當年底客戶的旺季需求。當時《遠東經濟評論》（*Far Eastern Economic Review*）就指出，台灣半導體廠商的快速應變，將損失大幅降低。也就是這場大地震，讓世界見識到台灣半導體製造業的實力。

當時還沒發生東亞地緣政治衝突，也沒有美中對抗及晶片戰爭等紛爭，所以在台灣迅速恢復生產後，似乎也沒有人多想台灣安危問題。

當然，如果九二一大地震發生在今天，以目前台灣占了全球近七成左右的晶圓代工產能、台積電占全球九成高階製程的情況下，確實有可能發生像美國《商業週刊》封面故事Why Taiwan Matters?（為何台灣很重要？）所說的，當台灣發生地震，會讓全世界經濟停擺。

深夜竹科園區道路上，擠滿了趕回廠區的車輛

我們可以回顧一下當年的情景，遇到這麼大的天災，台灣半導體工業為什麼可以迅速復原？台灣的工程師們到底是做了哪些事，竟然能在兩週之內讓工廠恢復生產，並讓客戶趕上當年旺季出貨？

我認為有三個重要的原因。第一，是台灣企業相當熟悉如何處理緊急事故。

早在九二一強震發生前，大家平常對處理緊急事件——例如火災、停電等等——都有豐富經驗，平時也經常有各種模擬演練，因此當強震發生時，各公司產線上的員工都能立即疏散。「地震發生瞬間，只覺得晶圓廠內一陣左右晃動，許多線上的晶圓片掉落滿地，工廠內的地震檢測儀指著五．三級。平常的訓練告訴我，趕緊撤離為要！」一名當時在晶圓廠內工作的員工回憶。

再加上，台灣位處地震帶，晶圓廠內都有地震檢測儀，只要偵測出四級以上強度，廠內會立即發出警報系統，所有員工立即往外疏散。同時，廠區內化學氣體閥也會立即關閉，不讓有毒氣體及化學物質外洩。此外，緊急備用發電機也跟著啟動，維持爐管及重要精密設備的運作。

由於九二一地震發生在深夜，設備及廠務工程師早已下班，半導體工廠只有夜間輪班人員。在員工迅速撤離後，原本二十四小時運轉的工廠瞬間變得死寂，只剩廠房內的自有發電機轟隆隆啟動，維持二、三成電力供廠務使用。

不過，從睡夢中被地震驚醒的工程師們也都很清楚，情勢非常嚴峻。一位廠務工程師回憶，當

時公司內的廠務工程師幾乎全都連夜趕回工廠，討論該怎麼搶救。深夜竹科園區道路上，擠滿了趕回廠區的車輛。

地震發生那一年，台灣半導體工廠大部分設在竹科，總計園區內有二十六座晶圓廠。當時震央在南投集集，影響最大的是中部及竹科廠房，除了晶圓在製品有不少報廢，為數眾多的石英爐管也都碎裂，還有很多高精準度機台被撞壞，各種設備及零組件都需要立即更新補貨。

以位於園區三期的旺宏二廠為例，據《遠見》雜誌當年十一月的報導，在緊急搶修因地震破裂的水管後，他們於凌晨四點啟動冰機。天亮後，潔淨室環境開始恢復正常，在確定安全無虞下，工程人員馬上進入現場清理檢查，並打電話請原廠設備工程師來做機台調校，並向各國供應商下訂單補零件。

許多工程師一整夜沒闔眼，天亮前就已把損失情形清理完畢。台灣廠商的危機處理與靈活應變，速度及效率都令人欽佩。

除了地震本身帶來的損失，半導體廠最大的威脅就是無電可用。九二一大地震後，台灣晶圓廠可以快速復工的第二個原因，是台電公司快速搶修，提前復電。

台電設施同樣受到嚴重破壞，對竹科園區的供電，原本預計要一直到九月二十七日之後才能復電，但在園區公會向台電及政府各部門積極交涉下，台電最後提前至二十五日就恢復供電。

而且在台電無法恢復供電期間，各家廠商都用自有發電機應急，全力恢復潔淨室的正常環境。

潔淨室若長時間失去恆溫恆濕空調，不但會影響機器的精密度，有的鏡頭還無法運作，若機台酸液外洩，更會腐蝕設備，造成嚴重損失。

別看台灣半導體平常競爭激烈，遇到災情時，彼此都會互相幫忙。同業之間的相互合作，我認為是晶圓廠可以快速復工的第三個原因。

例如九二一隔天，園區仍在停電中，世大（當時還未併入台積電）由於自用發電機運轉過久，下午四點半發生火災。當時離世大最近的力晶馬上趕到現場，接著其他友廠及消防隊也先後到達，大家通力合作，一個小時後順利撲滅火勢。

這是因為園區內的員工之間，若不是曾經當過同事，就是同學或學長學弟關係，只要一出事，大家都會伸出友誼之手。一九九七年，聯電集團的聯瑞發生大火，百億元投資付之一炬，原本聯電與華邦電雙方正在訴訟，後來聯電董事長曹興誠召開記者會宣布，撤銷對華邦電的控告，官司不打了，因為在火災中，華邦電不計前嫌的助聯電一臂之力。

一九九五年，日本阪神大地震對日本的衝擊也相當大，因為大阪及神戶附近，就是日本三大電子廠松下、三菱電機及夏普的總部所在地，有多座半導體工廠。當時阪神附近的晶片產量約占全球的一〇％，全世界有近二成的ＬＣＤ面板產值也集中在神戶及鄰近地區，主要生產廠商是ＤＴＩ及星電（Hosiden），再加上夏普天理廠的產能，所占比重更高達三成。

相較阪神大地震，這場九二一大地震對台灣及全世界科技業的衝擊顯然更大，因為台灣以代工為主，承接的都是歐美日等國際大廠的訂單，全球市占率很高。再加上日本幅員較大，大多數工廠距離地震受損區較遠，但台灣如彈丸之地，廠區更集中，受創當然更大。

如今回頭看，台灣能夠在地震後快速復原，這種能力就是大家在談的「供應鏈韌性」。原本市場預期國際大廠可能轉單到其他公司，後來也沒有發生，也是因為台灣擁有如此強大的製造基礎及應變能力。

二十多年後的今天，台灣半導體業的技術領先幅度、全球市占率及群聚效應帶來的優勢及影響力，顯然又更大了。我們可以設想一個情境：如果今天台灣又發生一次和九二一同等級的大地震，結果會如何呢？

我相信，就算大地震發生在今天，台灣這座晶片之島依然可以很迅速地復原，因為復原所必須具備的能力，是台灣企業早已身經百戰練就的一身功夫。

但話說回來，天災不可怕，可怕的是人禍。若兩岸發生戰爭，飛彈在台灣海峽上空飛來飛去，一不小心掉到晶圓廠裡，再強再有韌性，恐怕也沒辦法救了。

價格以外都要領先對手，讓對手絕望

——揭開台積電訂價策略的神祕面紗

談到台積電的訂價策略，我一直覺得是很值得深入探討的議題。從三十年前採訪半導體產業開始，我就聽過許多關於半導體價格競爭、漲跌價與訂價的各種討論。接下來，我想談談台積電如何思考訂價策略，以及為何張忠謀認為執行長（也就是他所稱的總裁）最重要的任務，就是訂價。

其實，台積電的晶圓代工訂價，幾乎每年都有調降，每個製程的平均年降幅約在四%左右。原因是半導體製造的學習曲線每年都在進步，不管良率、效率及成本控制都更成熟，因此可以維持每年降價的策略。

但就算年年降價，台積電成熟製程仍然是獲利很好的部門。當然，先進製程推出初期，由於學習曲線還未完成，通常必須忍受一定時間的燒錢階段。然而，台積電在會計上採取業界最短的五年折舊攤提法，因此到了第六年攤提結束後，毛利與淨利都會大幅跳升，成為彌補先進製程初期獲利不佳的力量。

台積電的訂價，多年來一直比同業高。這種價格差異應該不難理解，因為台積電是產業龍頭，擁有超過五成市占率，因此在訂價上有很強的話語權。相較之下，晶圓二哥聯電通常就會以老大哥台積電的價格為基礎，再打個七至八折。這是產業界熟悉的價格「倫理」，也建立起晶圓代工市場認同的價格秩序。

不過，台積電每年降價四％的模式，卻在最近三年出現微妙變化。尤其新冠疫情期間，半導體出現超乎預期的景氣榮景，加上各國封城、海港大塞車及俄烏戰爭等因素引發全球高通膨，使得台積電出現兩次少見的價格調漲，一次是在二〇二一年，另一次是在二〇二三年初。

新冠疫情在二〇二〇年初引爆之後，全球掀起宅經濟熱潮，半導體景氣也跟著大好，晶圓代工同業如力積電、聯電、格芯、中芯等都不斷調漲售價，甚至報價都漲到比台積電還要高。為了維持市場秩序，保持與二線廠商之間的價差，不讓太多訂單轉而湧向台積電，因此也決定漲價。

到了二〇二二下半年，通膨升溫、美國升息，全球半導體景氣出現轉折，客戶也開始出現庫存修正。很多同業已出現訂單萎縮、價格疲軟的情況。然而，台積電仍然通知客戶，二〇二三年第一季要漲價，其中八吋價格漲幅六％，十二吋價格漲幅約三％至五％。

台積電決定漲價，有很多考量。首先是反映原物料及各種物價上漲的通膨因素，另外是經營階層認為台積電目前有技術優勢，希望進一步確保獲利空間，準備面對未來的不確定性。當然，儘管台積電說要漲價，客戶還是有議價空間。

此外，台積電漲價很可能還有一個重要原因。當技術進入5、4、3奈米等更先進製程時，由於極紫外光（ＥＵＶ）設備愈來愈貴，學習曲線及困難度也拉高，晶圓製造成本下降速度也跟著減緩。也就是說，原本根據摩爾定律，半導體效能每兩年可以提升一倍、價格降一半，但今天這個速度已明顯放慢，先進製程技術放慢的情況更明顯。

這也就是為什麼，輝達執行長黃仁勳會感嘆「摩爾定律已經死了」。因為製程技術雖然微縮，ＩＣ功能也提升，但價格就是無法同步降低。也就是說，晶圓製造也跟著出現通膨現象，這種情況不只來自原物料等成本的上漲，也來自技術走到極限，遇到了瓶頸。

不要見獵心喜，漫天要價

訂價，說起來好像很簡單，但其實是很複雜的事，很難用幾點原則來下結論。前面我大致概述了過去台積電的價格策略，接下來可以進一步探討，台積電的價格是依據哪些原則制定的？台積電內部又是如何思考漲跌價策略的？

首先，台積電的訂價是依據很複雜的模型計算出來的，這當然也與不同國家的生產成本密切相關。台積電到中國大陸、美國、日本等地投資，每個地方的生產成本顯然是不一樣的。

此外，客戶若有下大單甚至包廠的需求，這也需要分別計算製造成本及可能風險。例如英特爾二〇二〇年原本計畫向台積電下大訂單，當時台積電還特別規畫在新竹寶山，為英特爾設置專屬生產線，也計算出一套訂價模型。不過，後來英特爾執行長季辛格（Pat Gelsinger）上任後改變策略，縮減訂單量，於是台積電在新竹寶山的投資及訂價也跟著重新計算。

其次，台積電的訂價普遍都比對手高，不論成熟或高階製程都一樣。就像前面說的，台積電是龍頭公司，提供客戶更好的良率、交期與服務，這些價值讓它享受產業龍頭獨有的溢價。尤其在7奈米以上的先進製程，競爭對手只有三星及英特爾兩家，而三星又經常殺價搶單，因此台積電報價當然也高出甚多。

不過值得一提的是，台積電雖然訂價高過同業，卻不會見獵心喜，漫天要價，趁景氣好時大肆調漲。多年來，無論景氣好壞，台積電都維持每年降價的訂價策略，也因為台積電的營運效率一直往前進，降價不只對客戶有利，對內也有激勵與改善營運績效的作用。更重要的是，每年降價，可以和客戶經營長久關係，把客戶留下來。有些同業在景氣好時拚命漲價，報價甚至超越台積電，這種方式有點像趁火打劫，不是好的待客之道，也不是與夥伴維持雙贏的好方法。

此外，台積電服務的對象都是一級客戶，訂單較為穩定，通常當其他競爭對手砍單，台積電客戶減單、抽單的幅度都比較輕微。

晶圓生產流程超過上百道程序，從設計、下單到生產，至少要一年以上，因此客戶下訂單時，價錢往往只是其中一項考量因素，不太可能只為一點點降價，就改變往來多年的供應商。台積電既是產業龍頭，還擁有更佳的技術、良率及服務，又持續降價回饋客戶，難怪客戶愈聚愈多。

當然，還是會發生客戶跳槽到別家公司的事件，但這種客戶通常都會後悔，因為對手的品質就是不如台積電。

沒錯，我講的「客戶跳槽到別家公司」，就是指高通跳槽到三星的事件。高通與三星的合作，有很特別的原因，由於三星手機採用高通的晶片，因此三星就用給高通的訂單，來吸引高通下單給三星生產。高通原本想藉此向台積電砍價，卻被台積電拒絕，於是轉而向三星下單。但是三星晶圓製造良率低，高通不見得能獲得更大的商業利益。

面對同業競爭，台積電最重要的護城河，是擁有7奈米以上的先進製程，這些都是高單價的產品線，也是競爭對手沒有或做得不好的領域。由於競爭對手少，所以台積電有價格制定權，目前先進製程的營收已占台積電整體營收一半以上。至於獲利貢獻，則要看良率、效率及成本控制的進展速度，等到學習曲線完成後，獲利才會爆發出來。

台積電訂價策略之所以能夠一直立於不敗之地，還有一個關鍵因素——美商蘋果的貢獻。蘋果目前是台積電第一大客戶，占台積電營收高達二六％，蘋果不只把旗下ＰＣ、手機、電源管理及微控制器等ＩＣ訂單全都下到台積電，也要求其他配合的ＩＣ供應商（companion chip），也必須在台積電下單。

蘋果這項要求，是供應鏈管理中很重要的一環，因為蘋果每年可以出貨多少支 iPhone，要看台積電可以生產多少手機基頻等晶片，也要看其他供應商能提供多少晶片，缺一個都不行，否則手機就無法出貨。因此蘋果對於其他供應商的晶片生產量，當然也要進行列管。為了便於掌握管理，蘋果才會要求這些晶片供應商都在台積電下單，如此才能與台積電一起進行更好的產能調配。

以上是台積電大致的訂價策略。不過，一定有人會好奇，我講的都是近幾年的訂價策略，也就是台積電在市占率及技術都明顯領先的情況下，才能採取這樣的訂價策略。早年台積電技術還未領先時，又是如何訂價的呢？

其實台積電成立之初，製程技術是2微米（即2000奈米），比當時英特爾、德儀、摩托羅拉、飛利浦最先進的1微米，大約落後二・五到三個世代。但是台積電在成熟的2微米製程中，卻可以用台灣更好的人力素質，做到比別人更高的良率及效率，因此訂出來的售價非常誘人，對客戶來說真的是物超所值。而對台積電來說，這樣的價格已經能帶來很不錯的獲利，還可以維持每年降價的策略。

會出現這種狀況，就是因為台積電降低成本的能力比任何公司都高。所以台積電最初的大股東飛利浦，很早就發現下單給台積電的報價，竟然比自家工廠生產的成本還要低。這是台積電專業晶圓代工比ＩＤＭ（整合元件製造廠）有價格競爭力的開端，飛利浦從此以後就大量委託台積電生產，自己內部的工廠則逐漸收掉、不擴充了。

我在本書一開始談到台灣半導體成功的3＋1要素中，提到台灣電子業第一個競爭優勢，就是員工勤奮努力、超時工作加上薪資不高，管銷研等營運成本低。當歐美日等外商在毛利率四〇％以下的產品都無法做時，台商接來做卻還能產生不少利潤。這是台灣廠商最重要的競爭屏障，也是台灣電子業早期崛起的關鍵因素。

公司治理的最高機密：要在價格以外的所有領域，都領先對手

對於訂價，張忠謀有很豐富的實戰經驗。他曾多次強調，執行長要對訂價很有主見，而且要把這件事抓在手上。對於各種技術及服務等晶圓代工的產品訂價，台積電內部還設立一個部門，專門計算訂價及制定價格策略，這個部門直屬於企業規畫組織，並由一位副總經理負責，每週固定向張忠謀報告。過去做過這個工作的副總有已退休的孫中平、王建光，目前由李俊賢接任。

張忠謀曾在一九九九年，親筆寫下（也是唯一的一份）台積電十一項策略，當時這份手稿只給十幾位主管看過，是公司治理的最高機密。其中最重要的一點就是：台積電要在價格以外的所有領域，都領先對手。

換句話說，台積電的訂價一定比同業高，但除了價格高以外，其他所有領域如技術、良率、交期、服務，都要領先對手。也因為在其他領域都比同業有優勢，因此在訂價上擁有主控權，客戶只能接受台積電的訂價。

就像蘋果手機價格比別的廠牌貴，但消費者還是願意買單，台積電的晶圓代工服務也一樣，比

別人貴，同樣也讓客戶覺得物超所值。

張忠謀曾經以公司的人事結構，來解釋「訂價」的重要性。他說，執行長的薪水通常是普通工程師的五十倍，比作業員高四百倍。

為什麼執行長可以賺五十倍的薪水？因為公司的利潤是訂價減去成本，假設你需要少掉一千個工程師，才能減少一%成本，有訂價能力的執行長只要把價格調高一%，就可以達到跟減去一千個工程師一樣的效果。如果訂完高價還能賣得出去，這當然就是執行長可以領高薪的原因。

當然，有時候市場競爭激烈，不降價已經很困難，要漲價更談何容易。張忠謀說，如果你賣的是沒有差異化的商品，價格就不是由你決定，而是取決於市場與競爭對手。但如果你做的是客製品，就相對有較大的訂價空間。

台積電做的晶圓代工，比較屬於客製品，不像三星的記憶體是標準商品，因此台積電有較大的訂價空間。何況，既然身為產業龍頭，就擁有當仁不讓的訂價權。

張忠謀在交棒後，除了要求魏哲家要盯緊訂價，更規定董事長劉德音也要參與資本支出、訂價與銷售等三個會議，並且要與魏哲家做出最後定奪，不能在訂價上出錯誤。很多公司應該都從未聽說過這種規定，可見張忠謀對於訂價的重視程度。

訂價策略不僅是門大學問，也是考驗執行長能力的標準。張忠謀第一次交棒給蔡力行沒有成功，據我所知，也跟訂價策略有關。

二〇〇九年金融海嘯，全球資金斷鏈，景氣急凍，執行長蔡力行只好積極降價。據了解，當時張忠謀並不是很認同。張忠謀回任執行長後，對於訂價也展現強勢，除了守住價格外，再輔以資本支出大增，快速推進更高端的製程，很快就在景氣復甦後，再度取得領先。

前面提到，台積電每年維持平均降價四％的策略，是因為台積電製造成本不斷下降，因此可以回饋給客戶，讓客戶也能享受台積電進步的成果。不過，台積電也沒有採取過削價競爭策略，把其他對手逼上絕境。這或許是因為邏輯ＩＣ都是客製化生產，不是標準產品，而且台積電從創辦至今，晶圓代工都一直處於長期高度成長的狀態，因此從來不需要用削價手段來競爭。

張忠謀於德儀擔任半導體總經理時，倒是曾用過降價策略逼死競爭對手。他曾經在一次演講時，展示了一九七四年的一則新聞報導，剪報上的標題是 TI continue cutting prices on TTL: Chang（張忠謀：德儀持續調降電晶體邏輯價格）。

「在半導體行業，要的都是五〇％以上的毛利，因為需要很多錢做研發與設計，台積電為什麼要降價？」這是很多人的疑問。

「我的策略，就是要讓對手絕望。」張忠謀說，當時ＴＩ（德儀）的電晶體邏輯市占率雖然近五成，但仍有許多競爭者。「ＴＩ能賺四〇％，對手只能賺二〇％，但我還繼續降價，再加上我們有 learning curve（學習曲線）的優勢，他們毫無希望。」

德儀當年做的電晶體ＴＴＬ，應該比較接近標準商品，因此可以透過大幅降價把對手趕出市場。張忠謀當年採取的這項策略，比較接近三星在記憶體等標準產品上的策略，但比較不像目前台積電的做法。

從德儀到台積電，張忠謀一直非常重視訂價，並且不厭其煩地講述他對於訂價策略的理念。張忠謀應該也是所有台灣企業家中，對訂價策略講得最透徹的經營者了。

每個行業都需要訂價，但很多企業比較熟悉的是殺價競爭、降價取量等常見策略。我相信，無論你是哪個行業，都可以從張忠謀對於訂價的討論與思辨，獲得很多啟發。

用力敲菸斗，把報告撕掉，滾！

張忠謀如何打造超強管理艦隊

二〇〇三年年中，時任世界先進董事長的簡學仁，收到一個張忠謀送的紙鎮。

當時距離張忠謀宣布世界先進退出 DRAM 產業，已大約有兩年多，但轉型做晶圓代工的世界先進，繼續出現兩年虧損，顯然張忠謀已失去耐心。張忠謀在二〇〇三年股東會上，宣布卸任世界先進董事長，並將董事長大印交給總經理簡學仁，同時送給簡學仁一個紙鎮，紙鎮上刻著八個大字：

「學仁兄，拿出辦法來！」

這個紙鎮，伴隨簡學仁很長一段時間，每次看到這幾個字，張忠謀的耳提面命就像如影隨形。

簡學仁在世界先進推動艱辛的轉型過程，在大股東台積電諸多限制下，世界先進一方面要逐步從 DRAM 事業撤退，但又不能在晶圓代工與台積電有太多競爭，例如不能投資十二吋廠等。多年後，世界先進的基礎打穩了，才逐漸建立一些具特色的競爭利基。

與張忠謀工作過的人都知道，在他身邊做事，絕對不是一件容易的事。因為他非常嚴格，標準永遠訂得很高。當他為台積電畫好藍圖，並要大家往目標前進時，若有主管表現不佳，他會大聲斥責、用力敲菸斗，或是把報告撕掉，把檔案丟得遠遠的，請你出去。

面對這種高標準的壓力與要求，主管若還能留下來，那就表示已有一定的能力。能夠往上爬到高階主管的，更是萬中選一的菁英。難怪很多台積電高階主管離職後，不論是轉戰到其他公司、跨入不同領域或是自行創業，都能擁有一片天，表現優異。例如，曾經在台積電擔任副總（VP）以上的主管，離職後都成就不凡，蔡力行、陳俊聖、林坤禧、胡正大、許金榮、林本堅、蔣尚義、孫元成、蔡能賢、張孝威等人，都在各行各業扮演著重要角色。

早年在台積電負責過全球業務行銷、企業發展、資訊長等職位的資深副總林坤禧就說過，台積電企業文化中最重要的一個字，就是 accountability，中文意思是「問責」。主管若承諾做一件事，就絕不會找任何藉口逃避，一定使命必達，說到做到。

問責，與我前面提到的台積電 ICIC（Integrity、Commitment、Innovation、Customer trust）四大理念中的「承諾」（commitment）意義相近，目前在台積電升到高位的主管，可以說每個人都重視承諾、完成使命。

關於劉德音及魏哲家兩位接班人的行事管理風格，《遠見》雜誌在二〇一三年十二月號中，有一段生動的描述。

目前擔任台積電董事長的劉德音，從一九九三年加入台積電後，一路從基層經理，派到世大歷練，再升到共同營運長、共同執行長及董事長。每一個職務上，他都立下汗馬功勞，其中包括完成台積電第一座十二吋廠、接手先進技術事業群等。

也因為劉德音有辦法讓晶圓廠運作順利，完成台積電內部最重要的任務，因此很多台積電主管都知道，早在蔡力行升任執行長時，劉德音就被視為蔡力行之後的接班梯隊之一。如今，7奈米以上的先進製程技術，已成為台積電領先國際的關鍵，也是推動成長及獲利的引擎，其中劉德音有重要貢獻。

根據《遠見》報導，除了營運能力強外，劉德音負責任、有擔當，也很有修養，從沒有人聽他講過一句情緒性的話。與劉德音共事過的屬下就說：「每次他被 Morris 罵，總是一人承擔下來，從不會推給底下的員工。」

至於風趣幽默的總裁魏哲家，在謹慎小心的台積電高層中，算是另類人物。他在一九九八年加入台積電前，已是新加坡特許半導體（已併入格芯）資深副總，加入台積電後掌管八吋廠、主流技術事業群到業務發展部門，與劉德音一樣經歷共同營運長、共同執行長後，才接掌總裁一職。

在魏哲家掌管主流技術事業群時，原本大家覺得成熟產品沒什麼機會，但他還是想辦法讓八吋廠升級，並切入指紋辨識、微機電、穿戴式、光感測元件及汽車電子晶片商機，帶來營收新動能。後來張忠謀又把他調到業務開發部門歷練，他二話不說立即答應，並積極耕耘行動運算處理器市場，成功抓住高通、輝達等大客戶訂單，也讓張忠謀看見他的靈活變通。

魏哲家幽默風趣的特色，也帶給大家許多正能量。《遠見》提到有一次魏哲家被「檢討」時，他急中生智地說：「董事長您可以質疑我的聰明才智，但請不要質疑我對台積電的忠誠。」這個回答不僅讓氣氛緩和下來，也讓在場所有人都覺得圓融高明。

此外，負責台積電研發工作最久的蔣尚義，與張忠謀互動很多，學到的經驗與教訓也最多。他在接受《商業周刊》專訪時說，一九九七年他剛到台積電時，就向張忠謀表達，以台積電有限的經費很難與一流大廠競爭，只能當老二。結果他被張忠謀訓了一頓，認為他沒志氣。

另一次是二〇〇六年蔣尚義第一次從台積電退休後，張忠謀安排他去當采鈺、精材兩家子公司董事長。但由於在他心裡，台積電董事長一直是張忠謀，因此有一次跟記者談話時，他突然冒出一句：「我只是當一個人頭董事長。」

結果，這句話成了新聞上了報，引起了小小風波。事後當蔣尚義去見張忠謀時，已做好被罵的心理準備。沒想到張忠謀完全沒動怒，只是告訴他：「你這樣講不太恰當，如果心裡也這樣想，就更不應該了。」蔣尚義說，張忠謀這番話，比直接訓斥他一頓還要讓他印象深刻。他也檢討自己，以後對外發言要像張董事長那麼謹慎。「他講的每句話，都是經過深思熟慮的。」

蔣尚義說，張忠謀是很「阿莎力」的人，只要你講得有道理，成功說服他，「你要什麼，他都會馬上給你。」例如，蔣尚義在二〇一〇年回任台積電研發部門工作，就跟張忠謀說他想做能超越摩爾定律的先進封裝（Advanced Package），他跟張忠謀要四百位工程師及一億美元的經費，結果只談一個小時就決定了。

融合「土鱉」與「海龜」，讓台積電更上一層樓

在張忠謀卓越領導下，台積電這群優秀的副總們人才輩出，讓台積電不斷往前推進。在眾多人才中，還有一位不能被遺忘的關鍵人物，那就是從第一天起就與張忠謀共同創業的曾繁城。曾繁城最大的貢獻，是帶領工研院本土人才為台積電打下基礎，後來又從國外找回許多優秀人才，把台積電推上更高峰。

要知道，當年要融合「土鱉」與「海龜」，讓台積電更上一層樓，並沒有想像中容易。

首先，早年台積電要徵人並不順利。因為台積電較晚成立，頭兩年還不是很賺錢，有些工程師會被別的半導體公司挖角。想找國際人才回台灣就更不容易了，若無員工分紅配股，台積電在新資報酬上根本沒競爭力。

其次，引進海外人才之後，當初從工研院移轉出來的團隊，心中也難免會不舒服。但曾繁城非常清楚，台積電要繼續成長，就要不斷從海外尋找人才回來。他經常到各國參加研討會，除了接觸最新科技，還有另一個任務就是去找人。只要他聽到哪裡有人才，他就會想盡各種辦法去拜訪。

到了一九八九年，台積電吸引海外人才開始有了令人振奮的進展，包括蔡力行、蔡能賢、林坤禧等人陸續加入台積電，就是在那一年。台積電也在同一年，開始興建第二座廠，展開其後十倍速的大成長。

當然，台積電的人才也會成為同業挖角的對象。二〇一八年，在張忠謀的退休記者會上，有媒體問他對大陸半導體業挖角的看法。他當時說，台積電沒有流失什麼人才，就算有，也只有幾個人而已，「而且這些人在我們心目中，大概不是重要的技術人才。」

他以台積電的經驗，談了留住人才的三個方法。第一，是先要有優厚的報酬；其次，是要讓每位同仁都喜歡自己的工作；最後，是要讓每個人感覺到在這家公司工作有前途。

張忠謀退休五年後的今天，台積電副總群中還是不斷有新面孔加入，有台灣出身的人才，也有來自對岸及東南亞等地區的人才，例如來自中國大陸的業務開發資深副總張曉強、負責研發及 Pathfinding 的曹敏，還有平台研發的葉主輝等。

張忠謀一向很重視傳承，他也曾經談到當年在德州儀器服務時，董事長海格底（Patrick E. Haggerty）會特別關注公司內的六到十個人，當這些人的導師（mentor），常與他們談話，當年張忠謀就是海格底特別關注的幾個人之一。

當一家公司不斷有優秀人才加入，要傳承交棒當然就容易許多。如今，台積電有這麼多優秀的副總群，董事長劉德音與總裁魏哲家手上顯然有許多可用之才。劉、魏二人應該會像張忠謀一樣，心中有一份長長的人才名單，時常表達對這些準備傳承的接班人才的關心。我心想，台積電應該不用太擔心未來找不到接班人。

中芯侵權，台積電如何步步為「贏」

——一場兩岸營業祕密保護的關鍵訴訟

二〇〇九年底，台積電與中芯國際達成和解協議，為長達八年的商業機密剽竊案畫下句點。中芯除了賠償台積電兩億美元，中芯創辦人、執行長張汝京宣布辭職下台，並無償授予台積電八%中芯股權，台積電可在三年內以每股一．三港元認購二%的中芯股權，屆時台積電將可持股中芯國際一〇%，成為中芯國際繼上海實業、大唐電信後的第三大股東。

這是台積電捍衛智財權的第一場硬仗，也是兩岸半導體業首樁大規模商業機密侵權訴訟，引起兩岸及全球半導體業界關切。不過，雖然台積電是大贏家，但台積電從上到下卻沒有人因此而感到開心。

回顧這起訴訟案，大致可以分為兩個階段。第一階段，是從二〇〇三到〇五年。

前面提到，台積電於二〇〇〇年收購世大積體電路後，原世大執行長張汝京率領百餘位員工投奔中國，在上海成立中國第一家晶圓代工公司中芯國際。中芯不僅挖角台積電員工，而且還大舉抄襲技術。台積電前專案經理劉芸茜離職時，就帶走許多資料。

最初，台積電只知道中芯大舉挖角台積電員工，但不清楚商業機密被竊取的情況。當時中芯開始興建全中國第一座八吋廠，成為中國刻意栽培的樣板企業。在中國崛起聲中，許多台灣人才紛紛赴大陸發展，例如聯電支持的友好企業和艦科技，在政府尚未核准前就於二〇〇一年赴蘇州成立，至於台積電上海松江廠是直到二〇〇七年政策通過後才到大陸發展。

後來台積電從客戶口中獲知，中芯有竊取台積電機密之嫌。為了掌握侵權證據，台積電先在台灣向離職經理劉芸茜發出禁制令，控告劉芸茜涉嫌將十二吋晶圓廠配置和設計圖、晶圓的製程和配方洩漏給中芯。

檢察官到劉芸茜家中搜索，扣押了她的電腦，在硬碟裡的資料和電子郵件中，發現當時中芯義大利籍的首席營運總監馬爾科．莫拉（Marco Mora），的確曾明確要求劉芸茜提供台積電十二吋晶圓廠的製程及設備列表。不過，中芯否認侵犯台積電技術。

根據台積電法務長杜東佑接受《天下》雜誌採訪的說法，台積電到美國蒐集中芯的半導體產品，進行還原工程分析，結果發現中芯的產品和台積電幾乎一模一樣，確認了中芯侵權及不當使用台積電營業機密。二〇〇三年冬天，台積電正式向美國加州聯邦地方法院控告中芯。

一年後，美國國際貿易委員會裁定，中芯必須交出文件。二〇〇五年，雙方達成第一次庭外和解。根據和解協議，中芯國際在六年內要賠償台積電一．七五億美元。二〇〇三年中芯營業收入只有三．六億美元，這筆賠償金額對中芯來說，是不小的負擔。

二〇〇五年第一次和解時，雙方還簽訂專利交互授權合約，但台積電並未因和解而授權中芯使用任何營業祕密或提供中芯任何技術支援。

沒想到和解之後，中芯繼續不當使用台積電的營業祕密，於是開啟了第二階段的訴訟。二〇〇六年，台積電與北美子公司及 WaferTech 公司，在美國加州阿拉米達（Alameda）高等法院再度對中芯提起訴訟。

在訴訟過程中，台積電發現中芯透過挖角台積電員工，取得台積電一萬五千份文件，以及長達五十萬頁的資料，然後打著 tsmc-like 的宣傳，吸引客戶去中芯下單。這次經過三年多的纏鬥，台積電勝訴，雙方在二〇〇九年簽下最後和解書。連同第一階段在內，前後共打了八年官司。

所謂的 tsmc-like，指的是競爭對手以「技術完全與台積電相容，但價錢更低」的訴求來招攬客戶。中芯直接抄襲台積電的 0.13 微米、90 奈米等製程技術，省掉許多技術開發的投資，挖走了一些信心動搖的台積電客戶，讓不斷投資研發的台積電吃了不少悶虧。

台積電這場勝訴，不僅讓中芯嘗到了教訓，也是給其他很多想要有樣學樣的競爭者一次嚴厲的警告。

為了阻斷其他對手的模仿，台積電在贏了與中芯的官司後，更著手建立嚴密的抄襲障礙。台積電在其後每一世代製程開發上，都不斷更新產品，例如在28奈米、16奈米等重要製程，每年都至少推出一個新產品，讓功能更強且功耗更低，即使對手把新製程良率調好了，但緊接著又有新的進階技術需要升級。抄襲者就算再怎麼疲於奔命也追不上，落後幅度只會更大。

這讓我想到當年英特爾與超微在ＣＰＵ（微處理器）的競賽。英特爾當年雖然在大客戶要求下，將技術授權給超微、美國國家半導體等公司，但英特爾持續研發投資，競爭者同樣無法追上，是日後英特爾持續領先的關鍵。

為什麼台積電不把中芯告到倒閉？為什麼「留下活口」？

在這場訴訟案中，張忠謀特別找來曾任職德州儀器的杜東佑擔任法務長，期間以還原工程逐步拆解中芯侵權的原貌，也在法律攻防上運用各種技巧與創新做法。在接受《天下》雜誌訪問時，杜東佑提到台積電處理中芯這個訴訟時，有非常不同的策略及想法。

杜東佑說：「我們最重要、也是第一個原則，就是保護我們的科技技術和智慧財產權，確保市場競爭的公平性。」他強調，過去像德州儀器、ＩＢＭ積極興訟，主要目的是賺取專利費及消滅對手，但這不是台積電的目的。

因為台積電並不想讓中芯破產。一旦中芯破產、廠房出售，台積電製程技術將會外流，接手中芯的企業一定會先打價格戰，破壞市場秩序。這是台積電最不樂見的結局。

再加上半導體是中國政府大力支持的產業，就算台積電把中芯告到破產關門，中國政府未來一定會再另起爐灶。台積電已預見這個後果，這樣的結局對台積電只會更不好，當然要想辦法避免。

從杜東佑的說法可以看得出來，台積電在訴訟前已經先沙盤推演過各種可能後果。這就是為什麼台積電的目標是讓中芯履行和解協議，只要中芯保護既有的台積電製程，不再竊取台積電技術，對台積電而言就是最佳的結果。

何況，所謂「窮寇莫追」。窮追中芯，可能對台積電的中國布局帶來變數，也可能助長中國大陸晶圓代工產業的發展，這些可能性都在台積電的沙盤推演之中。

對中芯來說，這起訴訟案導致經營團隊大幅改組，成了中芯發展歷程中很重要的分水嶺。創辦以來，中芯連續九年虧損，大股東早已對張汝京很有意見，認為他已經替中國半導體產業扎下了根，蓋廠階段性任務已經完成，有計畫要撤換他。這回不如就趁著官司敗訴更換團隊，聘請更專業的經理人來帶領中芯邁入快速起飛期。

接替張汝京執行長職位的人，依序分別是王寧國、邱慈雲及梁孟松（與趙海軍一起擔任共同執行長），這三位執行長都來自台灣，王寧國是應用材料出身，另兩位都曾服務於台積電。

至於台積電在中芯的持股，當時是由中芯主動提出，作為賠償金的一部分。當然，中芯也是想透過讓台積電變成大股東，可以獲取技術授權的機會。不過對台積電來說，持有中芯股份是被動的，而且台積電自始至終都沒有想要長期投資中芯，更沒有掌控中芯的意願。因此，台積電日後陸續出脫中芯持股，直到中芯在二〇一九年從美股下市前，台積電對中芯持股已經降到僅剩〇・〇三%。

總結來說，台積電與中芯長達八年的商業機密訴訟，對全球及兩岸半導體業有相當指標性的影響。一方面，對大陸業者惡意挖角、抄襲同業的惡習，起了一定的嚇阻作用。另一方面，台積電積極捍衛智慧財產與營業機密的方法以及打官司的技巧，也成了其他企業學習參考的對象。

嚇阻挖角，嚴防營業祕密流失

「晶片魔法師」梁孟松案

與中芯的商業機密剽竊案落幕後，台積電在二〇一一年對前台積電資深研發處長梁孟松，提出「洩漏業界機密」給南韓三星電子的控訴。最高法院於二〇一五年宣判台積電勝訴，前後總共歷經四年時間，也成為國內保護智慧財產權另一起具指標意義的案件。

如果說，中芯侵權案是「企業對企業」的商業機密保護經典案例，那麼梁孟松案就是「企業對個人」的指標案例。這起官司不只對個人工作者有更明確的行為規範，也促使台灣加速修訂營業祕密法，是很值得進一步研討分析的重大個案。

目前擔任中芯共同執行長的梁孟松，是兩岸半導體業最具知名度的人士之一。他擁有美國加州大學柏克萊分校電機博士學歷，一九九二年（當時四十歲）就加入台積電，前後工作十七年，是台積電研發部門戰將，也是二〇〇〇年台積電成功開發 0.13 微米的「研發六騎士」之一。

梁孟松於二〇〇九年二月自台積電研發處長職位離職後，到清華大學電子工程研究所任教一學期。他太太是韓國人，同年九月經妻舅介紹到韓國成均館大學任教。二〇一一年二月，台積電對他的競業禁止期間屆滿後，他向台積電領取了遵守此規定的四千六百萬元股利，同年七月進入三星晶圓代工部門，擔任副總經理及技術長。

但是台積電懷疑，早在加入三星前，也就是在成均館大學任教時，梁孟松就已開始將台積電機密洩漏給三星，於是在二〇一一年提出訴訟，向智慧財產法院提出三點訴求：一、不得洩漏其任職台積電期間所知悉的營業祕密；二、不得洩漏台積電研發部門人員的相關資訊予韓國三星電子；三、禁止梁孟松在二〇一五年十二月三十一日前，以任職或其他方式為三星提供服務。

關於智慧財產法院的訴訟過程，《工商時報》記者張國仁有很詳細的報導。當時，梁孟松細訴自己當年在台積電所受的委屈，時間長達半小時。他說：「我不是言而無信，或者投奔敵營的叛將，這對我的人格及家人造成很大傷害。」說到激動處，還當庭哽咽落淚。

二〇〇六年七月，台積電研發副總蔣尚義辦理退休，曾為台積電建立先進製程模組的梁孟松，由於功在台積電，原本認為自己有機會更上一層樓。沒想到後來人事命令發布，是另一位研發六騎士之一的孫元成升任，梁孟松則調任基礎架構專案處長，沒有升上研發副總。

梁孟松說，被調任新單位後，他有八個月的時間沒事做。「他們未經我同意，就發布人事命令」、「這幾乎使得我無法面對公司所有認識我的人」、「有一次出國回來，我的辦公室被改裝成四位工程師的辦公室」。

他還說：「以前在六樓的辦公室從來不關門，工程師隨時進來討論事情。被迫搬離原有辦公室後，不敢再打開門，他們把所有資訊資料全部封鎖」、「那時候幾乎是人人都怕看到我，我也怕別人來看我，因為我怕他們被貼上標籤」。

梁孟松訴說自己十六年來為台積電兢兢業業做事，最後卻被逼離開，尊嚴受損，實在太難堪。他還說：「在那八個月中，沒有再到餐廳用餐，因為沒有臉見人」、「憑我的資歷，要我去一個不能發揮的單位」、「我感到被欺騙、被侮辱，高層完全不重視我」。

據張國仁報導，說到激動時梁孟松大聲地說：「要我離開總部研發外放歐洲」、「我無法接受」、「我對台積電貢獻很多，這件事，我沒面子」、「人家問我，你做了什麼事，我不是這樣子的人，心情無法平復」、「我如有虛假，我可能寫信給董事長和副總，我是這樣的人嗎？」

梁孟松保證自己遵守與台積電的合約，他強調：「台積電為什麼如此無情無義？對一個終身為台積電奉獻的人，我只希望重披戰袍繼續為台積電效勞，但我無法收到回應。」他也感念那段期間，台積電法務長曾寫信給他，「法務長是唯一要我留下的人。」梁孟松表示，他當時也向法務長說自己會「絕對遵守競業禁止規定」。

「報告法官，他們有八個月時間，沒有任何人告訴我要做什麼。」最後他說：「我願意非常真誠表白，我不是他們講的言而無信，也不是媒體所說，投奔敵營的叛將。這對我個人人格、我的家人造成很大傷害。」

台積電的辯護律師陳玲玉說：「你知道台積電太多祕密，為防止你洩漏祕密，不得不有所動作。」台積電副總暨法務長杜東佑也說：「老闆有一個新計畫，梁孟松最了解」、「我真的不要他離開，他是好朋友」、「他曾對我說，不會在三星做事，我相信他這個 agreement」。

庭審進行兩個多小時，張國仁記下了全程重要的談話。結束後，梁孟松身穿淡藍色牛仔褲、淺色襯衫，低調地快步離開法庭，拒絕接受採訪。

對於台積電的三點主張，梁孟松認為，他沒有洩漏任何營業祕密內容，而且他是在競業禁止期間屆滿後才任職三星，沒有違反規定。

智財法院審理後的判決結果，關於營業祕密的前兩項禁令，台積電勝訴，但關於競業禁止，由於台積電與梁孟松簽訂的競業禁止兩年期限已滿，所以基於憲法對人民工作權之保障，梁孟松可自由選擇赴三星或其他公司工作。全案仍可上訴。

對於判決結果，台積電認為表面上台積電贏了，但梁孟松在台積電任職長達十七年，領走薪資紅利逾六億元，卻在兩年競業禁止期間屆滿、領完確保競業禁止履行的等值四千六百萬元股票後，隨即轉任三星擔任副總經理，實在令人心痛。

台積電後來向最高法院上訴，二〇一五年八月台灣最高法院宣布，台積電前資深研發處長梁孟松被控「洩漏業界機密」給南韓三星電子，判台積電勝訴。包括先前被智慧財產法院否決的競業禁止條款，高院也改判梁孟松於二〇一五年底前，不能為三星服務。

最高法院採信台積電委託外部專家製作的「台積電、三星、ＩＢＭ產品關鍵製程結構分析比對報告」，報告中列舉三星的45、32、28奈米世代，與台積電的差異快速縮小，三星28奈米製程P型電晶體電極的矽鍺化合物，更類似台積電的菱形結構特徵，預計雙方量產的16、14奈米 FinFET 產品可能將更為相似，「如指紋般獨特且難以模仿的技術特徵」皆遭三星模仿。

梁孟松在競業禁止期間一過就被韓國三星挖角一事，震驚國際，也促使台灣加速修訂營業祕密法。新法已於二〇一三年一月三十日正式施行，對於以竊取、擅自重製等不正當方法取得、使用、洩漏營業祕密的行為，增訂刑事責任，並對於境外使用者加重處罰。但是在營業祕密法條文修正前，侵害營業祕密者只需負民事上的責任。

事實上，在梁孟松赴三星任職期間，三星的技術進展確實快速推動，張忠謀在二〇一四年也坦承16奈米技術被三星超前，當時還造成台積電股價大跌、評等遭降。

不過，台積電最後打贏官司，無論是在司法史上，或是營業祕密保護案件上，都是一個劃時代的判決。台積電是台灣半導體產業龍頭，如何利用營業祕密法保障台灣科技業是很重要的一件事，否則台灣的智慧財產將有被掏空的風險。

這個案件，雙方委託的律師都相當知名。台積電的委任律師是國際通商法律事務所的陳玲玉，梁孟松的委任律師則是後來擔任金管會主委、國安會祕書長的顧立雄，兩人都是王牌大律師。我還出庭當過證人，因為我在二〇一二年出版《商業大鱷 SAMSUNG》，文中提到梁孟松曾於韓國三星贊助的成均館大學任教，因此被請去法庭陳述這段採訪所得。

如今，梁孟松在中芯擔任共同執行長，為中芯挑戰7奈米出力，加上他過去任職三星時，也是協助三星技術快速演進的功臣，因此《華爾街日報》還曾用「晶片魔法師」一詞來形容他，認為他是目前中國發展半導體的重要人物。

這位曾在法庭泣訴公司對他不公平的台積電前主管，不承認自己是「叛將」，但如今卻用盡所有力氣，要幫助台積電的對手技術升級，要讓過去瞧不起他的人後悔。

梁孟松是奇人，在許多同事及主管眼中不只具備能力與才華，也有其生存之道，可以在複雜的地緣政治環境中，任職中芯的執行長高位這麼多年。許多台積電老戰友，如今在各自工作崗位上，為兩岸產業、為美中晶片戰、為自己的信念效力。

董事會前夕，晚宴上的牛排和美酒

——怎樣開董事會？

所有公司都有董事會，上市櫃公司更是每一季至少開一次董事會，但董事會要如何開？應掌握哪些要點？如何讓董事及董事會都能發揮功能？遇到董事有反對意見，又該如何處理？

台積電是少數願意對外公開，並提供董事會召開細節運作的企業。張忠謀也曾多次向外界說明他如何處理董事會上的意見、衝突，值得外界學習與參考。

台積電每年召開四次董事會，通常是在週一（一整天）和週二（上午）舉行。週二下午，則是與獨立董事舉行審計委員會和薪酬委員會。召開董事會前兩個星期，董事們會收到厚厚一疊資料，讀完資料有任何問題，都可直接和董事長討論。

在董事會前一天（週日）晚上，張忠謀會先請董事們吃飯，在餐敘時說明本次董事會的議題，讓每一位董事先了解。也就是說，台積電董事會議題的討論與溝通，是從週日晚上那三個小時的晚宴就展開了。

至於餐敘地點，是在台北與新竹輪流舉辦，台北會選君悅飯店的寶艾廳，新竹則會選老爺酒店。晚宴上，董事們配著牛排和美酒，討論各種不同意見。

隔天星期一，上午是負責監督的稽核委員會先開會，董事長不出席，由財務長和法務長參與。下午，則是評量管理階層績效的薪酬委員會，如果討論到董事長薪酬，當事人必須迴避。星期一晚上，則為董事們舉行晚宴，交流工作之外的心得。

正式的董事會，是在星期二舉行。會議開一整天，除了討論資本支出、人事任命，也會談競爭策略，所有討論都會列入正式紀錄。

張忠謀非常重視董事會運作與決策透明化，舉凡公司發展現況、未來投資都會提到董事會報告，因此董事會進行時間，也遠超過國內所有上市櫃公司。隨著台積電營運規模愈來愈大，會議時間也從早期的一天，不斷加碼到目前的兩天半，就是要讓大家可以有更多時間了解及決策。

董事的意見跟董事長不一樣，怎麼辦？

大家可能最好奇的問題是：如果台積電董事的意見跟董事長不一樣，怎麼辦？

張忠謀曾透露，他在二〇〇九年回任執行長時，要大舉增加資本支出，但當時景氣並不好，曾擔任德儀執行長的安吉伯就反對張忠謀的決定。另一位獨立董事也表示反對，經過溝通很久，預算才過關。

張忠謀當時跟反對的獨董說：「此刻，顯然我沒辦法說服你，你也沒辦法說服我。但說到底，你要知道我是公司的負責人，你要聽我的。」

張忠謀也透露，台積電創立頭十年，的確是有好幾次在董事會上遭到董事反對。他會說服他們，如果不能說服，就先撤回議案，待日後再提。二十幾年中，頭十年撤回議案兩、三次。他退休的前五年，雖然也曾有董事提出不同意見，但最後都被張忠謀說服。

翻開台積電的董事名單，全是世界級經驗豐富的企業家。在張忠謀還未退休前，除了張忠謀、曾繁城、劉德音、魏哲家等台積電高階主管，以及政府國發基金代表（目前為龔明鑫）為固定成員外，還包括施振榮（宏碁創辦人）、邦菲（Peter L. Bonfield，前英國電信總執行長）、安吉伯（前德州儀器董事長兼執行長）、史賓林特（Michael Splinter，前應用材料執行長）、菲奧莉娜（Carly Fiorina，前惠普ＣＥＯ）等獨董。

台積電的董事會成員中，產業界的代表以半導體行業最多，也有來自電腦、電信及工業等領域的專業代表。這些來自各行業的頂尖專家，雖是受張忠謀之邀加入，但仍然會行使其專業獨立的判斷，討論董事會重大議案，並做出最佳決定。

二〇二三年，台積電董事會有十位成員，其中六位（超過半數）是獨董。獨董中除了邦菲及史賓林特外，還有陳國慈（前台積電法務長）、海英俊（台達電董事長）、蓋弗瑞洛夫（Moshe N. Gavrielov，前賽靈思執行長）、萊夫（L. Rafael Reif，麻省理工學院校長），都是經營過世界級企業及擁有專業經驗的董事。

以施振榮為例，台積電在二〇〇〇年收購德碁半導體後，原本擔任德碁董事長的施振榮，受張忠謀之邀加入台積電董事會，直到二〇二一年卸任，多年來參與台積電董事會各項重大決策。他說：「台積電每一個投資案都是上百億、上千億，這麼大的公司，實際經營都是公司的人在做，董事不會干預，但會提供意見，決策需要有思考的點，所以很多決策都夠周詳，也很慎重。」

施振榮在董事會中，除了針對半導體在資訊業的應用，加上宏碁對台灣產業發展相關法令、人資、員工分紅等方面較為了解，因此提供許多意見，並擔任薪酬委員會主席多年。

施振榮說，台積電早期邀請的獨董，除了他，其他幾位大都來自國外。在張忠謀同意下，施振榮也曾擔任美國應用材料公司獨董，學習美國上市公司在審計及薪酬委員會的做法。

回想擔任台積電薪酬委員會主席，施振榮說，二〇〇八年剛好遇到政府推動員工分紅費用化的政策新制，身為半導體龍頭，台積電的做法動見觀瞻，外界都十分關注。經過討論後，考量股東、員工及對產業的衝擊，最後找到平衡點，讓員工分紅費用化的新制圓滿實施。

張忠謀說，在董事會前夕的晚宴上，他絕對會開誠布公，讓大家暢所欲言。曾是美國商業及科技界很具影響力的菲奧莉娜，一度因為要競選美國加州參議員，不適合再擔任台積電獨董，她在最後一次參加董事會晚宴時告訴張忠謀：「這種非正式的董事交流，她覺得非常好，學到最多。」

台積電早期大股東飛利浦，在二〇〇八年出清台積電持股前，一直是政府基金之外，台積電最大的民股股東。張忠謀對於這位大股東也相當尊重，在台積電創立後的二十年間，台積電對財務長的聘任都會尊重飛利浦。所以當一九九七年張忠謀聘請張孝威擔任台積電財務長時，就要張孝威先飛去荷蘭飛利浦總公司，拜會當時飛利浦半導體總部財務總長羅貝茲（J.C. Lobbezoo），獲得同意後，再對外宣布人事案。

羅貝茲每一次來台北開台積電董事會，在董事會前一天的下午，也會先和張孝威開會，聽張孝威簡報董事會議事內容。若有尚未解決的問題，可繼續在晚宴期間設法達成共識，希望在正式董事會上，台積電團隊和飛利浦間沒有任何歧見。

台積電董事會的制度及運作，往往創台灣的風氣之先。在主管機關要求強制設立獨立董事之前，台積電早於二〇〇二年就已經設有獨董，而且成員愈來愈多，如今十位董事中有六位獨董。台積電在一九九七年赴美國發行存託憑證（ＡＤＲ），很早就依照美國規定推動公司治理準則。

曾任台積電財務長、目前擔任人力資源資深副總的何麗梅也透露，張忠謀對董事會召開品質要求十分嚴謹，所有獨立董事都要能親自出席，除非有非常不得已的情況，才可以改用視訊。即使是國外德高望重、國際上重量級的獨董，通常也都會親自飛來台灣出席董事會。

關於董事會的運作方式，張忠謀其實很用心地參考許多世界級企業的做法。例如二〇〇一年十二月，他受邀加入美國高盛投資銀行集團的董事會，成為唯一的亞裔外部董事。當時高盛的董事長是後來擔任美國財政部長的亨利・鮑爾森（Henry M. Paulson）。

在高盛董事會上，張忠謀與董事們就曾有一段關於董事薪酬的對話。

張忠謀認為，經營團隊的權力很大，因此需要有制衡和監督機制，而董事會的職責之一就是監督制衡經營團隊。既然董事是指派、開除CEO的人，因此日薪至少要和CEO一樣。

張忠謀曾向鮑爾森提到這個想法。「不過，他搔搔頭說不行，他認為董事的責任沒有CEO大，這也有幾分道理。」張忠謀說。

那麼，董事長的酬勞怎麼決定呢？張忠謀說：「台積電第一天的董事會，早上九點到十二點是審計委員會，我不會參加，因為他們是查公司的帳。下午兩點開始是薪酬委員會，我是不投票成員。先是人資部門報告，所有人事問題都會討論，差不多二十分鐘。接下來，我會把十八位資深經理人的薪酬分紅，一一建議給委員會。接下來，要決定我的薪酬分紅時，我就退席，不參加。」

張忠謀交棒後，現任董事長劉德音仍蕭規曹隨，沒有太多調整改變。張忠謀為台積電董事會建立下來的許多制度及做法，或許對很多國內外企業來說，都是很重要的標竿參考。

去美國設廠，台灣人要怎麼管理美國人？

——台商要有全面東進作戰準備

二〇二一年十月，張忠謀應邀在玉山科技協會演講，會後鈺創董事長盧超群請教張忠謀：台積電去美國設廠，台灣人要怎麼管理美國人？

張忠謀說，過去他在德州儀器工作時，海外擴張是很自然的事。美國人打贏了二戰，從美國管理全世界是再自然不過的事。但台灣人去美國設廠，用當時美國海外擴張的方法來管理美國人，是不可能的！「我很確定，台灣人在亞利桑那州，無法像英特爾一樣管理美國廠。」

所謂的「無法像英特爾一樣管理美國廠」，張忠謀的意思，可能並不單指管理「美國人」，還包括整體營運（operation）。台積電不能用原本在台灣的那一套來治理亞利桑那廠，一切必須遵從美國的法規，包括勞工法規、安全衛生管理（EHS）、稅務及福利等等。

英特爾畢竟是美國廠商，已經累積很多在地經營的經驗與知識。因此，台灣企業若要以美國整體的產業環境及條件來經營，成本和績效不見得會贏過英特爾的亞利桑那廠。

張忠謀點出來的問題，確實就是台積電要面對的挑戰，也是所有亞洲企業到美國投資設廠會遇到的考驗。

到美國設廠，當地的法規、安全、稅務、福利等規定及條件都很不同，此外美國員工的工作習性及文化也完全不一樣，台積電確實不可能把台灣的管理模式搬到美國，一定要拿出新的管理模式。要做到比英特爾更好，是高難度的挑戰。

台積電去美國投資，當然不容易，挑戰一定很多，這些都嚴格考驗經營團隊的能力。但我認為，如果連技術領先、毛利率達六成的台積電，都無法做到海外投資及國際業務拓展，也無力解決這種跨國投資要面臨的挑戰，那台灣還有什麼公司做得到？

張忠謀是大家推崇的企業家，我個人相當尊敬他，他做過很多的預測，後來也都證明他有獨到的眼光，但我很希望這次他這個預測是錯的。

張忠謀在一九九六年赴美國投資 WaferTech 的夢想，後來變成一場噩夢。但今非昔比，台積電比當時強上數百倍，擁有比對手更大的學習空間。我很期待台積電的經營團隊，能不斷琢磨自己的管理能力，做好在美、日、歐等先進國家的營運及管理，讓台灣產業能夠進一步立足於先進國家，做到真正的跨國經營。

把時間拉長來看，台灣科技電子業的發展只要能進一步轉型升級，都會對台灣的經濟成長與發展體質帶來很大的貢獻。台積電投資美國亞利桑那州晶圓廠，正好就是台灣產業與經濟轉型一個重要的起點。

因為台灣產業已發展到全新階段，必須告別過去以低成本為主要競爭力的年代，朝向附加價值更高的方向轉型，到歐美日等先進國家投資布局。

進軍美國，迎接台灣最重要的產業轉型升級

過去三十年，台灣電子產業大舉西進，運用中國低廉的勞力及土地成本，創造出驚人的十倍速成長。在中國升格為世界工廠的過程中，台商是最大的推升力量。大陸出口創匯前十強中，往往有六、七家是由台商占據，其中就包括鴻海富士康、廣達、和碩、仁寶及緯創等台灣電子五哥。

台商運用管理能力，加上中國低廉成本，以及要多少有多少的人口紅利，例如鴻海可以運用上百萬名員工，為蘋果組裝幾億支 iPhone 手機，台商的筆電生產線也囊括全球八成市占率，創造驚人的利潤及成長。

因此，過去台商到大陸投資，主要是以效率化管理，達到降低成本與創造獲利的目標。但在中國經歷多年成長後，人口紅利不再，加上美中貿易戰與科技戰，中國大陸的製造優勢慢慢減少，如今台商只好將生產線轉移到東南亞、印度及東歐等地。

運用各地低廉生產成本的優勢，是過去台商最熟悉的海外發展模式，但在電子業已成長茁壯的今日，反而成了台灣電子業的嚴重缺陷——只能賺毛利不高的加工錢，大部分企業在科技創新領域

都不強，也沒有能力賺技術領先與價值創造的超額利潤。

當中國大陸投資設廠的紅利不再，企業必須加緊朝歐美日等先進國家投資。這些國家沒有低廉的生產成本，全是比台灣要貴很多的地方。該怎麼做呢？因此，當台積電宣布投資美國時，代表的正是台灣電子業正要展開另一個新旅程。

相較於電子代工五哥，雖然台積電也叫「代工」，但台積電毛利率可以高達六成，遠超過電子五哥的個位數毛利率。外資法人也預估，台積電二〇二四年營收有機會突破一千億美元，成為台灣電子業中第二家達到千億美元營收的公司。第一家達標的是鴻海，但台積電的毛利率比鴻海的六至七％要高出十倍，創造的淨利當然也遠超過鴻海。

不過，儘管台積電是產業附加價值很高的企業，但從另一個角度來看，支撐台積電的盛世，也一樣是靠台灣「高性價比」——能力很強、可以做很多事、薪水卻不是很高——的工程師。就像聯發科董事長蔡明介所說的，台灣半導體業很強，就像孫臏教田忌「賽馬」的技巧：用我們最優秀的上駟對上別人的中駟，打造出相對優勢的競爭地位。

不過，如今台灣人口紅利一樣面臨瓶頸，缺工現象嚴重，企業只有到海外布局，才能找到足夠支撐營運擴充的人才。即使是像台積電這種台灣最頂尖的企業，一樣有到海外擴張布局的需求，而且有不得不去的壓力。

我覺得台灣社會也應該做好準備，政府也應該協助企業邁向跨國經營，從基礎設施、財會稅務到人才引進等，減少不利因素，放手讓企業去做。

隨著美國砸重金加強各種科研投資及基礎建設，未來會有更多的台灣電子業赴美投資。除了半導體，從電動車、伺服器、元宇宙（metaverse）到低軌衛星等商機，台灣有太多產業都可能會投資美國、轉型升級。

此外，伴隨電子業東進，台灣從鍋貼、泡沫茶飲、咖啡、小火鍋，再到旅遊、食品及服飾等各種生活服務產業，也會跟著一起到北美市場打天下。過去這些飲食服務連鎖產業，都是跟著台商去大陸投資，接下來則是改到北美市場接受挑戰。這對台灣服務產業來說，也是一次轉型升級的機會。

除了電子業及服務業，未來東進也將帶動很多傳統產業跟著轉型升級的機會。從廠務設施、工廠自動化，到電子產業上下游的化學、材料、電子零組件等，也將是許多傳統產業如鋼鐵、機械、石化、汽車、紡織等的新機會，這些產業更需要轉型，更渴望有這種再次升級的機會。

從台積電美國廠的投資，我看到的是台灣要有全面東進作戰的心態及準備。別再陷入什麼「去台化」、「掏空」等無謂的疑慮與討論，盡快準備好迎接另一次台灣最重要的產業轉型升級，才是真正的重點。

不要只「創新技術」，要「投資創新技術」

——半導體產業六十年創新啟示

張忠謀剛從台積電退休時，曾在一場演講中提出「投資重於創新」的理論，強調任何一項創新技術，最後的成功者都是投資最多的人。他也以此勉勵台灣半導體業，要持續投資創新技術。

張忠謀那場演講，是「IC 60大師論壇」的開場演說。他回顧過去六十年半導體產業的十大創新技術，並指出過去發明重要技術的公司，不一定是最後獲利最大的企業。關鍵並非「創新」，而是「投資」。

他指出當時仍在演化的六個創新方向，並勉勵台灣在晶圓代工的創新後，可以在下一個六十年續領風騷。

張忠謀提出「投資重於創新」的理論，是因為發展一項技術所花費的人力與心力，比發明創新技術要多出上千萬倍，因此，投資創新技術後崛起的企業，往往並非最初的發明者。例如發明電晶體的是貝爾實驗室，發明ＩＣ的是貝爾實驗室、德儀及快捷（Fairchild）等公司，但後來真正受惠的，只有大膽投資的德儀與Fairchild。發明記憶體技術的是ＩＢＭ與貝爾實驗室，但真正受惠的是日後大舉投資的多家日商與韓商三星。發明微處理器的是英特爾，而加碼投資且受惠的也是英特爾自己，但沒有投資的日商及更多半導體公司則因此衰退。至於發明晶圓代工的是台積電，受惠的是台積電及廣大的ＩＣ設計業者。

張忠謀認為，半導體經歷電晶體、ＩＣ、ＭＯＳ技術、記憶體、微處理器及晶圓代工等十大創新後，每一項創新都幫助不同企業奔向高峰。但他認為，從專業晶圓代工模式在一九八五年被發明後，主要的科技或商業關鍵創新就停止了。

張忠謀提到，未來可以注意還在演化中的重大創新，例如中國大陸及阿布達比等政府主導的重大投資、2.5D/3D封裝、ＥＵＶ微影技術、人工智慧（ＧＰＵ或ＴＰＵ）、新晶片架構、新材料如碳導管及石墨烯等。

台灣正面臨「一個人的武林」的困境

用張忠謀的觀點，來看當時台灣的半導體產業競爭情況，確實是一個很有意思的角度。晶圓代工崛起，無晶圓廠的ＩＣ設計公司受惠很大，從一九八五年占全球半導體產值幾近於零，到二〇一七年已增加至二七％，近幾年成長更快。但晶圓代工雖成功，卻只有台積電一家獨強，無法以此斷言台灣整體的產業實力。台灣當然還有封測業的日月光（當時日月光尚未合併矽品）及ＩＣ設計業的聯發科，也都算是行業中的龍頭，但與對手的領先差距都不如台積電。在這些龍頭之外，絕大部分的半導體公司普遍已經盛極而衰，很多公司在苦撐待變，陷入生存之戰。

因此，若將台積電、日月光、聯發科這種龍頭企業獨立分開計算，台灣其他半導體公司近幾年其實是沒有成長的。展望下一個六十年，張忠謀更直言，台灣的產業競爭力其實很令人憂心，其中關鍵就在於「投資不足」。

我們從台股市值變化，也可以看到台積電一枝獨秀的現象。台灣董事學會曾統計從二〇〇五年至二〇一九年的台股市值，發現若扣除掉台積電，多數公司正陷入低成長的窘境。董事學會發起人蔡鴻青在他的著作《百年企業策略轉折點》中指出，台灣正面臨「一個人的武林」的困境，如何打造更多台積電，是台灣面臨的重要挑戰。

張忠謀先生提出「投資重於創新」的理論，並非否認創新的重要。若企業能一方面創新，一方面又加緊投資創新技術，當然會是最大贏家，台積電、英特爾或更早期的德儀，都是很好的例子，因為他們都是先發明某種技術或商業模式，然後不斷投資創新技術而成為領導大廠。

但就算本身不是技術或商業模式的發明者，如果願意大膽投資，同樣可以打造奇蹟。例如三星，雖然不是記憶體的發明者，但透過不斷投資與研發，如今一樣主導記憶體產業發展。更何況投資時間夠久，也更有能力在技術創新上獲得突破。

投資不足、新創企業少，台灣ＩＣ設計業已面臨邊緣化

張忠謀那場演講，點出了當時台灣半導體業投資不足的問題。金融海嘯後，除了台積電等少數龍頭企業持續投資外，台灣整體半導體的投資都低於全球平均值，因此若以「投資不足」這個角度來看，就可以理解為何台灣半導體業在二〇一八年之前的那十年，在全球的占比及影響力只能原地踏步。

另一個很重要的原因，當然是中國大陸積極投資半導體，緊追著台灣。前面提到，台積電晶圓代工的成功，造就了台積電與ＩＣ設計業的崛起，但受惠的ＩＣ設計業者其實大部分是外商，其中以美商最多。台灣ＩＣ設計業者由於不需要最先進的製程，反而到其他國家下單，在台積電採用最領先製程技術的客戶中，除了台灣的聯發科外，都以美商或大陸商為主，其中大陸商還後來居上，採用先進製程的速度明顯領先台灣。中國ＩＣ設計業崛起的速度加快，已接近要將台灣逼到邊緣化的地步了。

根據研究機構IC Insight的資料，統計二〇一七年全球前五十大ＩＣ設計公司的營收，其中美國企業占比五三％，其次是台灣一六％、中國大陸一一％。若對比二〇一〇年的比重，台灣當時占一七％，中國大陸是五％。也就是說，台灣不進反退，中國大陸則以倍數增加。從家數來看，二〇一七年大陸占了五十家之中的十家，二〇一八上半年更增加至十二家，台灣被中國大陸超越，幾乎

可以說是確定的事了。

而且，若統計兩岸ＩＣ設計業的公司家數，差異更為嚇人。台灣當時僅剩三百多家，但大陸竟有兩千家以上。台灣號稱ＩＣ設計全球第二，但距離第一的美國相當遠，根據工研院等多家機構的估算，大陸ＩＣ設計產值已經在二〇一七年或一八年超越台灣，主要是因為中國大陸家數眾多，許多小公司的貢獻累積下來就超越台灣了。

ＩＣ設計業是半導體產業重要的一環，也是驅動產業創新的主力部隊。中國大陸不僅投資金額超前，來自政府的補貼，更讓企業勇於戴上鋼盔拚命往前衝。鈺創董事長盧超群就說，當時開一顆新ＩＣ要花五千萬元，台灣ＩＣ設計業花的都是自己的錢，但中國大陸企業因為有政府補助，一開就是三顆、五顆。

「台灣政府及社會大眾都普遍認為，科技業現在已經很有錢、很強大了，不需要政府再支持，但這樣的想法反而更危險。」盧超群強調。

相較於大陸資金不斷湧入ＩＣ設計業，台灣不只現有企業投資金額不足，新創企業更是少之又少，已經好長一段時間，看不到新設立的ＩＣ設計公司了。

如今回頭想想，張忠謀那場演說特別強調投資半導體的重要性，顯然有先見之明。因為那一年，也是美國開始對中國展開貿易戰及科技戰的第一年。

二〇一八年三月，美國前總統川普簽署備忘錄，宣布為了回應中國對美國智慧財產權的侵犯，將對從中國進口的商品徵收關稅，涉及的商品總計達六百億美元，正式開啟了美中貿易戰。隔年五月，美國商務部將華為及七十家附屬公司納入貿易黑名單，禁止華為在沒有華盛頓當局核准的情況下，向美國企業購買零組件。一年後，則進一步瞄準中國半導體產業。

當然，張忠謀提出的「投資重於創新」理論，不只限於半導體業，對所有產業來說應該都能適用。創新貴在執行，如果沒有執行力，創新也不過就只是想法而已，至於要發揮執行力，願意增加投資就是最重要的一步。

早在美國對中國發動晶片戰爭之前，張忠謀就對台灣發出投資不足的警語。這位在全球半導體產業最具威望及影響力的人物，果然是位老先覺啊。

工時長、軟體爛、花很少錢在員工身上——從一位台積電美國工程師的建議信講起

二〇二一年底，一位台積電美國工程師員工來台受訓，在 Glassdoor 網站寫了一篇針對台積電工作文化的意見與批評，引起不少網友的討論與熱議。

這位美國工程師在文章中談到，來台受訓時一天工時至少十小時，實際上大概可能到十二個小時，本地台灣員工的工時幾乎每天都超過十二小時。另外，台積電不重視個人自由，公司提供的員工宿舍有超多規矩要遵守，有門禁，而且規定超過某個時間就不能有訪客。

他還說，台積電用的軟體太老舊，用來培訓員工的 e-learning 系統也超爛。他說，就算製造業不像軟體業那麼有強烈動機改善軟體，好歹要做出一些具基本功能且至少有一點點美感的使用者介面，讓員工可以更有效地使用這些軟體，節省上班時間與提升工作效率。他提到，台積電每天花太多時間在開會，一天下來很容易就花超過三小時開會，他認為只要軟體功能好一點，就不用開那麼多會了。

他說自己是因為對半導體有熱情，才會加入台積電，但不幸的是，台積電對世界的貢獻很大，

給員工的卻很少。台積電的支出中，只有非常非常小一部分用在員工身上，大部分的錢都用在維修設備、裝機及實驗晶圓等。因此，他建議台積電增加更多員工分擔工作，讓每個員工可以準時下班、陪伴家人。他認為，台積電至少得在亞利桑那廠做到這一點，不然台積電在招募人才方面，怎麼可能贏得了就在附近的英特爾呢？

這位台積電美國員工的意見與批評相當具體，看起來也有所根據。但說實話，業界看到這類對於台積電管理及文化的批評，不會覺得意外，甚至可以說，這位台積電新聘的美國員工講的，根本就是大家對台積電的理解，也是台灣整個電子業的問題。

嚴格說，也不是只有台灣電子業這樣，亞洲企業這種工作文化早就由來已久。有人說，美國從一九九〇年代占有全球三七％的半導體製造產能，到現在只剩下一一％，不就是因為台灣及南韓企業每天都工作超過十二小時，才把這些製造商機搶過來的嗎？如果這位員工有機會去三星工作，可能就不會覺得台積電是沒有人性的公司了。或者，他也可以去中國大陸體會一下，應該都能感受到亞洲企業是如何拚命加班工作的。要不是亞洲企業這麼努力，如何把晶圓代工這種製造業做到比美國人領先三個世代？如果要靠著每天工作八小時，時間到了就下班，要怎麼追趕那些成功的企業？整個亞洲的製造業崛起，不就是因為歐美人士不想那麼辛苦，要吃好料又怕熱不想進廚房？亞洲人就是靠勤奮努力，用超時工作與新鮮的肝，才把美國製造業的蛋糕一片一片地搶過來的。

話雖如此，我認為台商到美國投資設廠，確實有必要入境隨俗。例如員工的工作時數等等，還是要按規矩來，符合當地法規及做法。

這位員工所反映的各種問題，當然要想辦法改善。例如，宿舍設門禁、管理過於嚴格等，管理上一定要調整，訂出符合當地文化與規範的辦法。就像許多跨國企業來台灣，管理方法也會因地制宜跟著改變，這是台積電赴海外投資的必修功課。

至於像軟體做得不好，無法有效減少開會時間，我認為也是很具體的意見。我有一些在台積電工作的朋友，也認為這位美國員工說得沒錯。台灣企業在軟體使用與開發上一向很落後，這位美國員工想必已經在其他公司有工作經驗，對於軟體及介面有一定的體會與觀察。至於開會時間超長，更不只是台積電獨有，全台灣大部分的上班族應該都感同身受。

我認為台積電主管應該要重視這些意見，不要因為這位員工爆料就給予嚴厲懲戒，要把批評化為內部進步的動力。

其實，公開批評台積電管理文化的，不是只有這位員工。二〇二二年六月，有一位自稱是亞利桑那州鳳凰城任職一年多的前製程工程師，也發表自己的看法。

他認為，如果你希望自己的履歷表更好看，去台積電上班是不錯的選擇。但如果你是重視個人或專業發展的半導體業人士，「我覺得台積電不是最佳選擇。」他說，「軍事化管理」、「八卦文化盛行」及「生涯發展受限」，是美國員工覺得台積電的「三大不ＯＫ」。

他具體舉了很多例子，比方說員工喜歡談論別人的事情，像是誰生病、誰跟誰約會、誰是誰老爸等。在亞利桑那州的主管，往往是「我說了算」或「事情就是這樣」的態度。當地工廠升遷緩慢，主管與工程師的比例大約是一比三十，爭取升遷的競爭極為激烈，平均要五年才會升一級。

對台積電來說，製造業員工的工作文化，是不可能完全改變的。成功的元素只能慢慢演化與微調，不可能一下子完全轉向。我認為每家公司都有自己的企業文化，若不能理解或認同，即使待下來也不會撐很久。真的想工作八小時就下班陪家人的員工，那就去英特爾工作吧。

這也讓我想到，幾年前在 Netflix 上映的一部紀錄片《美國工廠》（*American Factory*），講述中國福耀玻璃在美國投資設廠的經過。片中揭示了中美製造業的優劣勢、資本與工會的角力，還有自動化對製造業的衝擊等。

其中有一段情節，是美國分公司主管到福耀位於福建的中國總部受訓，看到員工每天過著像軍隊般管理的生活，許多主管深感震驚。他們表示這和美國員工的工作態度差別太大，認為美國根本不可能做到這種水準，也感嘆這就是美國製造業為何會節節敗退的原因。

但是，並不是只有亞洲製造業才努力且超時工作，前面那位台積電美國員工不知道有沒有機會去矽谷看看一些新創企業，尤其是軟體及網路公司，他們一樣是每天加班熬夜，才建立起在全世界領先的地位。

當然，台積電已非創業型公司，來上班的人當然也不像是去矽谷新創企業工作者的心態。但我相信台積電去美國設廠，經營管理上絕對會符合法規，員工若加班也不可能不給加班費。或許，只有想通了這一點，願意接受台積電工作文化的人，才會願意成為台積電美國的員工吧！

就如同台積電於二〇二三年六月舉行股東會時，媒體就提到有些美國員工抱怨加班及輪班制，當時董事長劉德音非常率直地回答：「不願意值班的，就不要來這個產業。」

台積電是台灣之光，也是最能夠將台灣企業文化及管理帶向國際舞台的代表，成為最有競爭力的台灣跨國企業。在這個從 work hard 轉變為 work smart 的時代，對於任何批評，台積電應該要抱著「有則改之，無則加勉」的態度，讓台積電進步的速度可以更快。我相信，台積電董事長劉德音及總裁魏哲家兩位要帶領台積電走向下一個黃金十年的領導人，應該也會認同這個想法吧！

第3部 文化與 DNA

來賓登記簿上的小鐵夾——盡全力做到無微不至的服務

講到台積電的競爭優勢，很多人都會想到製程技術，例如5奈米、3奈米領先超前對手三星、英特爾多久等等。這些當然都是台積電很重要的競爭力，但這些大家都談很多了，我想談一下二十多年前去台積電採訪時注意到的一件小事，而且是一件小到大部分人都不在意的事。

大約九〇年代中期，我在《經濟日報》跑半導體新聞，有一次在台積電大廳的接待處，發現台積電一項很貼心的服務。

就像很多大公司一樣，台積電在接待處有一本來賓登記簿，每一位訪客都要填上自己的姓名、電話及公司抬頭，我去採訪也不例外。通常填完資料，我會隨手將登記簿往前翻幾頁，看看有哪些人來拜訪過，特別是關心一下我的競爭對手《工商時報》記者黃釗珍有沒有來過（笑）。

一般來說，接待櫃檯工作人員也不會阻止我這麼做。但那次去台積電採訪，我發現台積電接待櫃檯工作人員雖然沒有阻止我，卻在來賓登記簿上的簽名處，加上一塊很堅固、完全拆不掉的小鐵夾，把先前簽到的名字全部蓋起來。我想把鐵夾推開，但不管怎麼用力也推不開。

這個設計讓我很好奇，於是就問了當時台積電的公關主管曾晉皓，為什麼要這樣做？他告訴我，因為台積電認為每一位來賓的資訊都是隱私，不應該讓來訪的其他客人看到，避免引起不必要的困擾。

這只是多年前的九〇年代，發生在半導體快速起飛的竹科園區，一個大家不怎麼在意的小事。但我卻從這個小細節中，理解到台積電如何從一家小公司，成長到今天如此巨大規模與影響力的頂尖企業。

對許多企業來說，來賓登記簿只是用完就丟、不起眼的小冊子，早已行之有年，根本不會特別在意。每天忙著生產、出貨已經夠忙夠累了，誰有時間管這種小事？我也從未在別的公司看到類似的設計。

在這個小設計的背後，代表著台積電不只是把自己視為晶圓製造業，除了做好最基本的技術、良率外，台積電真心覺得晶圓代工是一種服務業，要讓客戶覺得被充分尊重，在生意往來中被真心對待。

沒錯，我想知道對手記者有沒有來過，輝達來訪的員工想知道超微是不是來過，老實說都不關台積電的事，大可隨我們翻閱。但台積電會想到這麼做，是因為他們一直在想著要如何服務客戶，處處從每一位客戶的立場思考，才會想出這種貼心小細節。就像張忠謀說的：「要為客戶赴湯蹈火，盡全力做到無微不至的服務。」在這種拚全力服務客戶的過程中，客戶成功，台積電才會成功。

其實，來賓登記簿只是台積電在客戶服務上，眾多深藏巧思的設計之一，光是在來賓接待處，我就發現台積電對於各種接待程序及細節的用心之處，顯然是有經過非常認真扎實的員工訓練。

通行無阻的過期駕照，過不了台積電的關

我在寫完這段文字後，曾經貼到臉書上與朋友分享，獲得很多朋友熱烈留言回應。其中有一位在惠普工作的朋友留下這段文字：

「十幾年前，我每個月都會去竹科拜訪客戶。但是好幾次進廠時換了證件，離開時卻忘記取回，導致還要專程跑一趟拿回證件，非常困擾。

「於是，我想到了一個辦法，在換證時給一張過期的駕照，這樣即便忘記也不用急著去拿回來，方便多了。結果，我用這個方法在竹科通行無阻，只有一家公司立刻發現，要求我換一張有效的證件，才放我進去。」

最後他說：「你們也猜得出來，是哪家公司吧？」

沒錯，答案就是台積電。他分享的這個經驗，我深有同感，因為我的皮夾裡也放了一張過期的駕照，也曾在不少公司蒙混過關。其實大部分的櫃檯接待人員都不會仔細看，直接就換證件給你。但台積電的接待人員不一樣，一定會很客氣但堅定的跟你說：「不好意思，這張證件過期了，要換

一張哦！」

採訪新聞三十年，我拜訪過很多公司，也經常觀察每家公司的接待人員，只要稍微注意一下，大致就可以感受到這家公司的管理品質。有些公司要嘛接待處亂七八糟，擺滿一堆準備要出的貨不說，訪客來了可能連站的地方都沒有，要嘛前台員工雜務太多忙得要命，身兼收發、行政、總機到替同事訂便當，還不時會被主管叫進去倒茶水。結果，反而是訪客來了，等了半天才看到接待人員，完全沒有感受到被期待與被尊重。從這些管理上的細節，可以看出這家公司根本不做員工訓練，主管也沒有嚴格的要求。

還有，當年我太常去台積電拜訪，見過很多台積電的接待人員。我發現，台積電的接待人員幾乎都面容姣好、儀表出眾，不由得讓你產生好感，讓你自然而然會有一種想要和台積電進一步交流合作的心情。

後來我又不免好奇地打聽，果然，台積電在徵聘接待人員時，很重視一個人的儀態。據說有許多台積電的接待人員是退役的空服人員，具備基本的儀態與服務訓練。台積電把製造業做得像服務業，從這一點就看得出來。

我要說的是，看台積電的競爭優勢，不只是看半導體技術與良率，還要看他們擁有多少軟實力。我在台積電的接待人員身上，看到了對客戶的尊重，這是台積電企業文化的展現，也是他們成功的關鍵之一。把製造業做成服務業的背後，是一種追求卓越的精神與心態，二十多年前的來賓登記簿，就是這種態度的展現。

這也是為什麼，近年來大家都在關注英特爾與三星是否能追趕上台積電。我的觀察重點除了在製程、良率、交期及成本這種硬底子功夫之外，還要看這兩家業者是否能理解：**晶圓代工，其實是一種服務業**。要把客戶的喜好、需求當成自己最重要的事，不能以自己集團內的其他品牌事業或半導體產品事業為優先考量。

打從第一天起，就是一家國際級企業

——台積電是一家設在竹科的美國公司

我有一位日本好友野島剛先生，有一次與我聊天談到日本人對張忠謀很推崇，也非常好奇台積電為什麼可以如此成功。我當時跟他講了一個觀點，我說台積電雖然是台灣公司，但從第一天開始，它的企業DNA就充滿了美式文化，各種制度與管理都是美式風格，算是一家總部設在台灣新竹的美式企業。

關於這點，張忠謀先生可能不同意。因為他有一次接受訪問，對於大家都說台積電是美式企業文化、很多高階主管都來自美國，他認為，台積電文化中，有「七、八成是台灣文化」。張忠謀如此說，當然有他的理由，但我覺得台積電的美式文化是無可否認的，只是加上了台灣在地的優秀人才，才塑造出一種相當獨特的企業文化。

台積電的美式文化，從一九八七年創立第一天就確立了。當時擔任董事長兼執行長的創辦人張忠謀是華裔美國人，在德儀工作十九年，當到資深副總裁，是德儀第三號人物。創立頭十年，張忠謀聘請的三任總經理都是由美籍人士擔任，分別是戴克（James Dykes）、魏謀（Kraus Wiemer）及布魯克（Donald Brooks），都是在美國半導體產業有豐富歷練的專家。其中，戴克曾任職 Harris 半導體與通用儀器的總經理，魏謀則是張忠謀早年在德儀的部屬與同事，後來也擔任過新加坡特許半導體公司CEO，布魯克則任職過快捷總經理與德州儀器副總裁，也是張忠謀在德儀時的部屬。

此外，台積電轉投資的世界先進，於一九九四年成立時的第一任總經理，也是邀請曾任IBM副總裁的艾凡斯（Bob Evans）擔任。至於張忠謀本人在台積電及世界先進，都是擔任董事長兼執行長，負責事業成敗。

總經理由老外擔任，再加上張忠謀剛來台灣時也是英文比中文好，這種組合注定讓台積電自然長出美式文化，不只公司內部的書寫與文件都是英文，許多主管會議也都以英文溝通。公司基本的管理與運作，不管是績效、升遷、分紅、獎懲等，也都依循美式企業做法。

這種因為創辦人及總經理自然塑造出來的企業文化，讓台積電在透明公開、鼓勵創意、良性競爭的氛圍中，成為大家共同的做事標準，員工升遷當然也以績效為準，而非以和上層關係好不好來判斷。甚至連董事會運作，早在台灣還未設獨董制度前，台積電就已經有獨立董事。

一開始，就定位要當 technology leader

除了管理是美式風格，台積電從成立的第一天起，就把晶圓製造代工視為一種新商業模式，是會改變半導體產業專業分工的創新生意，因此也自我定位要成為一家國際級企業，並爭取到全世界的生意。當時全世界主要的半導體客戶都在美國，於是便以美國客戶為優先爭取的對象。

還有一個例子，可以看出台積電一直把超越世界一級大廠當作發展目標。一九九七年蔣尚義加入台積電，張忠謀第一次見到他時就告訴他，台積電要當technology leader（科技領先者）。

蔣尚義告訴他，當 leader 很貴，要花很多錢，當時台積電只有一百二十名員工，不及ＩＢＭ、英特爾的十分之一。他很委婉的跟張忠謀說，如果只當 fast follower（快速跟隨者），也就是當老二，那麼所需要的經費大概只要三分之一就行了。

結果，蔣尚義說他當場被張忠謀訓斥了一頓。第一次見面就講這種話，「Morris 一定覺得我很沒出息。」由此可以知道，張忠謀就是要當世界的科技領先者。

台灣很多半導體企業都有胸懷世界的精神，而且是在創辦不久就立下這種志願，我在多年採訪中遇過很多例子。一位早年在台灣惠普公司服務的學長就曾跟我說，當年台灣惠普總經理柯文昌第一次去日月光時，創辦人張虔生就說，日月光的目標是要做半導體封裝業的世界第一，希望惠普可以提供最好的設備，並長期支持日月光。

當時日月光才成立不久，張虔生講出這樣的話，所有去拜訪的惠普人根本都不當一回事，只覺得這個人好大的口氣。但沒幾年日月光就展現企圖心，不斷擴廠併購，成就如今的世界第一。

台積電一旦設定目標，就會朝著既定方向前進，不太理會其他人的眼光。我在跑新聞的時候，也經常感受到台積電與其他企業很不一樣。不少媒體同業也同樣發現了台積電的美式文化，和一般台灣企業之間的差異。

舉例來說，台積電幾乎都是在公開場合接受聯合採訪，例如記者會、法說會，個別媒體要約專訪非常困難。我在《經濟日報》跑新聞時，雖然號稱是兩大報業集團之一，但也只有幾次與張忠謀先生單獨採訪。台積電發言體系很明確，其他主管不可能與媒體有私下聚會。很多媒體其實不喜歡採訪台積電，甚至覺得台積電很高傲。

但台積電只是照著自己的步伐走，聚焦在核心事業，不分心去做別的事，因此也不需要頻繁的跟媒體打交道。一台龐大的機器，循著自己規畫的既定方向不斷往前進，也難怪台積電會如此成功。

美式企業管理下，還是很「台」

有人的地方就有江湖。很多企業內部都有所謂的「辦公室政治」，很難避免派系之爭，台積電也不例外。早年有工研院派及海歸派，後來隨著海歸主管愈來愈多，海歸派又分不同陣營。但這些派系似乎並沒有影響到台積電的成長與運作，因為當企業文化與ＤＮＡ夠強，許多爭議就自然比較容易化解。

台積電第三任總經理布魯克離職事件，我覺得是台積電發展過程中很重要的一個里程碑。

布魯克是從一九九一年至一九九七年四月擔任台積電總經理，這六年期間也是台積電成長最快的階段，公司營收從一九九一年的五億元，大幅成長到一九九六年的一百九十四億元。身為半導體業務高手的布魯克居功不小。

當時布魯克是自行請辭，並計畫退休返美居住。沒想到，他離開台積電沒多久，就加入敵營聯電，擔任聯電董事兼北美總裁的大位，震撼業界。

從德儀至台積電，布魯克與張忠謀認識、合作超過三十年，我聽過不少關於布魯克的傳聞，但不清楚他與張忠謀之間發生什麼事。顯然布魯克跳槽敵營的動作，對台積電內部形成不小衝擊。張忠謀在布魯克離職後，自己先兼任總經理一段時間，最後才把第四任總經理交給曾繁城，之後第五任由蔡力行接棒，從此以後台積電總經理都由台灣人才擔任。

張忠謀讓台灣人才接總經理，一方面是台積電表現一直不錯，內部人才濟濟，有很多主管可以選擇及安排；另一方面也是因為擔心從外部找人當空降總經理，除了可能會水土不服，也會重創內部士氣。

曾繁城接總經理後，台積電展開第二個十年的發展，美式企業文化也開始與台灣本土人才展開更大程度的融合。最初台積電的骨幹都是從工研院出身，很多是本地大學的碩博士，後來海外歸國學人愈來愈多，時間一久，逐漸沖淡了工研院及海歸派的差異。

台積電的美式文化，在公司創立的前十年就已根深柢固，從張忠謀的規畫，到前三任老外總經理負責營運，就已把公司的基礎打好了。不過，台積電是從台灣土地長出來的企業，絕大多數員工都是台灣在地人，即使到今天，外籍主管及員工都還是只占很小比例，台積電終究是流著台灣血液的本地企業。

台積電有美式企業公開透明的管理制度，但也有亞洲企業勤奮努力的精神，為台灣企業樹立了很好的榜樣：當一家公司可以立足台灣、胸懷世界，企業能夠發揮的力量可以很驚人。這種完美的結合，也應該是很多日、韓、中等亞洲企業可以學習的典範。

當然，台積電也不是一路都是無風無雨的。在高層人事主管的變動上，也曾多次經歷考驗。例如前財務副總曾宗琳、總經理布魯克離職，先後跳槽至聯電，還有二〇〇六年梁孟松的去職，以及二〇〇九年撤換蔡力行等，台積電的作風很果斷明快，有些人可能覺得果斷明快到不近情理，但似乎也就是在這種不斷衝突中，台積電的企業文化才得以淬鍊成形吧！

張忠謀認為台積電「七、八成是台灣文化」，老實說我不是很了解他想表達的意思。不過，我個人的解讀是這樣的：他認為台灣是一個重感情、關係與面子的社會，台積電也是如此。張忠謀強悍的個人作風，以及從美企文化中磨練出來的管理模式，應該會讓不少員工感到不習慣。這大概是讓張忠謀覺得台積電還是很「台灣文化」的原因吧！

不當短視猴子，五年加速折舊攤提
——先苦後甘，長線思考的財務政策

大家都聽過「朝三暮四」的成語故事吧？中國古代有個養猴人，有一天他跟猴子說，以後食物的數量要改成「早上三升、晚上四升」，猴子很生氣地反對。於是主人改成「早上四升、晚上三升」，猴子就高興地接受了，因為感覺早上多了一升。

這就是「朝三暮四」成語的典故，其實數量並沒有增加，但猴子以為早上四升就代表食物比較多。這句成語後來也衍生出另一個意義，形容一個人沒有定見，容易改變心意。

如果把猴子「朝三暮四」的情境，拿來對比半導體資本投資時採取的財務折舊攤提模式，其實也可以呈現另一種趣味。

半導體產業資本支出金額一直都很大，尤其以設備機台的支出占最大比重。由於設備機台通常可以使用很多年，因此不會在第一年就把支出全部算為成本，而是會分幾年做平均折舊攤提。但是，要用多少年來分攤呢？

對企業來說，機器設備費用分幾年攤提，只是財務計算上的不同。攤提的年數較短、早一點分攤完，缺點是頭幾年的負擔較重，但優點是可以較快擺脫沉重負擔，未來設備機台生產的產品，淨利就可以比較高。這是一種先苦後甘的攤提法，先承擔多一點負重，不把壓力留到未來。

相反的，把折舊攤提時間拉長，優點是每年攤提的金額較少，有助於短期內公司的財報及經營績效，尤其攤提頭幾年費用較低，每股稅後純益（EPS）會漂亮很多，但通常到了後面幾年，若同業折舊已經攤提結束，你的獲利就會居於劣勢。

以半導體業來說，台積電是以五年來分攤，聯電則是六年，至於力積電的財報上寫的是一．五年到十九年，以過去的歷史來統計，大約平均折舊攤提時間長達十年。

台積電分五年快速分攤完，代表著前五年的費用攤提金額較高，但第六年以後就不用攤提了，與同業的費用相比，就減少很多。攤提時間較長的公司——像力積電——早期分攤的費用較少，獲利看起來很高，但攤提時間拉長到十年，後面幾年就有比較多的費用成本壓力。而且當已經攤提結束的同業沒有費用負擔時，可能就會面臨同業更強的價格競爭。

這種情況就有如猴子看食物，感覺早上多吃一升比較開心，但其實晚上的食物還是會減少，該攤提的費用還是要攤提，只是延後而已。而且，先甘後苦，看似公司經營及獲利都很好，卻可能形成一種假象，以為公司真的很賺錢，因此在投資及支出上太過樂觀，對公司的營運有可能造成不利的衝擊及影響。

從折舊攤提，看出一家公司的格局

一般來說，半導體公司的折舊攤提，主要是看投資的資產性質來區分。例如晶圓廠房的土建物，通常是分二十年攤提，至於機電設備及無塵潔淨室系統等，則是分成十年攤提。這些項目的攤提年限，每家公司都差不多，但設備機台分幾年攤提，各家公司就有不同政策。

目前半導體公司的資本支出中，大約有七、八成都是投資機器設備，例如光刻機、蝕刻機等。像深紫外光（DUV）和極紫外光（EUV）機台，一台就要數千萬美元到數億美元，愈先進的高階製程設備愈昂貴，因此要分幾年攤提，對於費用及成本的影響相當大。

以台積電來說，由於採用五年折舊攤提，而且因為高階製程的機台設備所費不貲，因此初期的折舊費用占總生產成本通常都在五成以上。相較之下，聯電採六年折舊攤提，折舊占總成本約三、四成；至於力積電則在一成多至二成。大家可以發現，折舊成本的差異確實相當大。

折舊攤提年限不同，除了會讓早期獲利比較好看，影響較後期的獲利品質外，也有可能影響或改變公司的價格策略。因為當有些公司的折舊攤提已經先行結束、費用明顯較低時，就可以採取更積極的價格策略。

另外，初期費用折舊攤提少，也可能會形成一種假象，讓經營者以為自己的產品及服務成本很有競爭力，獲利能力很強，隨便賣就可以獲利，導致管理團隊失去警覺性，對公司來說可能造成負面影響。

最後，折舊攤提方法不同，也會影響到公司對未來資本支出的預估。例如折舊攤提時間拉長，短期間就可以賺很多錢，因此資本支出會傾向更短線與更積極。相反的，當折舊攤提時間短，前幾年要承受高額的財務壓力，就會對資本支出更小心，也會讓經營團隊更謹慎思考長期資本支出的規畫，不會為了賺短線的快錢而沖昏了頭。

由此可知，財務上的折舊攤提方式，影響的層面相當大，不只決定企業的獲利品質，更影響到經營管理的各種層面及細節。企業會採取何種折舊攤提的做法，也反映一家公司的格局與遠見，如何選擇，是CEO要好好深思的議題。

最後，對投資人來說，千萬不要當短視的猴子。選股前，一定要關心每家公司的折舊攤提方法，不要只看公司短期有獲利，就以為公司很賺錢，掉入「朝四暮三」的陷阱，投資人應該切記。

經營者當然更不能是猴子，「朝四暮三」與「朝三暮四」看似相同，但造成的結果一定是不一樣的。先把折舊攤提完，是長線思考的CEO會做的事，把成本費用留到以後再提列，不僅會形成經營上的錯誤假象，更可能讓經營團隊掉以輕心，對公司的影響是深遠的，經營者不可不慎思而行。

晶圓代工，台灣為什麼獨步全球

——因為我們本來就有代工DNA

晶圓代工的概念到底是誰先想出來的？是張忠謀，還是曹興誠？

關於這個問題，在我採訪半導體產業的三十年間，聽過無數爭辯。倒是《晶片戰爭》的作者米勒，提供了一個大家過去沒聽過的觀點。

根據前聯電董事長曹興誠的說法，這個概念是聯電最先提出來的。因為一九八四年（也就是聯電創立四年後），曹興誠帶著晶圓專業代工的概念，去美國請教當時擔任通用器材總經理的張忠謀。但張忠謀當時說不可行，三年後，張忠謀創辦了以晶圓代工為主的台積電。

不過米勒教授表示，他在閱讀當年德儀內部文件時，發現早在一九七六年張忠謀仍任德儀半導體總經理時，就曾在內部經營會議中提過類似的建議，要成立一家公司來生產顧客設計的晶片，只是這個計畫後來沒有做成。

照張忠謀自己的說法，他當時的確有這個點子，主要是源自一本卡佛·米德（Carver Mead）教授參與著作的書，書中提到半導體設計與製造是可以分開的。雖然當時還沒有純晶圓代工的說法，但已是後來台灣蓬勃發展晶圓代工商業模式的基本概念。

無論米勒教授這段話是否解答了你心中的疑惑，我認為關於「晶圓代工到底是誰先想出來的？」這話題，其實可以延伸到三個觀念。

這是一個只有拚命把客戶服務好，才能成就自己的「黑手」事業

首先，到底是誰先想出來的，當然有歷史考證的價值。但通常世人只記得那些「最好」的企業或產品，而不是「最早」的——無論是最早想出來，或是最早做出來。

智慧型手機就是一個好例子。早在二〇〇七年蘋果 iPhone 推出前，宏達電（htc）在二〇〇五年就已推出名為多普達（Dopod）的智慧型手機，但之後 htc 品牌走下坡，幾乎快從市場上消失，所有人提到智慧型手機，都只會想到蘋果 iPhone 或三星、榮耀、Oppo、Vivo 及小米。

若再把時間往前推，比宏達電更早推出智慧型手機的是ＩＢＭ。早在一九九四年，ＩＢＭ就推出了全世界最早的智慧型手機 Simon，但同樣的，早又如何？只是留給大家一個追悼ＩＢＭ的機會而已。

好吧，也不只是ＩＢＭ。過去有太多歐美研發機構很早就推出許多創新想法與概念，但最後能夠把這些想法發揚光大的，反而都是其他企業或個人。這不是說創新發明不重要，而是誰能把創新

想法發揮到最極致，做到最有競爭力，可能才是重點。

其次，就算最早提出晶圓代工概念的不是聯電，也無損聯電對台灣半導體產業的貢獻。聯電從早期的ＩＤＭ，快速進行設計、製造分家，之後又創造出台灣最具競爭力的ＩＣ設計公司聯發科、聯詠等，比其他國家的半導體企業更早預見產業變化，而且也以實際行動展現轉型的強烈決心。台灣半導體產業能夠走在產業趨勢的前端，是相當不容易的。

最後一點是，為什麼晶圓代工這個概念，全世界這麼多國家就台灣做得最好？回歸本質來看，雖然目前台積電技術領先全球，產業地位受到各國推崇，但晶圓代工的商業模式，本質上就是一種製造服務業。台灣從早期做雨傘、聖誕燈開始，到後來做ＰＣ、手機、半導體，產品與技術層次或有不同，但基本上都是類似的角色。

這種代工生意，其實講白了就是台語說的「黑手」，要一直投資研發及擴廠，還要很耗時間與精力服務客戶。歐美很多企業不會想做這種生意，全世界大概也只有代工經驗豐富的台灣人，願意屈就這種辛苦的工作吧！

此外，代工生意基本上就是服務客人，只有客戶成功，自己的事業才會成功，客戶不成功，自己絕對沒有發展的機會。也就是說，這不是一個自己獨好的事業，只有拚命把客戶服務好，才能成就自己。歐美企業都想打造自己的品牌，都要建立自己獨好的企業，很少像台灣企業那麼願意提供代工服務。

代工，是台灣產業獨特的ＤＮＡ。早年台灣也有像宏碁、華碩這種已經登上國際舞台的ＰＣ品牌，但同時還要賺服務客戶的錢，兩家公司都在一邊經營電腦品牌，一邊做製造代工。聯電轉型也一樣，從產品公司到設計、代工兩頭賺。

不過，為了要把客戶服務得更好，宏碁、華碩和聯電都把產品獨立成另一家公司，不讓客戶及代工生意發生利益衝突。反觀三星，推出各種自有品牌產品，同時還做代工生意，經常利用代工生意鞏固自己的品牌事業，未把這些事業明確切割。所以施振榮才會說：「台灣是全世界的朋友，三星是全世界的敵人。」

例如，早期宏達電的智慧型手機，因為與三星手機有正面競爭，因此三星在提供宏達電面板時就多所阻撓。如今高通代工訂單下給三星，一樣是三星運用其手機事業採用高通晶片做為回報等條件。這些例子只是三星品牌與製造利益沒有明確切割的冰山一角，從這個角度來看，施振榮先生的觀點是非常精準的。

我認為，與其討論到底是張忠謀或曹興誠先想出晶圓代工的概念，倒不如把焦點放在為什麼台灣可以把晶圓代工理念做到全世界最強？

回到一九七六年，張忠謀在德儀提出這個概念的時代。當時美國在二戰後躍居為世界強國，半導體又是美國最先發展出來的，美國企業當然不可能將自己視為珍貴稀缺的競爭核心晶圓廠技術，拿來幫別的公司代工生產。

後來的歐洲、日本甚至南韓，這些先進大國都不願意做這種生意，相反的，只有來自台灣這種小島的企業，才會願意做這樣的工作，真的把代工當成核心業務。但也正是台灣堅持這種服務世人的理念，才會成就如今這麼閃耀的晶片島吧！

都這麼有錢，言行生活仍然低調——曾繁城的身教示範

一九九八年，台積電邀請五位記者去美國 WaferTech 採訪，我當時在《經濟日報》跑新聞，是受邀的成員之一。由於年代久遠，許多事情都已記憶模糊了，只記得 WaferTech 是設在一個很偏遠的小鎮，我們住在一家很有風格的旅館，我還在那家旅館留言簿上寫了很多那次參訪的感想。

還記得那次參訪中，我們順道參加台積電在北美市場舉辦的技術論壇，也去看了一家當時很紅的 3dfx Interactive 的ＩＣ設計公司。後來 3dfx 被輝達收購，對輝達日後成為繪圖晶片龍頭有很重要的貢獻。

不過，如果要說讓我至今印象最深刻的一件事，就是看到當時擔任台積電總經理的曾繁城親自充當司機，開了一台豐田 Camry 的車來接送我們。相較於很多台積電客戶開的名車，那台 Camry 實在太低調了。這也符合我對台積電主管的印象：平民、務實、親切。

我採訪過許多企業老闆，見過各種類型的人，台積電很多主管不僅身價高，貢獻也比別人大，但每一位都超級低調。曾繁城，就是典型代表人物。

大帥身旁低調的「共同創辦人」

張忠謀是台積電最重要的創辦人，重要性當然沒話說，但我認為，曾繁城絕對可以被稱為台積電的「共同創辦人」，雖然台積電並未給他這個名號。台積電一九八七年成立時，正是由時任工研院院長的張忠謀，與擔任工研院示範工廠廠長的曾繁城，一起帶著一百一十七個同仁出來創業的。

如果說張忠謀是大帥，要謀畫公司所有策略，曾繁城便是台積電在晶圓製造上鞠躬盡瘁的執行者。台積電剛創立頭幾年，由於還沒有條件吸引海外學人回來，因此他從設計、研發到工廠管理，什麼都要管，還因為擔心貨出不來，就在工廠盯著，每天晚上都搞到三更半夜才回家。

曾繁城的個性認真負責，早在去美國無線電公司（RCA）學習技術時，就因為太過投入工作，切掉一部分的胃。台積電成立後，他依然是抱著這種拚命三郎的工作態度。創業初期，工廠經常出意外，有一次他到國外參加科技研討會，沒想到半夜接到一通越洋電話，告訴他工廠出狀況，他立刻趕回台灣解決問題。

後來台積電的業績成長，加上員工分紅配股，對海外學人逐漸有吸引力，許多從國外找回來的優秀人才，都是曾繁城一一登門拜訪而來的。從一九八九年加入的蔡力行、林坤禧及蔡能賢，到一九九七年加入的蔣尚義，幾乎每一位重要大將都被曾繁城的誠意打動，讓台積電人才濟濟，不斷創造佳績。

一九九四年，台積電股票上市前夕，未上市股價已經炒得很火熱，當時整個科學園區人心浮動，很多人腦袋裡想的就是如何致富。

曾繁城把高層主管找來，叮嚀大家即使股票上市了，還是要維持過去的工作態度。不要只想賺多少錢，要把眼光放得高遠一些，找出能在未來增長附加價值的目標，然後專注地去做。

如今曾繁城已退到第二線，只擔任台積電董事及創意電子等轉投資企業的董事長。他當然非常有錢，生活也過得很好，現在開的車子絕對也比當年的 Camry 好很多，但他仍然保持一貫的低調。好吧，如果說他也有高調之處，那應該就是穿著了。從年輕以來，他就很愛穿粉紅色西裝或紫色襯衫，搶眼的配色一直是曾繁城的風格。但在工作上，他一直很低調，扮演張忠謀身邊沉默的助手。張忠謀也是如此，對於自己的社會形象非常重視，極度謹言慎行，甚至還要求妻子張淑芬拿台積電的贈品時也得付錢。

在這兩位台積電重要創辦人的示範下，台積電上上下下都很重視誠信。這種身教重於言教的啟發，比那些光說不練的企業高明太多了！

有關台積電人的工作態度，蔣尚義曾經分享過一個令他印象深刻的故事。他說，台積電一九九九年在美國俄勒岡州設立晶圓廠 WaferTech 時，由於營運績效遠比台灣晶圓廠差，因此公司打算從台灣派一組二十人的團隊去幫忙。

當時台積電預計派他們到美國 WaferTech 兩年，並且要求他們必須在三週內辦妥簽證及護照。

負責的副總經理拿到外派名單後，逐一將人選叫進辦公室，指示他們接下來的任務。結果這二十個人還真的在三週後，順利搭同一班飛機到美國，之後在美國每天早出晚歸，最後把 WaferTech 的問題解決了。

蔣尚義說，如果換作是美商公司要外派員工，從找人選、說服溝通、談條件等，可能至少要花半年時間。但是在台積電，員工們都把公司的事情看得比個人的事情重要。這二十人團隊成員中，有的從來沒去過美國，有的在台灣還有很多事情要處理。例如其中有個工廠經理原本在新竹租屋，因為赴美任務緊迫，他來不及退租，只好留給祕書一本存了幾百萬台幣的存摺，請她代為處理，還交代她以後過生日時，就直接用這個帳戶裡的錢幫自己買禮物。

蔣尚義認為，這種捨我其誰的精神，深深刻印在他的腦海裡，讓他非常難忘。有這種工作態度與精神，難怪台積電會打敗很多對手。

或許有人會說，蔣尚義說的可能是早期員工才有的工作態度，現在年輕一代還有沒有這種拚勁就不太確定了。但我認為，年輕一輩的工作態度到底如何，似乎也不必一竿子打翻一船人。畢竟台積電從創立至今，創業團隊展現的個人風格，以及前輩們身體力行塑造出來的企業文化，如今聽起來還是很有感染力的。當然，也希望台積電的主管及員工都能夠從過去成功的軌跡中，找出未來可以更精進的路徑，開創出更精采的篇章。

有敵人，才會每天鬥志高昂

先在國內競爭，再去國際競爭

「一個國家的產業要強，先要在內部有激烈競爭，才能到國際上去競爭。」這是全球競爭力大師麥可・波特（Michael Porter）說過的一句話。

如果把這句話拿來套用在台灣半導體產業發展的過程，我認為不但非常貼切，甚至可以說，台灣就是因為有內部激烈的競爭，半導體產業才能站到國際舞台上發光發熱。

二〇二〇年底，新竹科學園區舉辦四十週年慶祝活動。那天場面溫馨熱鬧，許多電子業老闆出席，各大媒體也都到現場捕捉畫面，因為當天有四位重量級大老獲頒傑出成就貢獻獎，分別是台積電創辦人張忠謀、聯電榮譽董事長曹興誠、宏碁創辦人施振榮，以及聯發科董事長蔡明介。

媒體最想拍到的畫面，就是退休的張忠謀與曹興誠兩人再度同框的歷史鏡頭。這兩位曾經激烈競爭、針鋒相對、誰都不讓誰的產業大老，已二十年沒有同台過，他們將如何互動？說什麼話？會握手言和，一笑泯恩仇嗎？這是大家最關心的話題。

結果，當天頒獎時，曹興誠主動趨前與張忠謀握手。「雙王握手」的場面讓鎂光燈此起彼落，合照完，張忠謀又與曹興誠寒暄聊天。媒體後來以斗大的標題寫道：「兩人合演眾所期待的世紀大和解」。

其實，我跑了三十年雙王爭霸的產業新聞，非常清楚兩人的梁子結得可大了，怎麼可能就這樣和解？只是，在這個四十週年慶的溫馨場合，過去的事可以先放一邊。看到兩位白髮蒼蒼的老人輕鬆談笑的身影，尤其是在這個全球動盪不安、地緣政治發酵、台灣半導體產業又發燙發熱的二〇二〇年，更顯得意義非凡。

我在本書第一部已經談過，台灣半導體產業的整套技術，是在一九七六年由美國ＲＣＡ授權而來，之後竹科緊接著在一九八〇年設立。同一年聯電也成立，是第一家從工研院移轉出來的半導體公司。

一九八七年台積電成立，成為工研院移轉的第二家公司。直到二〇〇〇年以前，這兩家公司激烈競爭，鬥智鬥力鬥法不斷。我常在想，若把這些情節拍成影集，絕對比許多韓劇都好看。

那麼，到底台積電、聯電是如何競爭的？

鬥智、跳槽、挖角，連中國都成了另一個戰場

早年聯電成立時，是擁有產品及製造的整合元件製造廠（ＩＤＭ），一九九六年才將產品設計

部門切割出去，包括聯發科、聯詠、智原等ＩＣ設計公司，都是從聯電衍生出來的。至於台積電成立時就不做自己產品，一開始就以晶圓代工為發展主軸，兩家公司初期有不小的差異。

不過，由於是第一家半導體公司，聯電早期創業維艱，自有產品也常面臨景氣週期，於是把多餘產能拿來做代工，開始與台積電競爭。

有段時間，時任工研院院長的張忠謀也兼任聯電董事長，從工研院離職加入聯電的曹興誠，則從聯電副總升任總經理，兩人的經營風格與理念相當不同，開始「擦出各種火花」。後來張忠謀創辦台積電，之後就專任台積電董事長，曹興誠也取得聯電董座大位，世紀爭霸於焉展開。

回想過去跑半導體新聞的那段時間，真的很有意思，每天看他們出招鬥智，你來我往，好不熱鬧。聯電在一九九六年把產品部門切割出去，後來又找到北美十一家ＩＣ設計客戶合資設了三座廠；台積電則是與三家ＩＣ設計公司到美國設立 WaferTech，然後也發動併購德碁及世大。到了二〇〇〇年，聯電再進行一次五合一大合併，把所有晶圓代工公司都併回聯電。

二〇〇〇年，竹科已經塞不下那麼多公司，於是往南科、中科延伸發展。當時兩家公司也陸續宣布南科園區大投資，一家喊出十年投資三千億元，另一家則加碼至四千億元，投資規模之大，均創下台灣產業的最高紀錄。

至於跳槽、挖角，更是少不了的戲碼。台積電早期的財務長曾宗琳，還有第三任總經理布魯克，都是從台積電離職後，被曹興誠請到聯電任職。

進軍中國，也是另一個戰場。聯電在政策尚未許可前，就支持前聯電員工去投資上海和艦科技；台積電則是戒急用忍，直到二〇〇七年才首度登陸，後來在上海及南京的投資不斷成長，後發先至，產能規模及營運績效也漸漸超越聯電。

在併購方面，雙方也互有斬獲。聯電早年曾跨海去日本收購新日鐵半導體，也到新加坡設廠；至於台積電則是美國、新加坡都有投資，後來又收購德碁、世大，尤其是收購世大這一役，雙方你來我往，曹興誠還發表日後永不在台灣收購企業的聲明。台積電、聯電激烈競爭，讓記者每天都有跑不完的新聞，連記者都覺得自己的生活很精采。

產業激烈競爭，當然是好事一件。因為每天早上醒來，這些CEO一睜開眼就想著一個要超越的目標。有敵人的生活才會每天鬥志高昂，生命才會更有意義。競爭不僅讓大家一路向前，將彼此都推向世界舞台，等過了一段時間回頭望，還會發現原來其他國家的對手都已經被遠遠拋在後頭。這就是台灣半導體走向國際舞台最真實的歷程。

就像麥可．波特說的：「一個國家的產業要強，先要在內部有激烈競爭，才能到國際上去競爭。」台灣半導體產業內部的激烈競爭，尤其是台積電與聯電曾經歷過的激烈競賽，不論誰勝誰負，都已經讓整個產業的競爭力大幅提升。這些都是台灣半導體業日後在國際市場發光發熱的重要憑藉。

當台積電的「拙」，遇上聯電的「巧」

台積電與聯電的世紀之戰，在二〇〇〇年以前可以說勢均力敵，但之後就逐漸分出高下。過程中，有三個關鍵布局很重要。

首先，是研發與技術。台積電選擇自行開發 0.13 微米銅製程，並在一年半後領先宣布開發成功；聯電則選擇與ＩＢＭ、英飛凌技術合作，但開發時程拖延了幾年，兩家公司差距開始擴大。如今台積電當然已明顯領先，在先進製程上遙遙領先所有對手。

其次，台積電從一開始商業模式就定位為晶圓代工，主軸策略一致，在對的商業模式上持續耕耘，沒有一日鬆懈。而且晶圓代工重在「技術、客戶及服務」，需要長期投入技術與研發，要客戶贏自己才會贏，並且要真心實意的服務客戶。台積電從第一天開始，就很清楚這個成功模式。

至於聯電，早期重視「精悍迅捷」，強在彈性應變及策略布局，是做生意的高手，但這種特質適合做產品，不適合做晶圓代工這種要長期做苦工與彎腰服務客戶的工作。因此，聯電從有產品的ＩＤＭ轉型為無自有產品的晶圓代工，花了很長一段時間適應。

如果分別用一個字來形容這兩家公司，我覺得台積電是「拙」，而聯電是「巧」。拙看起來笨笨的，可是不斷下苦功夫、持續累積，在半導體這種高精密與高進化的產業終究會看到績效。

至於巧，可以出奇制勝、彈性應變，但策略快速變化，持久性可能就嫌不足。聯電轉型晶圓代工後，母公司表現差強人意，但獨立出去的許多聯字輩ＩＣ設計公司，表現則相當突出。

最後一點也很重要：傳承。曹興誠在二〇〇五年因和艦案被控背信罪及違反商業會計法，因此辭掉聯電董事長，之後淡出經營，寄情於古董佛學，追求人生另一層境界。反觀張忠謀，一直擔任台積電董事長，二度交棒後至二〇一八年才退休。

對於傳承這件事，張忠謀比曹興誠更投入，行事也更慎重，這是因為他對台積電一直懷抱著責任感，是一股使命感驅動下的結果。相較之下，曹興誠顯得較輕易放手，或許這也是聯電追不上台積電的原因之一。

不過，在竹科頒獎典禮那天，曹興誠很大方地恭喜張忠謀，也讚揚張忠謀把台積電帶到今天這種境界。我認為，曹興誠這番話應該是發自內心的佩服，畢竟張忠謀的確做到別人做不到的事。

競爭愈激烈，愈可能成就霸業

談到這裡，可以附帶一提，從麥可．波特的國家競爭理論來看，台灣的台積電與聯電是最好的例子，而目前全世界記憶體最強的國家南韓，也有類似的情況。

南韓的三星與海力士，目前在全球 DRAM 產業是三強中的前兩強，在 NAND Flash 方面也是五、六家公司中的前兩強。這兩大集團都是全球記憶體產業的領導廠商，他們得以領先超前，也是因為在南韓國內激烈競爭，互相視對方為死敵，甚至連對方離職人員都不錄用。也因為南韓大集團激烈競爭，產業競爭力建立起來，成就了目前三星及海力士的記憶體霸業。

不只記憶體，南韓許多產業都可見到內部激烈的纏鬥。例如，三星QLED電視把LG的OLED電視打得很慘，但最後結果就是全球最強的電視品牌就在南韓。南韓每個產業都有死對頭，誰也不讓誰，結果就把韓國的記憶體、電視、手機、電池、生技，甚至流行文化及電影等，推向世界舞台。

另外還有一點也該提一下，台灣半導體的成就，除了內部激烈競爭外，政府的產業政策也扮演一定程度的催化因素。

產業政策說起來容易，做起來困難，最關鍵的是，政府必須願意排除萬難，拿出魄力推動。無論是向美國RCA取得授權或是成立竹科，在當時絕對是一項大膽的計畫。想想看，當時台灣人均所得才四百美元，要從國庫撥出一千萬美元（當時值新台幣四億元）的經費來發展半導體，肯定是財政上的一大負擔。

有人說，那是威權時代，做決策比較容易，但我認為，每個時代都有不同的挑戰需要克服。當年台灣只有紡織、塑化等傳統產業，電腦產業還未萌芽，國內也沒有人懂半導體，要找到對的人委以重任實屬不易，推動政策時更要面對許多質疑與挑戰。

幸好，當時政策推動者有決心與魄力，願意挑戰一條沒人能預料結果的艱難道路。如今回頭看，題目選對了，地基又打得穩，在一條正確的道路上努力奔馳了四十年，想不成功也難。

竹科四十年，我參與了其中四分之三的歲月，若要說感想，老實說我不再關心誰和誰有什麼心結。兩位半導體前輩如今都退休多年，過去的恩怨早已隨風而逝，兩人惺惺相惜，互祝健康平安，這才是真實人生。

輝煌的竹科四十年，史頁終究是要翻過去的。接下來更重要的是：台灣還有下一個精采的四十年嗎？要如何再發光發熱，大放異彩？這些已非兩位老人家的責任，是時候需要更年輕的一輩來接棒與承擔了！

有台灣特色的員工分紅配股制度——半導體業崛起背後的最強大武器

關於台灣半導體業成功崛起的原因，我發現很多人不知道或甚至從未聽過，台灣曾有過一個最強大的祕密武器——員工分紅配股制度。

員工分紅配股制度的運作，大約從八〇年代中期開始有企業實施，到二〇〇八年結束，前後時間大約二十年。企業依據前一年的獲利，提撥一定比例分紅給員工，早期是以配股票為主，現金紅利為輔。由於股市熱絡，員工收入大幅增加，這一招對激勵員工士氣相當有效。

這項員工分紅配股制度，是早期鼓勵海外學人回台工作或創業很厲害的武器。由於早年台灣半導體廠無法提供夠高的薪資水準，許多海外學人不願意放棄原有的高薪工作。但透過員工分紅配股，可以大大彌補薪資的不足，吸引很多優秀人才投入，也讓台灣半導體業有機會與先進國家競爭。

員工分紅配股之所以威力強大，是因為當員工分到股票紅利時，價值是取決於公司能否創造更多獲利，盈餘愈多，股價就會漲愈高。員工們為了讓手中配股可以賣到更高的價錢，會更加努力去創造公司更大的價值。

台灣這套員工分紅配股制度，與歐美常見的股票選擇權（stock option）不同，主要有三個特色。

第一，分紅以股票代替現金發放，而且是以一股十元的面額計算。對員工來說有兩大優點，其一是賣出時的股價一定數倍於票面，其二是課稅是依面額，不會因為被課太多稅款而心痛。舉例來說，公司發放一百萬元股票紅利（以每張股票面額十元計算，相當於一百張股票），如果股票市價是每股五十元，員工賣掉股票的實質收入是五百萬元，而這筆收入在課稅時只以一百萬元計算，因此繳稅時可少繳很多錢。

第二，對公司來說，發給員工一百張股票，公司的支出費用也是一百萬元，並不是以股票實際市價來計算費用支出。

第三，雨露均霑。一般來說，歐美企業的股票認購權大都是分給中高階主管，尤其高階主管分到的占比最大，但台灣分紅的範圍就大很多，除了中高階主管之外，也會分給中低階員工，就連年資只有短短數年的工程師也可以享受到好處，或許分配到的股份可能不多，但同樣達到激勵效果。

總之，員工分紅配股對電子從業人員的獎勵效果相當好，彌補了薪水不夠高的難題。很多時候，員工從股票分紅所賺到的錢比本薪還要高。

聯電是在一九八五年掛牌上市後，開始發放員工分紅配股。之後幾乎所有竹科園區的公司都跟進，不只造就了很多「科技新貴」，也成為台灣半導體產業吸收及匯聚人才最強大的工具。

關於聯電實施員工分紅配股制度，過程中也有一些小故事。聯電第一位員工、前聯電副董事長劉英達說，公司剛成立不久，總經理曹興誠曾向董事會提出要求，希望公司賺錢後能夠分配盈餘的二五%做為員工分紅。當時董事會覺得反正聯電沒什麼賺錢，所以就同意了。

但是，當聯電在一九八四年開始獲利、一九八五年要提撥員工紅利時，董事會認為要先提特別公積，結果倒算回去，員工只能多領兩個月薪水。曹興誠重新提案，建議員工分紅降低為盈餘的一〇%，但分紅中的現金及股票比率，要比照股東。例如股東配股二元、配息一元，員工的分紅也要以股票二、現金一的比率分配。從此聯電的員工分紅模式，就依這個原則制定。後來許多竹科半導體同業也跟著沿用聯電的分紅模式。

在聯電成立前，台灣有些傳統產業也會有員工分紅，但基本上是以發現金為主，聯電應該是最早實施員工分紅配股的先驅。

由於早期台灣半導體處於高度成長期，每年股東的股利分派都是以配股為主，不斷以配股票增資的方式擴充股本。這種模式與國外的股票分割很類似，因此當員工大部分都是拿到股票分紅時，也就明顯受惠於前面所提的——員工實質拿到的獎勵很高，而公司費用及員工繳稅都很低。

走進歷史，但到底是不是一項好制度？

雖然這項制度深受主管及員工歡迎，也為台灣半導體業打下成功基礎，但不以實際發生的費用計算，嚴重違反國際財會準則，對公司的財報及獲利也造成嚴重扭曲和失真。而且員工以面額配來的股票，日後在市場上拋售，會造成股價下跌，影響到全體股東權益。

當台積電赴美掛牌ＡＤＲ（美國存託憑證）時，這項制度的問題也成為全球資本市場關注的焦點。

台積電是在一九九四年在台股掛牌，一九九七年赴美掛牌ＡＤＲ時，外資法人特別關注的，就是台灣這種特殊的分紅配股制度。由於當時台灣的會計準則尚未與國際接軌，沒有以市值計算員工分紅配股的費用，因此外資券商在製作台積電的財報時，特別以國際會計準則計算另外一個版本。沒想到，當計入員工分紅配股費用化之後，所得出的財報版本顯示：台積電不是每股稅後純益（ＥＰＳ）達十元以上的公司，而是一家虧損的企業！

想也知道，外資這份財報在市場上引發了軒然大波。因為不僅是台積電變成虧損企業，所有台灣半導體及很多電子公司也都是採用相同的財會計算方式，因此若把全台灣實施此制度的企業財報都重新計算，很可能大多數都是虧損的。

這項制度還有一個問題，就是由於公司不必將分配的股票計入費用，變相鼓勵部分企業濫發分紅配股，有些公司即使獲利普通，但只要股價飆漲，員工售股時依然有大筆現金進帳。由於配股利益實在太誘人，有不少公司開始不斷切割部門成立新公司，然後將獲利灌到新公司，再配發員工分紅，造成亂象叢生。

二〇〇二年，全球經歷網通泡沫，股市崩盤。在美國，爆發安隆等弊案之後，上市公司高階主管為爭取認股權而做假帳，引起強烈抨擊。原本用來吸引人才、激勵員工的員工認股權，也被指責是禍首。

同時間，外資大力抨擊台灣行之有年的員工分紅配股制度，強力要求台灣政府修法，應像美國一樣把股票選擇權列為企業的費用。

有鑑於這項做法的確違反國際會計準則，也造成國庫稅收流失，政府從二〇〇八年開始，實施分紅配股費用化，舊制度走入歷史。雖然很多科技新貴無法像過去一樣拿很多股票紅利，但因為台灣產業基礎已建立起來，許多賺錢企業還是提供不少現金分紅，科技新貴依然火熱發燙。

在我採訪科技產業三十年的過程中，接觸不少來自日韓半導體企業的朋友，他們常對台灣企業強大的競爭力感到不解。對於這個他們不太理解的謎題，我一直認為，員工分紅配股是一個很關鍵的解答。

相較於日韓半導體同業，台灣半導體廠商大部分是由創業家創辦，而且都是從中小型企業開始逐漸壯大，就算有大企業投資，公司還是由創業者主導。這種員工分紅配股制度，非常有效的獎勵了創業團隊，讓創業精神得以發揚光大。相反的，日韓半導體公司幾乎都由大財團投資與主導，在集團底下的工作者都是專業經理人，拿的主要是薪水，外加一些額外的績效獎金或紅利，但這些獎金或紅利很少會高過本薪，而且公司也不太可能發股票給員工。因此，大部分的專業經理人只求把分內工作做好，很少會有拚命工作或願意承擔更多責任的企圖心。

員工分紅配股之所以有效，是因為當員工們手上都有一堆股票時，如果不努力工作讓公司變得更好，這些股票就不會值錢。為了讓這些股票更值錢，大家都有努力打拚的動機，而且股票漲幅沒有極限，只要公司不斷維持高獲利、每股盈餘高，資本市場就可能讓股價飛上天。對創業者而言，沒有比這項制度更直接有效的激勵工具了。

台灣有一百五十萬家企業，其中絕大多數是中小型公司，大家都想為自己打拚，而股票分紅制度讓他們可以小而美、小而強，完成許多不可能的任務。日韓的產業型態，包括半導體產業在內，都是由大財團主導。在需要創業家精神的ＩＣ設計產業中，日韓都沒有台灣表現得好，這多少與產業型態及特性有關。

至於中國大陸的半導體產業，可以說有不少模式都是模仿台灣。大陸企業一樣會分股票給主管及員工，過去幾年中國大陸資本市場表現超強，大陸半導體業的從業人員也一樣受惠於資本市場給予的獎勵。

台灣的員工分紅配股制度如今已走入歷史，如果要蓋棺論定的話，這到底是不是一個好制度呢？我認為，其實企業界已有共識：就公司財報及股東權益來說，這的確是一種造成財報扭曲失真的制度，但在台灣發展半導體的初期，一個沒有競爭基礎與優勢的後進國家，想要與先進大國競爭，我們能拿出什麼條件？長達二十年的員工分紅配股，提供了一個強有力的激勵工具，奠定台灣的國際競爭力。從這個角度來看，即使曾經造成不公平，但對建立台灣半導體護國群山來說，還是有正面意義的。

至於不少人所批評的分紅配股亂象，的確，過去是曾發生一些企業老闆違反公司治理及師心自用、為所欲為的現象，但整體來說，這個工具依盈餘分派股票給員工，協助台灣把產業競爭基礎打好，讓台灣經濟能夠茁壯發展，若從這個角度來看，或許可以給這個制度一個更公平合理的評價。

接班要憑實力，而不是靠關係

——張忠謀眼中的 meritocracy

張忠謀先生經常發表對公司治理的看法，他認為真正的公司治理應該是 meritocracy，也就是「任人唯賢」，誰表現好，就交給誰。

張忠謀這個看法，聽起來似乎沒有什麼特別。誰表現好就誰做，本來不就是應該如此嗎？但是，如果我們很務實地去看每家公司的治理與運作——例如，未來公司要交棒給誰——其實都有各種複雜因素摻雜其中，很難只用一個原因或理由來決定，也很難純粹根據能力定奪。

一般來說，不管一家企業是否有家族或法人大股東、股權是否分散、是否有明顯的特定大股東，都有可能選出最賢能、表現最優秀的接班人。但這也只是理想狀態，較常見的情況，是家族、大股東或法人股東找自己偏愛的人，或大家比較不反對的人來接班。接班人往往不是憑藉實力，而是靠關係，或比較聽話、願意妥協而出線。

在選拔交棒人的過程中，股權結構當然是一個重要因素。例如，持有主要股權的家族或大股東往往會想主導人事權，若是幾個股東的股權差不多大，又可能彼此猜忌不信任，最後只能靠協調喬出人選。太多公婆介入，選出來的人不但不是最理想的，有時甚至離「賢能」很遠。

就算是由專業經理人治理的公司，由於台灣允許收購委託書及由法人派任代表，也很容易變成專業經理人強勢主導，並交棒給自己偏好的人馬。台灣有很多電子公司上市櫃多年，股權已經非常分散，董監持股很低，最後照樣未必會「任人唯賢」的選出最佳接班人。

因此，張忠謀對台灣企業交棒文化的觀察，我認為很值得今天的科技業好好思考。如何傳承給最強的接班人？股東應如何行使權利？如何關注及影響企業的傳承交棒？確實是台灣公司治理上的重大課題。

「Morris，慧智還在賠錢，要努力加油啊！」「好的！」

張忠謀會如此重視 meritocracy，當然是因為他來台灣之前，在美國已有完整的職場歷練。早年他在德儀公司以華裔背景做到公司第三號人物，靠的就是德儀的 meritocracy。他在美國那種講究實力的競爭環境中，體悟到企業治理及傳承的成功模式，也希望把這個做法帶到台灣。

張忠謀說過，他在一九七二年升任德儀半導體集團總經理後，就開始關注並思考公司治理與如何交棒。他也研究過很多企業交棒的方式，例如德儀、英特爾、奇異及歐洲許多企業的做法。

他認為，在一個講求 meritocracy 的企業，例如過去的ＩＢＭ、奇異，或現在的微軟、亞馬遜、

Google等，這些願意任人唯賢的專業經理人，在經營公司時應變及進步的速度，都遠超過一般同業。

他也發現，表現好的執行長可以指定下一個接班人，例如英特爾執行長摩爾（Gordon Moore）下台前，就指定葛洛夫（Andrew Grove）接掌，葛洛夫又指定貝瑞特（Craig Barrett）接棒，貝瑞特則交棒給歐德寧（Paul Otellini）。但如果執行長表現不好，則沒有這個權力，董事會就會適時介入主導。例如歐德寧表現不佳，因此繼任人選由董事會任命，而接任的科再奇（Brian Krzanich）及史旺（Bob Swan）都表現不理想，最後只好找回原技術長季辛格回來接CEO。

張忠謀來台灣後，有機會了解更多台灣公司的治理與運作，但他發現有很多公司離meritocracy很遠。在接受《天下》雜誌專訪時，他談到加入工研院後曾面對不少挫折，遭受過許多人排擠，有從「上面來的」、「下面來的」，還有從「旁邊來的」，各種壓力都有。

創辦台積電後，他開始致力於塑造企業文化，並在內部拔擢表現優秀的專業經理人，實現他以meritocracy治理公司的夢想。

雖然近年來很多公司發生父子、兄弟、翁婿爭權，或有家族股東引進市場派人馬爭奪公司股權的事件，不過持平的說，台灣企業界有不少擁有家族股東的公司，經營績效與企業治理也是非常好的。

除了台積電與世界先進，在張忠謀主導的企業中，其實還有一家公司很少被注意到，那就是台灣慧智。這家公司的大股東是和信、中信集團與行政院開發基金，張忠謀受中信集團之邀，從一九九〇年至二〇〇〇年擔任台灣慧智董事長，後來交棒給張安平。

當時，中信集團每年都會在台灣或世界各地召開一次集團大會。一九九七年秋季，中信集團大會在花蓮美崙飯店舉行。偌大的會議大廳中，辜振甫及辜濂松先生高高地坐在前面講台上，麾下上百家子公司的董事長和總經理的座位排成一個大大的馬蹄形。

據說辜濂松一一點名，檢討每一家子公司的營運。輪到台灣慧智時，張忠謀小聲地跟身旁的台灣慧智總經理林茂雄說：「保持低調。」接著，當辜濂松說：「Morris，慧智還在賠錢，要努力加油啊！」張忠謀當下爽快的回答：「好的！」

當時，台積電的獲利已超越中信銀行，但張忠謀對於大股東仍然表達高度敬重。台灣慧智以生產終端機產品為主，但因受到個人電腦的普及，業務擴展不易，也不是張忠謀的半導體專長，十年下來的績效遠遠比不上台積電。

台灣慧智這個故事，只是張忠謀職場生涯中一個小小插曲，在台灣慧智，他是被辜家倚重的專業經理人。他從台積電找來研發處長林茂雄負責公司改造，最後台灣慧智不辱使命，也有達成獲利目標，最後交棒給中信集團接手。

我認為，接下來在美中晶片戰與地緣政治的大環境中，足以影響及改變半導體產業的力量，也是張忠謀所說的 meritocracy。

拜登總統上任後，多次提到「實力地位」（Position of Strength），強調美國要站在實力基礎上，跟中國做長期戰略競爭。實力地位的核心就是科技實力，美國已經盤點自己的科技實力與中國有多少差距，再決定以何種方式與中國競爭。

美國在半導體產業已絕對領先，因此對中國的打壓圍堵動作不斷，招式百出，可以說是想盡各種辦法，要聯合日韓歐台等所有國家，把中國半導體業打回石器時代。

但是也有一些科技，例如電動車領域，中國表現搶眼，比亞迪、寧德時代都已是國際大廠，美國在電動車產業上並沒有絕對領先。因此美國放軟身段，推出大手筆補貼誘因，吸引各國去北美投資設廠，例如美國福特汽車就與寧德時代合作，在美國建電池廠，目標就是想要把電池技術吸引到美國。

二〇一九年疫情爆發前夕，張忠謀在出席台積電運動會時提到，世界局勢變化劇烈，已不是安寧的世界，台積電變成地緣策略家的必爭之地，公司應維持三大競爭優勢，即技術領先、製造優越及客戶信任。

顯然，張忠謀在當時就已預見日後發展。如今美中衝突更加緊張，晶片戰風起雲湧，台積電因為先進半導體製程技術的領先，更成為全球科技業競賽時無法或缺的軍火供應商。台積電與台灣，都成為地緣戰略家不可或缺的半導體「矽盾」。今天重新解讀張忠謀的 meritocracy，我也有一番全新的體會。

一流人才，做二流的事？——知識工作者要紀律與創新兼備

有人認為，台積電是讓台灣的一流人才去做二流的工作。甚至有人說，晶圓代工不過就是一群高學歷的人在做技術員的工作。是這樣嗎？

早年我覺得或許這說法有些道理，但這幾年下來，我覺得這樣的批評不正確也不公平。首先，台灣走上製造代工產業這條路，是企業衡量「相對優勢」下自然產生的結果。台灣理工科人才素質整齊、勤奮努力，在技術研發與製造精進上都擁有很強的競爭力，但創意行銷及品牌經營能力較弱，導致大部分企業都往製造代工發展。

早年張忠謀選擇創辦台積電做晶圓代工，主要原因之一是他在德儀工作時，就看到德儀在日本投資的晶圓廠，效率都比美國廠要高。後來他發現南韓、台灣等亞洲國家在製造上，也都有這種優勢，因此他到工研院後，就決定以台灣做為台積電晶圓代工的創業基地。

台灣的優勢在技術與製造，但品牌及行銷就相對弱很多，智慧型手機廠商宏達電（htc）的經驗，就是一個好例子。htc 很早就開發出智慧型手機，也比蘋果 iPhone 更早推出，但最後卻敗在三

星及蘋果手下，為什麼會這樣？因為台商的技術開發與製造零組件都很強，但當產品進入品牌及行銷戰時，就明顯落後國際市場。

台灣是一座島，只有集中火力做自己最擅長的事，避開弱項，發展強項，才能成功。做晶圓或ＰＣ代工，讓台灣在全球供應鏈體系中搶到關鍵角色，並因此站上國際舞台，讓小國寡民的台灣可以走出一條與眾不同的發展道路。

其次，回到台積電成立的一九八七年，台灣仍是科技發展的落後國，如果台積電只用二流人才和強國競爭，怎麼可能打得贏？當然只有用一流的人才去進攻，才有一點贏的勝算。這就是「上駟對中駟」的道理，也是台灣能夠追上大國的原因。

如今，台積電的製程技術更先進了，已經領先所有國家，在許多未知領域的探索上，已沒有前人的經驗可以跟隨參考。台積電成了技術開發的先鋒，也要在各種技術及材料上往前開疆闢土。換言之，如今光是靠一流人才已經不夠了，還要用「超一流人才」才行。

所以，如果現在還有人說，台積電是用一流人才在做二流的事，那就表示，這個人對產業現況是不了解的，或是根本不知道台積電是在做什麼樣的事業。

知識力專家社群創辦人曲建仲說，他有一位優秀的學長是材料專家，二〇〇〇年清大材料博士畢業後，進入台積電十二吋晶圓 0.13 微米先進製程研發部門工作，負責的是化學機械研磨（ＣＭＰ），成功開發順利量產。

有一次這位學長告訴曲建仲，說他每天的工作就是「開關水龍頭」，意思是控制漿料的流量把晶圓磨平。這位學長說自己是這個部門裡學歷最低的人，未來要升遷可能不容易。

曲建仲聽了不敢相信，清大材料博士是這個部門裡學歷最低的人？好奇地問：「那你的同事都是什麼來歷？」

學長說，一位是麻省理工學院機械博士，另外還有史丹佛大學、劍橋大學材料博士，哦，還有一位是哈佛大學化學博士……，曲建仲打斷他：「好了好了，你別說了，我相信你是這個部門學歷最低的人。」

台積電的人才，都在做操作員做的事？

台積電現在的研發團隊，確實可以說是「超一流」人才匯集。各位可以想像一下，若沒有台積電，這些人會回台灣工作嗎？他們很可能會留在國外大企業工作，但因為台積電帶給他們未來的願景（當然也付得起他們要的薪水），才能把這些人才找回台灣工作。

我也相信，如果這些人才覺得自己的工作不具挑戰性，沒有創造價值的成就感，他們在台積電也不可能待太久。

我可以理解為什麼有人說，台積電的人才都在做操作員做的事，不過是公司裡的一顆小螺絲釘。但是這樣的說法，我認為也是不公平的。

會有這樣的批評，我猜想可能是因為晶圓廠的運作，確實有很多細節需要注意。這些工作很累、很繁瑣，卻都非常重要。有一位在台積電工作過的朋友說，台積電連一片晶圓上要滴幾滴光阻劑，都要找出最佳配方，晶圓在機台上是停留十五秒或十六秒，都要嚴格記錄，而且要遵守標準流程，差一點點都不行。

待過工廠的人應該都知道，製造的過程就是很多繁瑣細節累積出來的。工程師經常要因應不同產品的需求調整配方，將晶圓片在機台的時間從十五秒調到十六秒，並且按照標準作業程序，調整後必須請製造部同仁重複確認。曾有工程師調整配方後沒有請人確認，結果改出來的數字超過機台設定的範圍，機台一跑貨，警鈴聲瞬間大響。

這種工作細節非常多，因此台積電的工作環境高壓力、高工時，時時刻刻考驗員工的抗壓能力。除了平時經常需要加班，下班後還得隨時待命，確保產線順利運作。不難想像，會犧牲不少家庭與社交生活。

台積電晶圓廠已近二十多座，二十四小時全能量產，員工有六．五萬名，每一個工程師都很像一顆小螺絲釘，但大部分的製造業不也都是如此嗎？

至於有人說，在台積電上班的升遷機會不大，這話也是對的，因為太多優秀人才在其中，要在眾人競爭下往上爬，當然不容易。但是，要以此否定這家公司或這個產業，完全沒道理。

我認為，每個工作都有需要遵守紀律的部分，尤其是製造業，但是也一樣有需要創新的部分。舉媒體工作為例，從採訪、寫作、查證，到編輯、校對，無一不需要高度遵守紀律，截稿時間更要嚴格遵守。沒有紀律，就會出現脫稿、觀點偏差、錯字百出等結果。很多人常挖苦說，媒體是「製造業」，說實在話，從流程來看還真的有點像。

除了紀律，媒體也很需要不斷創新，尤其在內容及製作角度上，可以有很大的創新空間，讓不同創意與理念的人可以盡力揮灑。就像台積電，需要的創新其實多到數不清。劉德音就說過，用創意的工作方法追求進步，用優化的工作流程提升效率，讓晶圓製造可以不斷進步，媒體不也是如此？

我承認，媒體不是很好的對比，因為媒體不像台積電那麼高科技，工作流程也缺乏科技元素的注入與精進。我舉媒體為例，是因為我比較熟悉，但也想藉此提醒：知識工作者也需要紀律與創新，若只強調紀律，忽略了創意的重要性，就把媒體的本質過度簡化了。

要有少林寺師父練功的紀律，還要有不斷自我挑戰的創新能力

晶片研發工作需要更多創意，這一點，開發出 193 奈米浸潤式微影技術的台積電前研發副總林本堅一定最清楚。

二〇〇二年全球半導體的製程技術，一路從 0.13 微米、90奈米到65奈米製程後，開始出現撞

牆期。當時半導體業界都把 157 奈米乾式曝光機當成是理所當然的下世代曝光技術，微影設備大廠也投入超過七億美元在 157 奈米曝光機技術上，但幾年下來，鏡片所需的高品質材料和光阻的透明度一直無法突破，無法在晶片上刻出更精密的電路，卻又提不出解決辦法。157 奈米波長的光刻技術似乎已經走到山窮水盡，近十億美元的研發費用就這樣蒸發了。

但是，林本堅提出的 193 奈米浸潤式微影方式，改寫了全世界半導體微影藍圖。因為他的創新突破，讓半導體設備可以突破瓶頸，也讓已經達到物理極限的摩爾定律可以再繼續發展下去。

因為有這些創新與精進，台積電的技術比競爭對手大幅領先，交給客戶的晶圓良率最好，並且創造出龐大的營運價值，二〇二二年的淨利超過一兆元，這是台灣企業從來不曾達到的最佳獲利成績。台積電員工是在做技術員的工作嗎？你說呢？

就像進了少林寺練功的師父一樣，每天清晨破曉時分就起床練功，這是紀律；但在練功過程中不斷自我挑戰，提升功力，這是創新。沒有嚴謹的紀律，台積電無法在激烈競爭中，以優異的製造能力勝出；缺乏創新，台積電未來也難保技術領先優勢。如何在紀律與創新這兩組看似矛盾的課題之間，取得巧妙平衡，這不只是台積電的考驗，更是所有企業都要面對的課題。

講到這裡，我想到很久以前聽過的一個小故事。曾有位台積電主管負責一個要求很嚴苛的客戶。某個週日早上他與家人去掃墓時，接到客戶緊急需求電話。由於當天是週日，這位主管回覆說沒有同事能支援，要到當天晚上才能處理。客戶大發脾氣，還發了一封 email 給他，寫著：This is the biggest bullshit I ever heard.（這是我聽過最鬼扯的事），副本還送給台積電高層。

經過這起事件後，主管理解到這位客戶非常重視生產速度，為了趕貨，公司都有專人追蹤晶圓進度，甚至還會要求台積電生產出來的晶圓，要直接空運送到新加坡或韓國封裝，以便爭取比競爭對手快一步到貨的優勢。因此，後來對這個客戶的各種要求，不管深更半夜或休假時間，一定會跟家人說抱歉，立即飛車趕回公司處理，太太也都習慣了，不太會抱怨。

這種故事實在太多了，幾乎每個台積電員工或主管都有過類似的經驗。但對這樣的故事，我現在會倒過來想：如今歐美日等國都想投資半導體，要蓋更多的半導體廠，但倘若角色互換，那些過去要求台積電員工加班的人，如今自己會願意在半夜或休假接到電話時，就立刻飛奔回公司嗎？不就是因為很多歐美企業都不想做這種服務，想吃好料理又嫌廚房熱，才會讓願意犧牲家庭生活、不斷加班工作的台灣做得這麼好，不是嗎？

認真、專業，任何事情都盡力做到最好——台積電人的DNA

二〇一九年，蔡英文要競選台灣第二任總統時，有記者問張忠謀：「這次總統大選你挺誰？對總統參選人有什麼建議？」我還記得，當時張忠謀的回答是：「我支持人民選出來的總統，我只會向民選的總統提建言。」

後來還有記者追問，張忠謀妻子張淑芬與中國國民黨總統初選參選人郭台銘有親戚關係，會支持郭先生嗎？張忠謀回答說：「跟我無關，我只支持民選的總統。」

張忠謀的回答，清楚表達了自己的立場：選前不支持特定候選人，但表達一定支持人民投票選出來的總統。張忠謀避開可能引發的爭議，但強調認同民主制度以及尊重和支持民選總統的重要性。

這種聽起來四平八穩的答案，我相信一定有很多人不以為然。但這就是張忠謀長期以來的作風：不濫用自己對社會的影響力，給大家一個無法反駁的答案，同時表達自己的價值與理念。

張忠謀創辦台積電所發出的萬丈光芒，讓世界看見台灣。他發揮企業家精神，長年累積的社會聲望及對國際的影響力，早就超越「台積電創辦人」這個角色。如果他想支持某個候選人，以他的聲望當然有左右選情的能力，但他很謹慎地發言，並且超越藍綠，把自己的名聲與影響力用在更高的國際層次。

例如，他多次代表台灣出席亞太經濟合作會議（APEC）。APEC是很少數台灣能夠參與的國際性組織，過去總統委派的與會代表，大都是具財經背景的副總統如蕭萬長，或是已退下來的政治領袖如連戰、宋楚瑜等人。但在陳水扁總統時代，首開先例邀請重量級企業家如施振榮與張忠謀，代表台灣參與這個重要會議。截至目前為止，張忠謀共代表台灣出席六次APEC。第一次是陳水扁總統執政時代的二〇〇六年，蔡英文總統執政後，從二〇一八到二〇二二年，又連續五次擔任領袖代表。

張忠謀願意代表國家出席APEC會議，卻從來不參與工總、商總、工商協進會等組織，在國內眾多商業團體中，他只參加過台灣半導體產業協會，擔任過理事長。因為在他看來，很多產業公協會都有特定政治色彩，違反他不支持特定陣營或人選的原則，更重要的是，省下參與這些組織的時間，他可以把更多精力放在企業經營上。

去台化？門都沒有！

在地緣政治壓力下，台積電最終決定赴美國設廠。雖然剛開始張忠謀多次表達不看好赴美國設晶圓廠，但最後仍支持台積電去美國投資的決定，並且親自出席美國亞利桑那州的移機典禮。有人認為，台積電赴美國投資，會造成台積電技術被掏空及半導體產業「去台化」。

對此，台積電一直沒有正式表示意見，直到總裁魏哲家有一次在演講時脫口而出，表示外界說台積電技術被掏空或「去台化」，是「門都沒有！」。

一位日本朋友跟我說，近幾年來日本社會最關心的台灣企業家有兩位，一位是收購日本百年企業夏普的鴻海創辦人郭台銘，另一位就是改變全球半導體產業的台積電創辦人張忠謀。

對於這兩位台灣企業家，日本朋友認為無論是行事風格或政治立場，都有很大的不同。

對於郭台銘，一般日本人認為鴻海事業集中在中國，與大陸有較密切的關係，因此政治色彩上比較支持中國，對民進黨的批判也很強烈。對於張忠謀，日本人發現他從不輕易表達自己的政治立場，處事秉持專業原則。

不只張忠謀把專業精神用在企業經營，代表國家出席重大外交場合，擔任台積電慈善基金會董事長的張忠謀夫人張淑芬，一樣也把台積電專業做事的態度發揮在慈善工作上，用服務晶圓客戶的精神服務災民，把慈善也做得很專業。

台積電慈善基金會的特色，是了解災區居民的實際需求。基金會志工會在災難發生後的幾天內，去現場提供最直接、最迫切的幫忙，而不是在災難發生當下就跟著大家比誰捐的錢多。

近十幾年來，台灣社會發生多次天災人禍，從八八風災、高雄氣爆、八仙塵爆、花蓮震災、台南水災到新冠肺炎疫情，台積電都是以不同於一般企業捐款的方式，理解災民的需求，並結合員工參與捐款來幫助受災戶。

以二〇一五年的八仙塵爆為例，事件發生後，有不少善心人士捐錢給這些燒燙傷的民眾，不過，在台積電員工實際到現場探望了解，並與醫療人員溝通後，最後決定捐贈中重度燒傷者每人兩套彈性壓力衣，供將來復健所需。

另外像二〇一四年的高雄氣爆，當時高雄有多條街道完全被破壞，台積電理解災民「不要錢，要路、要家」的想法，台積電營運及廠務副總莊子壽（時任台積電新建工程處長）便拿出他平常蓋廠的看家本領，帶著台積電志工組成的重建團隊，進駐災區造橋修路。

當時莊子壽領著團隊挨家挨戶敲門，也請當地里長幫忙，詢問有沒有需要協助的地方。重建團隊一下子就修出「口碑」，從歪掉的紗窗、斑駁漏水的屋頂，到獨居老人壞掉的冷氣與電視機，該修的、不該修的，全都修好了。

最後，台積電協助修護了三百六十五戶住家、造了五座橋、鋪了四．三公里的道路，提供最直接的幫助，讓災民十分感念。在台積電重建團隊退場時，住戶在街道上貼滿了紅色的感謝布條。

台積電志工還想到，災區的家長們正經歷人生最艱困的一刻，而災區的孩子則是有家歸不得，因此志工們集思廣益，打造歡樂的夏令營活動，將孩子們暫時帶離重建中的破碎家園，療癒每一個幼小的心靈，免除因災害造成的創傷和恐懼。

還有二〇一八年二月花蓮大地震時，台積電曾協助獨居老人與弱勢受災戶的修復工作，後來還安排台積電六千五百名員工及家眷到花蓮員工旅遊，總計開出九梯次列車，以實際的消費協助重建花蓮觀光產業。

台積電的晶圓代工製造服務，一向是把客戶服務好，才能做到世界第一的地位，如今台積電員工也把這種精神用在慈善事業上，用心對待災民，連慈善都可以很專業的「客製化」。這，就是台積電的企業文化，從張忠謀政治上的謹言慎行，到提供災民「揪甘心」的服務，專業，就是台積電改變不了的ＤＮＡ！

第 4 部　研發與技術

石破天驚的一擊——如何在0.13微米打敗IBM

二〇〇〇年，是科技發展史上很重要的一年。一方面，網通泡沫爆破，股市崩盤，眾多公司滅頂。另一方面，這也是台積電在國際半導體產業嶄露頭角的一年，就是從這一年開始，台積電的研發能力快速追趕國際級企業。其中，奠定台積電日後領先優勢的技術，就是0.13微米（130奈米）銅製程技術。

創立於一九八七年的台積電，最初技術是授權自飛利浦的1.2微米（1200奈米），與當時國際上最先進的技術大約差了兩代至三代。之後台積電不斷追趕，與一線大廠的差距也逐漸愈拉愈近。到了二〇〇〇年，研發團隊開始有了挑戰國際大廠的企圖心。

如果說，二〇〇〇年的0.13微米是台積電技術自主及迎頭趕上的分水嶺，那麼，二〇〇〇年之前，台積電的技術是如何來的呢？答案是：有買來的、有授權的，也有來自代工客戶無償提供的。

台積電剛成立時，是從工研院技轉六吋晶圓廠及相關技術，而工研院的半導體技術，是當年政府向美國RCA授權而來的。此外，台積電成立時，也有從大股東飛利浦授權取得1.2微米製程技術，至於接下來的1.0及0.8微米技術，則是台積電自己開發的。

一九九〇至一九九五年間，帶領台積電研發處的林茂雄，在他寫的《摩爾旅程：電晶體數目暴增的神奇魔力》一書中就提到，當時台積電客戶為了產能，甚至會把他們內部最寶貴的技術無償技轉給台積電。

例如，一九九〇年台積電在開發0.8微米製程時，美國VLSI公司就把製程開發測試晶片無償提供給台積電做開發製程；一九九三年台積電開發0.5微米製程時，超微（AMD）對於自己用0.5微米製程設計的486 CPU晶片的競爭力深具信心，認為自己內部產能不夠，需要台積電0.5微米製程的產能支援，因此把兩個非常寶貴的製程模組（Process Module）：鎢塞（Tungsten Plug）及化學機械研磨（CMP）技術，都無償技轉給台積電。

林茂雄說，當時全世界只有生產486 CPU晶片的英特爾和超微兩家公司，擁有這兩個寶貴的製程模組技術。台積電0.6、0.5微米製程有了這兩個製程模組，有如吃了大補丸，技術突飛猛進。可惜的是，當年超微的486 CPU晶片並未如預期叫座，量沒有起來，也就沒有到台積電生產，但台積電卻因此獲得兩個寶貴的製程模組。

林茂雄說，當年技轉時，雙方往來頻繁，超微的外包經理、技術經理和工程師，他到如今都記憶猶新，並且心懷感恩。果然老天有眼，善有善報，經過快三十年後，超微終於在台積電生產7奈米及5奈米的CPU晶片，公司業務蒸蒸日上，成為半導體業界的領導者之一。

另外，台積電在一九九四年開發 0.35 微米製程時，也花了數百萬美元買了惠普公司的 0.35 微米 64K SRAM 產品設計做為製程開發的載具。

到了二〇〇〇年，台積電想要挑戰更高難度的技術。此時，就找到了 0.13 微米銅製程。

當時擔任台積電研發資深處長（目前已升至副總經理）的余振華說，台積電是在一九九七年第一次聽到ＩＢＭ發表的 0.13 微米銅製程，這是與過去鋁製程很不同的技術，開始有挑戰這個技術的想法。後來台積電與ＩＢＭ接觸，希望洽談技術授權。

但是，當時ＩＢＭ對合作條件相當堅持，要求研發一定要在ＩＢＭ位於紐約的晶圓廠進行，而且台積電要派人到紐約。當時擔任總經理的曾繁城與負責研發的資深副總蔣尚義都認為，研發必須在自家晶圓廠內，才能讓研發與製造緊密配合，讓技術在台積電生根。更何況，派出去的人會不會回來，誰也不敢保證，加上台灣若技轉ＩＢＭ技術，即使做得再成功，台積電至少也要晚ＩＢＭ一年。

最後台積電決定：自己開發。

後來，ＩＢＭ轉而與聯電洽談合作開發，還找來德國晶片製造商英飛凌（Infineon），三方一起召開結盟記者會，宣布這項大消息。當時ＩＢＭ的半導體技術仍相當領先，而且ＩＢＭ聯盟中的大廠還有三星、超微（後來獨立出格芯）等公司，在 0.13 微米銅製程的研發聲勢非常浩大。

有沒有別人開發成功了？沒有。好，開會

當時，台積電研發團隊雖然高手雲集，包括被稱為台積電「研發六騎士」的蔣尚義、林本堅、楊光磊、孫元成、梁孟松及余振華，但他們感受到高層似乎對他們想獨立研發的決定有些遲疑。不過，卻也因此激起大家的鬥志，一起向董事長張忠謀表達一定會達成使命的決心。

這個計畫在南科晶圓廠內執行，由蔣尚義擔任總指揮，余振華是計畫負責人，他從竹科帶了二十多人，一起到南科駐守。余振華每週開車到台南，再開車回新竹報告，二十多個家庭也跟著分隔兩地，時間長達一年半。

余振華回憶，在投入研發的過程中，他因為忙於工作，連太太發生車禍都無暇協助，到現在還覺得相當內疚。

由於當時大家對於銅製程不太了解，很怕污染會擴散，影響到其他製程良率，因此台積電對整個研發計畫非常慎重。在南科廠區內做研發時，大家視他們這群人有如洪水猛獸，他們必須身穿粉紅色無塵衣，以便和原本的白色無塵衣明顯區隔，連他們在潔淨室裡面的動線都嚴格規定，不能偏離，否則其他人可以告發。

背負著眾人的期望，研發團隊的壓力很大。那時候研發團隊最怕的，就是隔天早上醒來，別人先行宣布開發成功了。因此每天一大早開會前，或每天下班前開會，都一定要先問：「有沒有別人

宣布開發成功了？有沒有？有沒有？沒有。好，那我們開會！」余振華生動地描述那種與時間賽跑的心情。

對手是ＩＢＭ領軍的世界級大聯盟，而台積電是單打獨鬥的團隊，壓力之大可想而知。最後成績揭曉，最早宣布研發成功的是台積電，而且技術也最成熟。ＩＢＭ的合作團隊在兩年後才宣布開發成功，有些競爭者直到更久之後才追上。

至於台積電為何可以在 0.13 微米銅製程領先研發成功？蔣尚義接受《天下》雜誌專訪時，談到成功關鍵。

蔣尚義說，不是因為台積電有多厲害，而是因為之前吃了一次虧。在研發前一代技術 180 奈米時，出了一種新的低介電材料，叫做ＨＳＱ。這種材料在研發階段雖然表現很好，但一進入量產後，才看出可靠性有問題。

幸好吃過一次大虧，在研發 130 奈米時，ＩＢＭ選擇與ＨＳＱ類似技術的 SiLK 材料，而台積電選對了低介電材料，才得以修正錯誤，並最早成功推出。蔣尚義說，他不確定ＩＢＭ是否了解台積電在 180 奈米的失敗經驗，不過他猜想，比台積電更早研發銅製程十幾年的ＩＢＭ就算知道，應該也沒把台積電放在眼裡。

余振華說，台積電這次研發成功其實沒有深奧的道理，就是做好基本功，仔細分析所有直接與間接的證據，把計畫再想仔細點，專業理性分析，讓團隊少走冤枉路。

台積電 0.13 微米銅製程技術，從二〇〇〇年起開始研發，歷時一年半終於開發成功。在 0.13 微米銅製程追趕上ＩＢＭ後，台積電在全球半導體產業一鳴驚人，研發團隊從此以後也開始更有信心，深信台積電只要有決心，任何大事都可以做得出來，更相信台灣人才及研發能力都已不輸國外，可以與世界一決高下。

二〇〇三年底，台積電獲得行政院頒發的「傑出科學與技術人才獎」，代表領獎的，就是台積電研發部門中參與這項技術研發、有「研發六騎士」之稱的六位大功臣。

當時在圓山飯店頒獎，我與《今周刊》的同事前往專訪，並拍下了一張六人合照的歷史性照片。自行開發 0.13 微米銅製程技術獲得成功，也對日後台積電的研發模式帶來明顯的改變。從那次起，台積電在考量是要做技術授權或自行開發時，一定會先仔細評估。即使想向其他公司取得授權，也要先評估自己有多少實力。如果自己做，可以做到什麼成績。後來台積電大部分技術都選擇自己做，而且事後證明，成果都很不錯。

在 0.13 微米銅製程技術上奠定霸主地位之後，下一個要挑戰的重大里程碑是什麼？答案很明確，就是：系統整合。這是半導體走入後摩爾時代一個最重要的解方，而台積電獨創的封裝技術，讓企業再度站到世界的顛峰。

研發六騎士，怎麼只剩四個人

——一張二十年老照片背後的故事

中國在半導體產業野心勃勃，關於台積電前研發主管蔣尚義與中芯共同執行長梁孟松被挖角的新聞，也傳遍全球。有一次我應邀到電視台節目分享觀點，看到電視台找出一張近二十年前的老照片，勾起我一些回憶，想起台積電研發部門的幾個小故事。

電視台找出來的照片，拍攝時間是二〇〇三年底，行政院在圓山飯店頒發台積電「傑出科學與技術人才獎」當天。《今周刊》取得台積電同意，專訪這幾位主管，同時拍下這張照片。

不過，當電視畫面出現這張照片時，我一眼就看出照片中的人物變少了。當年我們拍照時共有六位，電視畫面上卻只有四人。

當年照片上的六個人，就是台積電有名的「研發六騎士」，從左至右分別是林本堅、楊光磊、蔣尚義、孫元成、梁孟松、余振華。

研發六騎士獲獎，是因為我在前面談到的 0.13 微米銅製程技術發展成功。六個人的照片，為何最後變成只有四位？我猜想應該是因為梁孟松離職後，加入競爭對手三星，被台積電控告洩漏營業機密。由於這起不愉快的事件，台積電後來發布的照片都不再有梁孟松。在這張照片中，梁孟松站在右二，為了將梁孟松去掉，只好連同畫面最右邊的余振華也被割捨掉。余振華是台積電投入研發封裝技術的大將，也是六騎士中唯一還留在台積電工作的主管，卻因為梁孟松的緣故，無法出現在這張照片中，實在可惜。

我還清楚記得當時拍照的情景。《今周刊》的攝影劉咸昌在設計位置時，原本因為蔣尚義是資深副總，在六個人中職位最高，想讓他站在最顯眼的位置。但蔣尚義很謙虛，說大家都同屬一個團隊，不希望誰的位置比較突出、顯得比較重要。

台積電研發六騎士（由左至右）：林本堅、楊光磊、蔣尚義、孫元成、梁孟松、余振華。

攝影／劉咸昌　提供／《今周刊》攝影組

不過，畢竟每個人的身高不同，為了畫面協調好看，攝影大哥還是努力地喬了好一陣子，並希望大家都做出一些不同的動作，有人抱胸、有人手插口袋、有人脫掉西裝等。

我還記得，當時蔣尚義特意把梁孟松拉到前面，與他並列在前排中間位置。顯然在當時，蔣尚義的確很肯定梁孟松對研發部門的貢獻。

至於從梁孟松拍照的姿態（手插口袋）與表情來看，似乎也可以看得出來，他有一副「捨我其誰、當仁不讓」的感覺。

當然，除了梁孟松原本與台積電之間就已經存在的恩怨情仇，後來因為蔣尚義赴中芯擔任副董事長，引起時任中芯共同執行長梁孟松的抗議，讓媒體重提這群人之間的較勁，描繪得血腥又露骨。

但回想當年拍照時的那一刻，我感受到的是台積電團隊並肩作戰的情感。每一個人都全心全意要完成艱難使命，不斷述說著他們如何突破困難的故事。那是團隊辛苦打完一場勝仗後，既開心又榮耀的一刻。

製造世界晶圓人才的少林寺

我寫下這段文字時，畫面中的六騎士如今僅剩余振華仍留在台積電，其他五位都已退休或離職。林本堅於二〇一五年從台積電研發副總退休，被邀請擔任清華大學半導體研究學院院長；至於孫元成則是在二〇一九年從台積電技術長及副總經理退休，受邀擔任陽明交大產學創新研究院總院長。

另外，照片左二的楊光磊，從台積電研發處長退休後，還到中芯擔任獨立董事。不過後來他辭掉了中芯的工作，回美國與家人同住，並應邀擔任英特爾顧問，協助英特爾發展晶圓代工事業。

至於蔣尚義及梁孟松，大家應該比較熟悉。蔣尚義從台積電資深研發副總一路升到台積電共同營運長，與劉德音、魏哲家一起成為張忠謀的三位接班人之一，後來選擇退休，並先後到中芯、武漢弘芯任職，如今則加入鴻海集團擔任半導體策略長，為鴻海發展半導體貢獻心力。至於梁孟松，先去了三星，把三星的製程技術拉到先進水平，然後又到中芯，成為近年來中芯突破7奈米製程技術的推手。

從人才開枝散葉的角度來看，台積電確實是培養晶圓代工及半導體製程技術人才的大本營。光是這六騎士的影響力，就遍及全世界。從三星、英特爾到中芯，都可以看到台積電的人才，稱台積電為「世界晶圓製造人才的少林寺」，絕對不為過。

今天，台積電成為點燃全世界半導體戰火的中心點，成為歐美日與中國兩大陣營爭奪產能及人才的核心。二十年前這段採訪之餘的小故事，讓我陷入思考許久。在見證歷史的過程中，我只能當一位旁觀的記錄者，忠實地為讀者呈現這場世界晶片大戰背後，每一個點點滴滴的小故事。

面對兩隻大猩猩，不眠不休的「夜鷹部隊」

——技術領先全球的關鍵密碼

面對三星、英特爾兩隻大猩猩的競爭，台積電一直小心翼翼，想盡辦法要超越這兩大對手。二〇一六年，台積電在10奈米製程技術明顯領先超前，是相當重要的一次布局。而能在10奈米奠定勝利基礎，關鍵原因是連研發部門都執行二十四小時三班輪值不停休的「夜鷹部隊」。

故事要從二〇一四年十二月初講起。當時，三星電子開始量產14奈米 FinFET 技術的晶片，並宣稱領先台積電至少半年。由於三星是跳過20奈米製程，直接把重兵押在14奈米，這個動作與成績立刻震驚半導體產業。

過去，三星電子在晶圓代工的技術，曾被台積電創辦人張忠謀稱為「雷達上一個小點」，但如今已逼近或甚至可能超越台積電，對台積電造成的壓力可想而知。

當時，台積電主要製程技術是16奈米，預期隔一年三星將以14奈米搶單，而英特爾彼時也搶先布局10奈米，兩大廠步步進逼台積電的領先地位。於是，台積電對內宣示，將全力衝刺下世代製程技術10奈米，而且是「非贏不可的一戰」，由董事長張忠謀領軍，宣布全球半導體研發部門首創的

「夜鷹計畫」。

「夜鷹計畫」編列四百多位研發人員，祭出「底薪加三成，分紅多五成」的優厚條件，以二十四小時三班輪值不停休方式，也就是分成「長日班」、「小夜班」及「大夜班」三組人力，每組人力都工作八小時，讓10奈米的研發無縫接軌，縮短學習曲線，目標在二〇一六年全面領先三星及英特爾。

成效我們都看到了，台積電這個「夜鷹計畫」非常成功。蘋果 iPhone 6s 系列手機的A9處理器，原本有一半是三星代工，另一半是台積電代工。後來爆發了前面提到的「晶片門」事件（三星生產的處理器，散熱效果比台積電代工的版本差），於是二〇一六年，蘋果便將A9之後的A10處理器訂單全都交給台積電生產。可以說，「夜鷹計畫」成功打下漂亮一仗。

二〇二二年，三星宣布領先台積電推出3奈米製程，雖然台積電量產3奈米的腳步較慢，但在良率與交期上還是明顯勝過三星，更把原本想在10奈米製程超前、卻連續幾年推展不順利的英特爾遠遠拋在後面。可以說，台積電已遙遙領先所有對手。

把研發部門變成 7-11，別人當然追不上

過去，半導體生產線都是二十四小時運作，全年無休，這是大家很熟悉的方式，因此，生產線

上的技術員就有所謂的「做二休二」，也就是連續上兩天班後，再連休兩天假。輪到夜班的人就變成白天睡覺、晚上工作，過著與一般人作息完全不同的生活。

但是，要在研發部門也推動二十四小時不間斷工作，這應該是半導體產業前所未有的事。因為要研發工程師半夜來上班，在很多國家根本是天方夜譚，即使想過這麼做，也會被認為是在開玩笑，不可能推得動。但台積電卻可以把研發部門也變成二十四小時不打烊的7-11，夜以繼日地接棒進行，就是要跑得更快，讓別人再怎麼努力都追不上。

這批「研發夜鷹」的三班制——「長日班」是正常上班時間，「小夜班」是從下午兩點上到晚上十二點，「大夜班」則是從晚上十二點上到隔天早上十點——串成二十四小時研發無縫接軌的效果。位於台積電新竹總部12B晶圓廠十樓的夜鷹部隊大本營，自此以後經常性地徹夜燈火通明，成了竹科不夜城。

當然，一般人都不太喜歡在晚上工作，大夜班的生理時鐘更非一般人能適應，因此台積電招募夜鷹部隊時，祭出的薪水與福利等條件都比白天班高很多。例如小夜班薪水加一五%，大夜班薪水加三〇%，年終分紅再多加五〇%。重賞之下必有勇夫，夜鷹計畫公開不到一個月就達滿編，人數很快達到四百人，而且學歷及資歷都不輸日班人員。不少人還因為未被錄用而扼腕！

不過，研發人員的夜鷹計畫也引發不少討論及批判。有人認為這說穿了又是一個「賣肝計畫」，用員工的健康來換取研發領先，即使給兩倍薪水也不值得。還有人質疑，如果連研發都要採三班制，用時間換取競爭優勢，那台灣科技產業的競爭力是不是已經走到盡頭了？

我認為，台灣電子業之所以能夠在全世界立足，靠的是創新與彈性，而夜鷹計畫可說是台灣在人力資源領域上所推出很有創意的策略。我們常說的「研發」，包含「研」究及「發」展，嚴格來說台積電的製程研發比較偏向「發展」，相較於研究（通常比較偏向個人創意，別人較難理解，也不容易接力進行），發展比較能進行模組化或分工化，只要把紀錄及工作內容做好，交接時講清楚，接手的同仁就知道要如何接手進行，這是夜鷹部隊能夠成功的關鍵之一。

不過，夜鷹部隊不只研發製程技術。其實台積電在A10處理器上，還使用最先進的整合扇出型（InFO）晶圓級封裝，這種封裝技術在台積電內部已開發多年，可以讓晶片更小、散熱更好，也是最後讓台積電贏過三星，爭取到蘋果訂單很重要的優勢。

一九九七年蔣尚義加入台積電時，研發部門只有一百二十人、年度研發經費新台幣二十五億元，技術落後領先大廠兩個世代。他一邊追趕研發水準，一邊為台積電延攬許多業界大將，一步步把研發團隊的實力與陣容建立起來。

剛進入台積電時，蔣尚義常被同事們拚命三郎式的工作精神嚇到。他說，台積電的員工，無論白天晚上都願意待在公司工作，加班熬夜也沒有任何怨言。他還曾對外國朋友開玩笑說：「夜鷹部隊可以成功，是因為台灣男生都有服兵役的經驗，半夜經常被叫起來站兩點或三點的衛兵。到台積電上班，守夜就有如站衛兵，比洋人更吃苦耐勞，更肯犧牲奉獻。」

蔣尚義認為，有這樣的員工精神，再搭配超強的研發團隊，台灣的工程師聰明程度不會輸給老外，台積電怎麼可能不成功？

今天，台積電研發團隊壯大為七千人以上、擁有四百億元以上的年度研發經費，技術也從落後兩年到目前明顯領先世界，並且在每個製程世代中持續超前。或許，台積電在研發及技術上得以領先全球的關鍵密碼，就在二十四小時三班輪值不停休的夜鷹部隊身上。

用7奈米再築一道高牆

——台積電如何在先進製程技術技壓群雄

台積電晶圓代工製程技術領先全球，在7、5、3奈米的高階技術更獨占鰲頭，明顯勝過對手三星、英特爾，並搶下全球近九成的高階製程市占。7奈米以上的先進製程技術，是目前半導體製造產業區隔一線與二線廠最重要的分水嶺。台積電如何在先進製程技術再築一道高牆，很值得記上一筆。

早在二〇一八年，聯電與格芯就陸續放棄高階製程技術，其中聯電表示不再投資12奈米以下的先進製程研發，轉而專注在成熟與特殊製程上；格芯則宣布暫停開發7奈米技術，把資源用於改善和擴充現有12與14奈米技術，強化製程及差異化以提振獲利能力。

聯電、格芯都是專業晶圓代工廠的佼佼者，兩家公司相繼宣布退出全球高階製程競賽的行列，如今只剩下台積電、三星及英特爾三家大廠有能力競逐，而跑得最快的台積電，則又明顯技壓群雄、遙遙領先，並取得大部分的訂單。

例如，二〇一八年格芯宣布退出7奈米製程研發後，全球第二大微處理器廠美商超微就表示，將所有7奈米產品（包括伺服器處理器與繪圖晶片）都交由台積電代工，而超微也因全面下單台積電，啟動五年快速成長，並對英特爾造成嚴重威脅。

聯電、格芯宣布退出7奈米製程，主因是7奈米進入障礙愈來愈高，從投資金額、製造良率、技術研發到人才等，只剩極少數的企業可以支撐這麼龐大的研發投入及資本支出。

以投資金額來看，一般來說，半導體製造公司的研發投入大約是營收的五%至八%，而要開發7奈米之後的先進製程，至少要投入二十億美元的研發經費，以五%來計算回推，企業的營收至少要達到四百億美元，才能拿出二十億美元做研發。如今全世界能達到四百億美元營收規模的半導體公司，就只剩下台積電、三星及英特爾，也難怪只有這三家公司可以拿到進入這個7奈米俱樂部的門票。

根據二〇一八年的資料，台積電7奈米製程技術的資本支出額超過五千億元，至於未來在5奈米與3奈米總共要分別砸下七千億及八千億元。這還是五年前的舊資料，我寫這本書的這一年，台積電的投資額又增加了。一條7奈米生產線，光設備成本就要新台幣六千億元（兩百億美元）起跳，至於5奈米、3奈米也都快要接近兆元。台灣二〇二一年全部稅收是新台幣二．八兆元，可以想像，即使以國家力量來投資半導體，恐怕都很難負擔得起這麼燒錢的投資。

除了資本支出超高，研發的門檻也很高。半導體製程技術不斷推進，到7、5、3奈米以下，線寬愈來愈小，良率愈來愈低，已快接近物理極限，對企業的研發考驗相當嚴苛，投入的金額也要很大。

此外，獲得頂尖客戶的合作及支持，也是台積電勝出的關鍵。因為客戶要下單7奈米，也得付出更高的代價。目前完成一組7奈米製程光罩要花新台幣二十億元，萬一做壞了，二十億元就泡湯了，價錢高到只有大型公司才敢做，中小型企業根本無力負擔。過去14奈米時代做一組光罩只要兩億元台幣，28奈米時代做一組光罩只要兩千萬元，如今製作成本十倍速往上跳，7奈米之後的先進製程，同樣是大型企業客戶才有機會參與的遊戲。

因此，當台積電7奈米技術精進、產能及良率都很穩定時，自然會獲得更多一級客戶下單，也會更強化一級客戶的合作與支持。客戶的成功，會讓台積電更成功，形成良性循環，並建立競爭對手難以跨越的門檻。

EUV＋3D先進封裝，突破瓶頸的關鍵一擊

台積電為何能夠在7奈米明顯超前，並拉開與英特爾、三星的差距？我認為至少有以下兩個關鍵原因。

首先是台積電與艾司摩爾向來緊密合作，在7奈米高階製程使用到的極紫外光（EUV）設備，台積電不只貢獻良多，甚至是艾司摩爾研發得以突破的最佳助攻員。

談到台積電與艾司摩爾，其實這兩家公司早期都獲得荷商飛利浦轉投資，在這種特殊的淵源之下，台積電與艾司摩爾的合作向來密切。在7奈米製程中最關鍵的ＥＵＶ設備，目前是由艾司摩爾全球獨家供應，而台積電不僅是最大客戶，由前研發副總林本堅發明的浸潤式微影技術，更是貢獻艾司摩爾研發出ＥＵＶ設備的最重要基礎。艾司摩爾總裁布林克（Martin van den Brink）曾表示，如果沒有ＥＵＶ，摩爾定律可能更早就結束了，而浸潤式微影技術「是個奇蹟」，也是促成ＥＵＶ開發成功的關鍵。

其次，台積電在３Ｄ先進封裝的研發進展，也是7奈米得以突破發展的關鍵。台積電在３Ｄ封裝的研發，是前研發副總蔣尚義在二〇〇九年被張忠謀重新找回台積電時的主張。他主張在摩爾定律逼近極限時，應透過先進封裝技術實現更高性能、更低耗電量、更小體積及更快傳輸速度的產品。因此，台積電從二〇一二年推出第一代封裝技術 CoWoS，到後來進展至 InFO 先進封裝技術，並快速降低生產成本，不僅有助於減輕後摩爾時代的限制，更成為突破7奈米技術瓶頸的關鍵一擊。

從台積電的財務數字來看，也可以看出7奈米以上的先進製程，已成為台積電業績不斷成長的關鍵。根據台積電二〇二二年第四季的財報，5奈米先進製程占營收比重為三二％；其次為7奈米占比二二％，16奈米和28奈米各占一二％、一一％，剩下的製程比例相加不到一〇％。

換句話說，7奈米以上製程技術，如今已占台積電營收半數以上，高階製程技術一枝獨秀，成為公司不斷成長的動力，也形成台積電與其他對手得以拉開差距的競爭優勢。

設計與製造分家的大趨勢

再回來談二〇一八年的格芯與超微。當時，格芯退出高階製程，超微將7奈米訂單全部轉出台積電生產。這兩件大事，在我看來也是思考未來半導體大趨勢的重要觀察點。因為格芯與超微的分家，是半導體發展很重要的一頁，代表著設計與製造分家的大趨勢。而這個具指標性的分拆過程，不只是研究半導體產業最佳的教案分析，也是目前陷入「製造地獄」的英特爾可以好好學習的一堂課。

超微創立於一九六九年，當時與英特爾激烈對抗，從設計到製造都自己做。超微創辦人桑德士（Jerry Sanders）當年還曾說過一句名言：「有晶圓廠，才是真男人。」

在那個年代，產業界都聽過這句話，也都很認同。因為當時並沒有專業晶圓代工廠，所有的晶片設計都得靠自己的晶圓廠才能生產出ＩＣ產品，讓理想付諸實現。

不過，四十年後的二〇〇九年，超微已明確看到專業晶圓代工崛起，因此將製造部門獨立為格芯，並取得阿布達比及杜拜的大筆投資，隔年再合併新加坡特許半導體。二〇一一年，超微將僅剩的持股全部出清，變成一家純ＩＣ設計公司，但仍有不少訂單交給格芯生產。

二〇一四年，格芯收購ＩＢＭ公司的晶圓製造業務，二〇一六年起又在大陸的重慶、成都宣布多項十二吋廠投資合作案，不過有些投資計畫最後並未實現。二〇一七年中，格芯與三星、ＩＢＭ

宣布已共同研發出5奈米製程技術，聲勢相當嚇人。格芯初期的快速成長，曾給台積電帶來壓力，不過超微在二〇一八年宣布與格芯完全切割，並把訂單全部交給台積電，格芯的威脅也明顯降低了。

主導超微進行產品與製造分家的人，就是超微的台裔美籍執行長蘇姿丰（Lisa Su）。這位帶領超微重新威脅英特爾的傑出女性，已多次成為半導體產業界的風雲人物，也見證了時代的改變。相較於過去「有晶圓廠，才是真男人」，如今可以說「沒有晶圓廠，女力照樣出頭天」。超微獨當一面、發光發熱，就是典型的例子。

超微務實地將訂單外包給世界最強的台積電，也牽動全球微處理器及繪圖晶片的版圖挪移。今天，這個影響都還在擴大之中。台積電在晶圓代工的成功，不僅成為超微的合作首選，更是許多無晶圓廠ＩＣ設計業者如輝達、高通、博通、聯發科的合作首選，許多擁有內部晶圓廠的半導體整合元件製造廠（ＩＤＭ），乾脆放棄自己蓋廠的計畫，全部交由台積電生產。超微從ＩＤＭ變成純ＩＣ設計公司，就是這個大趨勢中最具體的例子。

超微與英特爾在ＣＰＵ領域的競爭，如今已呈現強弱分明的情況。超微結合台積電的製程技術，絕對是勝出關鍵。

事實上，號稱美國最強半導體公司的英特爾，很早就出現製程技術嚴重落後的窘境，原本預計二〇一七年要量產的10奈米，卻一直拖了幾年還無法順利量產。二〇一八年六月去職的前英特爾執行長科再奇當時就坦承，英特爾因為製程落後，恐怕得讓出一五至二〇％的市場給對手。

因此，雖然英特爾已經換了多位執行長，目前擔任英特爾ＣＥＯ的季辛格也相當努力，但是超微歷經十餘年完成分拆，並且以績效證明分家後也可以成為浴火鳳凰，應該可以做為未來英特爾能否起死回生的研判指標。

冰山角下，有個龐大的智財庫

你不知道的「營業祕密註冊系統」

大家都知道，所有科技公司談到研發創新能量時，都是以公司申請多少美、歐、日、中及台灣的專利數量與質量為傲，並以此做為研發及創新力的指標。不過，台積電除了申請大量質精的專利外，也很重視那些不對外公開、只保留傳承於內部的營業祕密。尤其是從二〇一三年開始打造的營業祕密註冊系統，更成為台積電鞏固企業競爭力最重要的基礎。

台積電認為，營業祕密是企業競爭力的根源，因此每年投入新台幣上千億元研發。基於策略考量，只有一〇%產出成果會申請專利，大部分則是用營業祕密來保護，並在內部打造一個營業祕密註冊系統。

台積電透過這個營業祕密註冊系統，整理與盤點內部不斷累積的競爭優勢，從二〇一三年實施至二〇二一年，已註冊十六萬件營業祕密，成為台積電最厲害的資產。

台積電副法務長謝福源說，台積電營業祕密註冊系統最初是從28奈米的先進製程開始實施，後來成熟製程部門也加入，之後封測部門再加入。二〇一五年研發主管覺得這件事很重要，也打電話來詢問，並請研發同仁都先註冊系統。也就是說，這個系統並非一開始就全面推動，而是各部門陸續加入，然後再不斷修正。換句話說，就是「先求有，再求好」。

此外，這套系統除了管理營業祕密外，也同步串聯合約管理系統、人力資源系統。串聯合約管理系統的目的，是因為許多與台積電共同參與專案的公司，都需要訂定共同合約，並定義未來合作成果歸屬於誰。

至於和人力資源部門的串聯，則是可以將此系統與員工績效、考評升等、獎酬做適度連結及參考，更緊密地結合公司的智能管理與管理創新。

強大的競爭武器——ICIS 智能管理金字塔

創新和競爭優勢有關，但要如何讓這兩件事連結在一起？謝福源說，透過營業祕密註冊系統確實有很大幫助。台積電的知識管理與智能管理金字塔，是從最下層的智財策略（IP Strategy），往上打造競爭優勢（Competitive advantage），再建立更上層的創新文化（Innovative culture），而金字塔最上層，則是可持續性的營運力（Sustainable operations）。取每組英文的第一個字母，就成了ICIS。

謝福源說，執著於過去傳統的專利管理方式，並不符合現在全球貿易戰的需求，企業絕對需要創新管理模式。眾所皆知台積電的智財管理優異，如何管理好員工在職務上的發明、創新，是面對營業祕密遭竊取及陸資挖角危機的一大關鍵，更是打造企業永續發展的基礎。

台灣智慧資本公司執行長張智為也認為，若統計美國歷年來的專利申請，目前是兩百家公司擁有八成的美國專利，某種程度來說，「專利的制度與運作已成為有錢大公司的遊戲，是在為資本服務，而不是為創新服務。」過去，Google很反對專利系統，但等到自己長成大企業後，也不再反對了，因為今天已經改名為Alphabet的這家科技巨人，也併購了很多公司的專利，成為那兩百家公司之一。

因此張智為說，營業祕密今天成了台商應該加緊打造的競爭優勢。他舉台積電二〇二〇年的資料為例，當年申請的專利數目在五千五百件以上，但營業祕密註冊量則超過兩萬件，是專利數量的四倍左右。因此，台積電的競爭力不只是外界所看到的、露出來冰山一角的專利數目，還有另外八成藏在冰山下的營業祕密，是比專利更強大的競爭武器。

謝福源強調，營業祕密保護創新已是確定的趨勢，台灣企業擁有優異的製造能力，更應該用營業祕密保護產品及製程。不過營業祕密的訴訟複雜，台灣以中小企業居多，在營業祕密管理或訴訟資源與經驗相對有限，需要政府輔導投入資源，以協助台灣企業進行智財永續管理。

因此，他建議每家公司都要先做好內部的營業祕密管理，並思考自己有多少無形資產、有多少營業祕密。這些都是要花時間做紀錄與整理的，若連公司自己都不知道擁有什麼營業祕密，未來若與其他企業發生專利糾紛或官司，連可以拿出來的紀錄都沒有。

此外，營業祕密的做法照理說應該要保密，但謝福源說，台積電很早就開始與供應鏈夥伴建立「公益分享」。因為台積電認為，內部的方法與經驗都可以分享給合作夥伴。他也提到，台灣有很多優秀的服務業如金融、旅遊、餐飲業，競爭力不一定從專利而來，但同樣可以將內部營業祕密做整理及註冊，這可以大大提升很多企業的競爭力。

謝福源有如傳教士般，想要與更多企業分享營業祕密註冊的管理經驗，因此他在每一次對外演講時，都會把自己的手機號碼公開給所有與會者。如果任何人想知道台積電如何做營業祕密註冊管理，他與台積電同仁都願意無私地分享，他希望台積電這套方法，可以讓台灣其他企業與產業都跟著受惠。

張智為補充說，營業祕密註冊系統除了未來在打侵權官司時，有很好的事實根據外，系統連結到公司的人力資源部門，在聘雇員工時也可以做到清楚的 clean house。也就是說，從別家公司離職後加入台積電的員工，必須結清掉可能帶來前東家祕密的風險。在聘雇合同的條文中，也清楚載明營業祕密是屬於公司的。專利受公權力保護，營業祕密則要靠私約，需要企業與員工訂定自我管理準則。

看著台積電打造營業祕密註冊系統所做的各種努力，我的看法是：台灣電子公司大部分都從事製造業，但真正把競爭力好好盤點、有系統地整理與歸納，台積電算是其中的佼佼者。

只是大部分人都只看到這座護國神山露在外頭的巨峰，但其實台積電在山底下，還藏著龐大的智財庫，在保障自己的競爭優勢的同時，也防範競爭對手的侵權行為。這些努力的背後，是一種追求卓越的精神與心態，也是台積電能夠在全球擁有領先優勢的關鍵力量。

落實知識管理，成為學習型組織

「技術委員會」為何重要

一九八八年，時任英特爾執行長的葛洛夫來台灣，受張忠謀之邀，順道參觀才成立一年的台積電。參訪結束後，他的幕僚提出了兩百六十六個待改進的缺點。半年後，台積電努力將缺點降為六十六個；再過半年，降至只剩六個。

台積電一一解決問題，順利通過英特爾的認證，也獲得替英特爾代工處理器與晶片組的訂單。創立初期就拿到英特爾代工訂單，不但提高台積電的工程能力，也因為這家龍頭大廠的背書，讓台積電開始受到矚目。

台積電能夠完成這種不可能的任務，是因為內部有一套非常嚴密且不斷更新的知識管理流程，讓台積電能夠向全世界最好的企業不斷進行標竿學習（benchmarking）——學習相關領域最好最強的知識，激盪精進內部的知識管理，讓晶圓製造的技術、服務及管理都獨步全球。

在台積電的知識管理及標竿學習中，有一個最重要的組織創新設計，就是「技術委員會」。技術委員會的組成，是按晶圓製造流程分類。目前有黃光、蝕刻、薄膜、擴散及離子植入這五個委員會，將各個工廠相關人員納入各委員會，彼此充分交流溝通，讓每個廠區的資訊與資源共享，達到跨廠區的分工合作，也讓客戶在台積電各廠都能得到品質、成本、效率都一致的最佳服務。

因此簡單來說，技術委員會形成了內部管理的雙重功能（Dual function），晶圓廠內每個員工都會有兩個主管，一個是編制內廠區的主管，另一個則看你屬於五個委員會中的哪一個，該委員會中就有第二個主管。

台積電的技術委員會在一九九〇年代開始推動，由當時最高主管總經理曾繁城及營運副總蔡力行負責。他們兩位每個月固定與五個技術委員會開會，評估廠區有何重大事件？如何避免再發生？有哪些事情當天會議就要決議？此外，台積電很多標準文件都會定期複習與更新，製程更新就在委員會定期會議中拍板定案。

台積電剛推動技術委員會時，營運廠區從北到南大約有五、六個，如今廠區橫跨中、美、日、新加坡等地，總計已超過二十個，例如台積電美國亞利桑那州工廠，在內部編號就是Fab 21。

隨著廠區愈來愈多，跨廠區的技術委員會運作更為重要。把每個廠區相同功能的人員都抽出來參與各個委員會，屆時哪個廠區做得最好，就可以拿出來彼此學習，而做得最差的廠區也可以盡快檢討改進。

有一次我採訪台灣大哥大資訊長蔡祈岩時，他也談到台灣大內部有類似的制度設計。蔡祈岩說，台灣大原來公司內部分成九個處，每個處都有個別雇用部門的ＩＴ員工，但這些ＩＴ都各行其是，缺乏整合及溝通，形成嚴重的穀倉效應（Silo Effect）——內部過度分工，造成不同單位、不同事業體成了一個個的穀倉，各自為政，自掃門前雪，只顧自己的績效，不在乎公司整體的利益。

台灣大為了破除這種穀倉效應，決定把集團內所有ＩＴ人才，改組成一個九大ＩＴ技術的橫向組織 CoE（Center of Excellence，卓越中心），讓不同處的ＩＴ人員有彼此學習、分享的機會。不同部門若有類似的開發計畫，就統籌人力資源及運作，讓效益可以立即發揮出來。台灣大這種促進橫向溝通的 CoE，就很接近台積電的技術委員會。

詳細記錄，聰明複製，記住：明年的胸花不要選有花粉的……

成員橫跨各廠區的技術委員會，是台積電提升內部知識管理的重要一步。廠區間經常性地檢討重大事件，可以讓大家做標竿學習，建立營運共識及標準化，並在公司內部形成學習型組織的氛圍，藉由這種力量，讓公司不斷前進。

技術委員會也達成知識管理很重要的目標，可以把所有關於企業競爭力的知識都做紀錄與管理，讓所有經驗都可以傳承，不斷複製成功。

複製成功這件事，在台積電可以說是營運管理的最高原則。因為過去台積電幾乎每一兩年就要擴一個新廠，如今每年投入三百多億美元資本支出，而且遍布海外多個國家，更要確保每個工廠的複製要做到完美。

那麼，要如何進行成功的複製？

簡單說，台積電是用中央檔案的概念，來做每一個新廠的聰明複製（smart copy）。此外，也有一批所謂的複製主管（copy executive），負責及確保其他廠的人能夠做到正確複製。

這個時候，內部知識管理系統就變得很重要。台積電內部有所謂的教戰手冊，只要工廠一建好，機器搬進來後，就會有教戰手冊，讓新技術員很快就可以上機生產。機台本身也有教戰手冊，從六吋、八吋到十二吋晶圓，教戰手冊會提醒技術員上機時可能遇到什麼困難，要預先避免犯錯，讓技術員知道何時會出問題，以及出問題要如何解決。教戰手冊還教導要如何打洞、機房如何設定……，等於是把既有經驗記錄與傳承下去，不會因為有人離職而讓經驗中斷。

這種關於半導體機台設備如何操作、如何建廠等相關知識及know-how，台積電應該是目前半導體產業中，擁有最多且最完整的公司。這些知識都累積在技術委員會的檔案中，成為內部共用的知識，並把這套知識快速移植到每一個新廠區。

因此，台積電每一個工廠，都有一個負責技術整合的人，把最好的技術與知識拿出來分享給技術委員會的所有成員。在公司績效考核項目中，能否將工作經驗做紀錄與分享，也是很重要的考核項目之一。

在如此厚實的知識管理基礎下，台積電決定要採購哪些設備，其實都是工程師根據大家累積的知識經驗做決定，而不是主管憑關係或喜好而定。正因為內部記錄了所有機台與材料的優缺點，工程師憑藉這些知識做決定，大大減少人為誤判或甚至拿回扣等事件，讓公司可以採購到業界最好、最適合的設備與材料。

台積電這種知識學習與傳承，不是只有在製造工廠端，包括業務部門也都這麼做。

舉例來說，台積電的業務若與客戶公司中的三個人洽公，這三個人各擔任什麼職務、對未來市場走向看法如何、需要台積電什麼協助等等，都需列入客戶拜訪報告。在台積電的客戶服務部，客戶的產品型號、有什麼需求及反映過哪些問題，也都被記錄下來，可以做為日後查詢及參考。

此外，我前面說過，台積電強調客戶不用自己蓋廠，台積電就是客戶的「虛擬工廠」，因此每一家客戶都可以取得一組帳號及密碼，從台積電提供的電腦系統中，隨時了解生產進度，就像自家晶圓廠一樣便利。而這些都是要靠各種知識不斷累積，才能把台積電打造成「客戶的虛擬工廠」。

除了工廠與業務等核心事業領域要做知識管理，其他諸如人事、行政管理細節，也都要詳細記錄與聰明複製。例如，股東會該如何辦理？每個人要負責什麼事？每年辦完股東會，公關部門還要開會檢討，討論應該如何改善。例如有一年，是記錄經營團隊戴的胸花不要選有花粉的，隔年又改為下次不要戴花。看起來好像是很小的事情，但因為記錄詳細，員工有經驗可參考，也就可以思考改進。

「技術委員會」是台積電能夠這麼成功的重要機制，重點在於跨部門的橫向整合，讓各部門彼此切磋學習、激勵創新，而從技術委員會的做法與精神衍生出來的，也不只應用在技術與管理的精進上。台積電內部有許多跨領域、跨部門的專案計畫，也成為許多員工為了爭取績效時，每年會主動去尋找及參與的工作項目。

一位在台積電工作過的朋友告訴我，台積電每年打績效，都是日常表現加上專案績效。因此績效要好，就一定要做專案。有不少在台積電工作的朋友，工作十餘年期間，就做了二、三十個專案。做這些專案都是跨部門合作，也因此認識了不少朋友，彼此切磋學習，個人的成長相當多，也對後續的職涯發展有很大幫助。

而且，在做專案的過程中，台積電一定會要求員工做出不一樣的專案，也就是真正對改變流程、做事方法有影響的創新專案。由於要想出不一樣的項目，因此常會遇到從未做過、沒有經驗值可參考的工作內容，參與專案的同仁也因而可以不斷學習並累積專業。

台積電從技術委員會的組織設計源頭，再衍生出內部深厚的知識管理，這是台積電變身學習型組織很重要的一段過程，也是台積電得以累積超強競爭力的關鍵。

疫情、斷鏈、戰爭與供應鏈發展

台積大同盟如何形成

二〇二三年三月二十一日，美商輝達公司執行長黃仁勳在年度GPU技術大會（GTC）宣布，將推出cuLitho軟體庫，能改善運算式微影技術，並與夥伴台積電、設備商荷蘭艾司摩爾、EDA（IC電子設計自動化）軟體工具美商新思科技（Synopsys）合作，讓晶圓廠增加產出效率、減少碳足跡，也替2奈米及更微小的製程技術打下更強的基礎。

輝達是全球人工智慧（AI）領域的龍頭企業，所設計的繪圖晶片已普遍應用於全世界的AI伺服器，當天黃仁勳也提出「AI的iPhone時刻已經展開」，並提到輝達不只跟OpenAI的微軟合作，也和Alphabet合作，提供超級電腦服務。

在ChatGPT帶動人工智慧加速革命之際，輝達的影響效應不斷擴大，而這個四方聯盟，也將對半導體行業未來五至十年的發展有重大意義。不論是未來半導體繼續挑戰摩爾定律，往2奈米之後更先進的製程技術發展，或是對全世界日新月異的AI，提供需求量不斷擴大的運算力，四方聯盟都將有重大貢獻。

從台積電的角度來看，這是「台積大同盟」（TSMC Grand Alliance）生態系中，一個最新且最具體的實力展現。

「大同盟生態系」，是張忠謀早年思考台積電供應鏈生態系時，參考二戰歷史所得出的靈感。就像二戰期間英美組成同盟國聯軍，共同對抗德義日等軸心國，如今台積電與眾多供應鏈廠商，就有如這種英美大同盟的概念。

台積大同盟的精神，是強調晶圓代工與供應鏈合作，商業模式比過去一條龍垂直整合IDM廠更強大。大同盟中的成員彼此分工合作，貢獻自己最專長的部分。台積電透過與IC設計業及眾多供應商合作，可以改變全世界半導體的商業模式與產業生態。

如今，輝達、台積電、艾司摩爾、新思科技四家企業的合作，進一步讓台積大同盟的意義更加延伸。由於輝達是台積電合作最久、關係最緊密如兄弟般的夥伴，當全球IC設計龍頭輝達全力協助台積電2奈米製程，並結合艾司摩爾的精密設備及新思科技領先的EDA軟體，等於是把贏者圈再團結得更緊密，也將對手三星、英特爾排除在外。四家頂尖企業站在同一陣線，並宣誓大同盟行動時，似乎也愈來愈有向其他「軸心國」宣戰的味道。

過去台積大同盟的運作，原本就組織得相當完整，幾乎所有半導體供應商都在其中。如今經歷了美中晶片戰、疫情、斷鏈及俄烏戰爭後，台積大同盟不再只是一個贏家團隊，把所有供應商都吸納進來，還因為台積電要積極建構更即時、更在地化的供應鏈體系，因此培養出許多本地供應商，而且都與台積電發展出世界一流的產品及技術，成為半導體行業中的領導廠商。

這些台灣本地業者願意為台積電量身訂做，為台積電發展獨特的設計、產品及服務，比過去很多外商供應鏈做得更好，因此在成為台積電供應鏈成員後，也讓許多台灣本地的半導體供應商，進一步成為全球供應鏈體系中無可取代的力量。

例如，每年年初，台積電都會頒發「卓越表現獎」鼓勵前一年度的優良供應商。二〇二二年列名台積電十八家優良供應商的台灣新應材公司，就是一個讓我印象深刻的案例。新應材生產的光阻產品，是半導體黃光製程的關鍵材料，技術難度非常高，被視為半導體材料界之王，目前主要市場都被日商及美商壟斷，包括日本捷時雅（JSR）集團、信越（Shin-Etsu）化學、富士電子、東京應化，以及美國羅門哈斯（Rohm & Haas）等大廠，在全球市占率高達九成以上。

二〇一九年七月，日、韓曾因二戰徵用工的補償爭議而關係惡化，日本政府針對出口至南韓的三項關鍵電子材料，發動兩階段的出口管制，導致南韓三星、SK海力士等半導體大廠面臨停產風險。當時被日本列入管制的三種原料是氟聚醯亞胺、光阻劑及蝕刻氣體，都是日本在全球市占率很高的產品。

二〇一九年，台積電南科廠也曾因供應商的光阻劑瑕疵，導致12及16奈米的生產線有數萬片晶圓報廢，損失金額上百億元，再加上隨後而來的疫情與俄烏戰爭，擾亂了半導體原料的供應，更加凸顯提升供應鏈自主性的重要。

因此，對台積電來說，若能培養出更多在地供應商，讓台積大同盟的拼圖更完整，就能避免發生類似韓國這種斷鏈危機。

培養本土明日之星，從「台灣小聯盟」進入「全球大聯盟」

台積電一直在尋找本地業者合作，例如老牌的永光化學也持續研發光阻產品，但一直沒有太突出的成績。新應材原本是一家小公司，以供應顯示器產業的光阻為主，但後來成功轉型至生產彩色濾光片光阻，並打入台積電的子公司采鈺，於是更進一步將半導體光阻列為研發重點，成為台積電重點栽培的國產光阻材料供應商之一。

與此同時，台積電與日本光阻大廠的合作也沒有停下來，例如，信越化學看好台積電對光阻劑的高需求，在日本及台灣擴建光阻劑新廠提高產能。另外，台積電不只攜手艾司摩爾在台設立海外最大的ＥＵＶ（極紫外光）技術中心，更設立全台首座ＥＵＶ光阻生產工廠，對於台灣在地化的光阻劑供應鏈大有助力。

談到台積電培養的在地供應商，最知名的案例之一要算是家登精密。在先進製程ＥＵＶ光罩盒領域目前全球市占率逾八成的家登，原本只是一家位於新北市土城的模具加工廠，但因為董事長邱銘乾緊抓住台積電供應鏈的機會，讓公司一躍而成世界級企業。

家登成立於一九九八年，當時模具加工產業已出現淘汰賽，若不仿效大廠轉赴大陸，就只有轉型一途。因此在成立第二年，邱銘乾決定切入半導體前段黃光製程，生產晶圓廠內運送光罩及晶圓產品的設備，客戶包括台積電、聯電及格芯等。

後來，家登還研發十八吋晶圓傳送盒，在英特爾主導全球制定十八吋半導體設備、載具規格時，家登成為唯一獲選參與的台灣廠商。雖然後來全球十八吋晶圓沒有推動成功，但邱銘乾直接找上英特爾投資，以每股淨值十五元，讓英特爾入股一二％。

因為這個策略，家登開始與國際大廠更緊密結盟，其中最成功的計畫就是開發ＥＵＶ光罩盒。家登全力配合台積電客製化的設計需求，成為台積電最重要的供應商。

家登在二〇一九年曾面臨一次重大的經營危機。當時與最大競爭對手英特格（Entegris）的訴訟，家登被判敗訴，要賠償英特格九·七八億元。這個金額比當時家登的資本額七·四億元還要多，一夕之間出現倒閉危機。為了籌措賠償金，邱銘乾當時賣地、賣股、向親友借錢，也只籌到五億元。

最後一刻，邱銘乾終於順利交出賠償金。原來，是大客戶台積電以「預付貨款」救援，讓家登度過難關。

家登與英特格都是台積電光罩盒的主力供應商，但英特格是外商，規模及產品線都大很多。家登是本土企業，產品線很單一，規模也小，因為聚焦在台積電這個客戶的供應鏈才能獲得突破。對台積電來說，家登是十幾年來合作愉快的本土企業，過去台積電只能仰賴進口，但如今家登有能力與外商競爭，又是配合最好的供應夥伴，台積電當然不能看著家登被官司訴訟打倒，因此出手相救。

如今，家登已站穩市場位置，邱銘乾也體認到未來整個半導體供應鏈已從全球化轉為短鏈，家登有能力為台灣產業做些事，因此結合迅得、耐特、濾能、科嶠等本土企業，共組台灣本土供應鏈，希望台灣業者能夠一躍而為技術領先者，從「台灣小聯盟」進入「全球大聯盟」。

當然，台積電不只全力支持本地企業，和外商公司的合作也不遺餘力。在二〇二二年公布的十八家台積電優良供應商名單中，台灣本地商只有先藝科技、達欣工程、新應材、帆宣系統等四家，至於外商則高達十四家，分別是美商應用材料、荷商艾司摩爾、瑞士喬治費歇爾（GF）、日商捷時雅、美商科磊（KLA）、日商 Kokusai Electric、美商科林研發（Lam Research）、以色列諾威量測設備（NOVA）、美商昂圖科技（Onto）、日商信越半導體、日商勝高（Sumco）科技、日商住友（Sumitomo Heavy Industries Ion Technology）、日商德亞瑪、日商東京威力科創。

在這十四家外商中，台積電與設備商艾司摩爾的合作，應該是台積大同盟中最顯眼且最重要的案例。艾司摩爾生產的EUV機台，目前是7奈米以後最先進製程的關鍵設備，而且是百分之百壟斷市場，完全沒有對手。在艾司摩爾開發EUV機台的過程中，台積電不只是貢獻最大的客戶，兩家公司的合作更可以追溯到初創立的八〇年代。

艾司摩爾成立於一九八四年，當時是從財務狀況不佳的飛利浦母公司獨立出來，前身是知名的飛利浦物理實驗室（NatLab）。同樣獲得大股東飛利浦支持的台積電，早期技術與專利有不少也是來自飛利浦的授權，兩家公司可說是系出同源的兄弟企業。

也因為飛利浦這層關係，兩家公司很早就知道彼此有多少實力。例如飛利浦早期就很清楚，台積電晶圓代工訂價比飛利浦內部的生產成本還低，生產效率及成本競爭力都是世界級水準。至於艾司摩爾第一筆大訂單就來自台積電，後來開發的各種創新技術如浸潤式、EUV等機台，台積電也都是最早採用的客戶，甚至還能夠與艾司摩爾一起投入研發，貢獻許多重要的使用經驗。

其中最知名的，就是浸潤式微影技術的發明。這個技術是台積電前研發副總林本堅所開發，不只突破傳統乾式顯影技術的局限，更讓摩爾定律得以在55奈米製程之後繼續延長。艾司摩爾更因此放棄原本研發的157奈米微影曝光機，與台積電共同開發193奈米浸潤式微影機，奠定日後在EUV機台獨霸天下的基礎。台積電也因此技術甩開英特爾、三星，達到今天在全球晶圓代工獨強的地位。

如今，艾司摩爾更加強與台積電在地供應及合作關係，並已確定在新北市林口啟動有史以來最大的在台投資案，預估大約有三百億元投資，並將有兩千名員工進駐。

台積電與艾司摩爾的緊密合作，是台積電與上萬家供應鏈大同盟中最佳的示範。這種唇齒相依、互利雙贏的夥伴關係，是許多競爭對手難以追趕、只能嘆氣仰望的境界。包括三星李在鎔、英特爾季辛格都曾親自飛到荷蘭去見艾司摩爾執行長溫彼得（Peter Wennink），希望能夠拿到更多

EUV機台，但艾司摩爾不是不供應，而是設備產能有限，只能把有限資源提供給合作最緊密且會贏的企業。對溫彼得來說，這是艾司摩爾累積三十多年的經驗，才能與贏家企業一起攜手追求成功卓越的經典案例。

如今觀察任何一家企業，不能只單看這家公司有什麼能耐，更重要的是他周圍的夥伴是誰，誰站在他這邊。台積電在不被看好的情況下長成巨人，如今深耕產業鏈中的聯盟夥伴，強化台灣本地供應商，你贏我才會贏的哲學，在疫情與地緣政治的衝擊下，成了台積電競爭力的核心關鍵。

突破摩爾定律的刺客殺手

——為什麼台積電進軍先進封裝技術

台積電在7奈米以上先進製程技術領先全球，其中一個關鍵因素是在「先進封裝」技術上取得突破及創新。這項從二〇〇九年就開始投入的研發計畫，如今在技術及量產上都已形成經濟規模，成為半導體業挑戰摩爾定律的重大突破，也是台積電面對後摩爾時代發展瓶頸下最重要的致勝武器。

過去台積電主要發展半導體晶圓製造前段的先進製程技術，客戶的後段封裝工作，通常是交給像日月光這樣的專業廠商承包。如今台積電為何也要朝封裝技術發展，還名為「先進封裝」？就是因為製程技術遇到瓶頸。

所謂的「先進封裝」技術，顧名思義，就是有別於傳統「只蓋一層樓」的封裝技術。當製程技術發展到7、5、3奈米後，IC愈來愈難做，成本也愈來愈高，因此台積電很早就想到，如果能把IC疊上去再封裝起來，不管2.5D或3D，讓晶片往上堆疊，就像在蓋大樓一樣。

當晶片不斷往上堆疊時，先進封裝技術就是要讓這些小晶片得以整合在一起，並發揮更大的效能。在台積電先進技術開發成功後，如蘋果、超微、輝達等客戶就大量採用小晶片（chiplet）進行新一代異質晶片的設計架構，台積電再將異質小晶片整合為單一晶片，透過這些先進 2.5D/3D 封裝技術，讓人工智慧及高效能運算（HPC）處理器得以成為市場新顯學。

根據市場研究公司 Yole 的預估，二〇二〇至二〇二六年先進封裝市場年複合成長率（CAGR）將達到一五％，預計二〇二六年先進封裝產業市場將達四百八十億美元，超越傳統封裝的市場。

台積電投入先進封裝技術的研發，背後也有一個小故事。時間是在二〇〇九年，張忠謀重新回任台積電執行長，並邀請已退休的前資深研發副總蔣尚義一起回台積電負責研發工作。

蔣尚義當時大膽向張忠謀提議，因為製程技術進展速度已變慢，摩爾定律逼近極限，但系統端的效率提升還有很大的改進空間，因此可以透過先進封裝技術，解決電路板上每個晶片單元各自為政的問題。

蔣尚義向張忠謀仔細分析先進封裝技術的重要性，主張投入更多人力與資金做研發。大約談了一個小時，張忠謀就決定撥出四百名研發人力與一億美元購買設備，要蔣尚義盡快啟動先進封裝技術的開發。

台積電這個投資，當時還沒有人看出來有什麼重要性。台積電做先進封裝部門的人員原本都快要解散了，蔣尚義回鍋之後，把這些人才找了回來。先進封裝也成為蔣尚義二度回台積電後，投入時間最多的研發重點。

最後，台積電把這條路走成了，很多同業也都跟進。大家都同意，這是後摩爾時代應該走的一條路。

後來，台積電開發出得以從三星手中搶走 iPhone 處理器訂單的 InFO（整合型扇出封裝）技術，以及用在輝達深度學習晶片的 CoWoS（基板上晶片封裝）技術，奠定台積電近幾年的榮景。

高通主管的一句話，啟發了研發團隊

在研發先進封裝的過程中，蔣尚義與多年研發夥伴、現任台積電卓越科技院士的研發副總余振華，一起帶領數百名精兵進行開發，於二〇一二年推出第一代台積電封裝技術，名為 CoWoS，但採用該技術的客戶非常少，只有賽靈思與華為之下的海思半導體。

雖然蔣尚義向每位客戶鼓吹此技術方案，但客戶多半沒興趣，直到一位美商高通公司副總裁告訴他：「我們對封裝成本的期待，是晶片的每平方毫米為一美分。」後來蔣尚義請部屬計算 CoWoS 的價格，發現台積電的成本是每平方毫米為七美分，這時蔣尚義才意識到，原來技術先進是一回事，當成本遠超過客戶的目標時，卻又完全是另一回事。

於是，台積電後續開發的 InFO 先進封裝技術，就成功將成本降到每平方毫米一美分以下。InFO 後來吸引相當多台積電客戶採用，包括蘋果也因此技術而捨棄原本在三星代工的晶片，來台積電大量下單。

對於蔣尚義及台積電開發團隊來說，高通主管的建議猶如醍醐灌頂。身為技術研發者四十餘年，他很少從客戶角度與市場需求來思考，但高通主管的一句話，啟發了蔣尚義的研發團隊，讓他們開始思考如何解決成本過高的問題，並在達到客戶成本目標時，讓這個全新的技術解決方案有推動及實現的可能。

如今，台積電先進封裝技術命名為 TSMC 3DFabric，其中包括 SoIC（系統整合晶片）、InFO、CoWoS 等 3DIC 技術平台，繼續提供業界完整且多用途的解決方案，用於整合邏輯小晶片、高頻寬記憶體、特殊製程晶片，實現更多的創新產品設計。

這裡再補充一下，蔣尚義赴大陸中芯擔任副董事長時，也曾想在中芯內部推動先進封裝。當時蔣尚義對先進封裝技術和小晶片技術仍然很有熱情，與當時中芯董事長周子學談了很久，想在中芯國際實現他的理想。可惜，中芯並未重視他的看法，事後他也覺得加入中芯是一個錯誤決定。

中芯想發展先進製程技術，除了ＥＵＶ機台無法取得是一大障礙外，沒有及早認識先進封裝的重要性，也是一大致命傷。

為了突破摩爾定律的限制，台積電內部成立一個「超越摩爾辦公室」。一方面繼續研發更精密的製程技術，另一方面則跨入先進封裝，尋找突破ＩＣ限制的方法，兩者都在墊高台積電領先同業的競爭障礙。

除了在先進封裝技術上已有突破，台積電也加緊擴大在先進封裝的產能規模。目前在苗栗、竹南打造名為AP6（先進封測六廠）的最新先進封測廠，規模是原來四座舊廠產能加起來的一・三倍，並已經於二〇二二年第三季進入量產。

台積電先進封測廠原來就有四座，分別位於新竹、台南、桃園龍潭及台中，不過，為了避開華人不喜歡的數字「四」，這四座廠房分別是以先進封測一、二、三、五廠命名。

竹南封測廠產能配置與其他封測廠不同，主要布建屬於前段3D領域台積電系統整合晶片（TSMC-SoIC）封裝項目的WoW、CoW等先進封裝。而為了讓技術自主及設備零組件更在地化，台積電也積極培養本地供應商，希望做到材料在地化、技術自主化，以及外商設備製造在地化、先進封裝設備國產化等。

過去在先進晶圓製造領域，屬於晶圓廠前段的設備本來就由國際五大廠：應材、科林、科磊、艾司摩爾、東京威力科創等公司壟斷（市占高達七成以上），反觀後段的封裝設備競爭沒那麼激烈，而且封裝設備難度及價錢都比較低，所以國產設備是有競爭機會的。

例如萬潤科技生產的點膠機，由於產品技術、價錢及交期都不錯，已經取得不少訂單。另外，像提供濕式設備的辛耘、供應光罩運送盒及晶圓盒的家登，以及提供半導體靶材的光洋科，都已成為台灣先進封裝設備及材料的本地供應商。在台積電積極發展先進封裝技術及產能下，台灣半導體的本土設備廠、材料廠及檢測廠等也跟著乘勢而起，形成緊密合作的台積大同盟。

台灣ＩＣ設計服務與ＩＰ產業的新生態系

——強大卻常被忽視的一股新力量

很多人都聽過安謀（ＡＲＭ）這家公司，全世界九成以上的智慧型手機及行動裝置使用的晶片，都會用到這家公司的矽智財授權。一九九〇年創立於英國劍橋的安謀公司，目前主要的大股東是日本軟體銀行。

隨著台積電、聯電等晶圓代工產業崛起，台灣也培養出許多類似ＡＲＭ的產業族群，包括以矽智財授權收入為主的力旺、晶心科，還有以ＩＣ設計服務為主的創意、智原、世芯、Ｍ31等公司。這群原本不太被外界注意、但在半導體產業鏈卻很重要的ＩＣ矽智財及設計服務公司，讓台灣有機會突破這個原本被英、美等國壟斷的產業，也是極少數可以孕育出這種高毛利、高成長產業型態的亞洲國家，很值得深入理解及探討。

首先，可以談談為何會有ＩＣ設計服務與矽智財公司的出現。半導體產業發展至今，隨著科技產品功能愈來愈多元，ＩＣ設計及製造複雜度提升，衍生出許多設計技術的問題。例如手機晶片廠專注在手機晶片，但若要加入影音、收音機等功能，則需另外培養一批設計人才，如此會額外增加不少營運費用，因此很多公司就向外部尋求委託設計服務或授權矽智財，也讓這個產業快速成長。

一般來說，過去ＩＣ設計服務可能是晶圓代工廠的一個功能或部門，但隨著專業分工趨勢形成，ＩＣ設計服務部門逐漸變成獨立公司，或是由晶圓代工廠參與投資，形成晶圓代工廠與ＩＣ設計客戶一個很重要的橋梁。另外，也有少數與晶圓代工廠沒有投資關係的專業ＩＣ設計服務及矽智財業者，但也都與晶圓製造廠有緊密的合作關係。

至於ＩＣ設計服務與矽智財公司的營收來源，主要分三個部分，第一是矽智財（ＳＩＰ）授權，第二是委外設計（ＮＲＥ）服務，第三是從委託設計到量產一條龍（Turn-Key）服務。

在ＳＩＰ授權部分，是指將已開發完成的ＩＰ智財授權給需要該技術的公司，並採取收權利金的模式。由於不生產硬體也沒有存貨，因此生意模式很像軟體業，很多這類型公司的毛利率都高達九〇％甚至一〇〇％。

ＳＩＰ的授權生意，目前在台灣ＩＣ設計服務公司營收貢獻並不大，不過成長速度相當快，力旺、晶心科比較屬於這種商業模式。至於前面提到的安謀，還有美商新思科技的ＩＰ部門，也是以ＳＩＰ授權收入為主。

而ＮＲＥ及 Turn-Key 服務，則是目前台灣ＩＣ設計服務業者主要的營運模式。其中ＮＲＥ是接受客戶委託設計ＩＣ的服務，主要是幫客戶設計量身訂做的 ASIC（特殊應用ＩＣ）或ＳｏＣ（系統整合單晶片）。

但委外設計好的ＩＣ，如果客戶不擅長與晶圓代工、光罩、封測廠往來，又想爭取到好價格、產能穩定且較佳的技術服務，則會透過ＩＣ設計服務公司代為向晶圓廠投片量產ＩＣ。因此，若連同前段ＮＲＥ加後段投片量產都全包的話，就是所謂的 Turn-Key 一條龍服務。

從毛利率來看，ＮＲＥ的毛利率大約在三〇到四〇％，而 Turn-Key 一般約一五到二〇％。後者雖然毛利率不高，但因為 Turn-Key 服務還包括在晶圓廠下單量產，所以營收可以衝很高，等於是薄利多銷的概念。

晶圓代工產業形塑出全新生態鏈

ＩＣ設計服務業的發展，對半導體的專業分工有很重大的意義，尤其是對晶圓代工的貢獻。我把主要的貢獻歸納為三點：第一是加快ＩＣ設計公司推出產品的速度，第二是增加小型ＩＣ設計公司發展的機會，第三是加速產品朝多元化及輕薄短小等方向發展。

對晶圓代工廠來說，ＩＣ設計服務及矽智財業者扮演著很重要的助攻角色。因為這些協力廠商可以幫忙引進更多新客戶，尤其是為數眾多且規模較小的創新公司。其實，晶圓代工廠一定會有專人服務大型客戶，但ＩＣ設計是一個不斷創新突破的行業，隨時都有新公司冒出頭，聯發科董事長蔡明介就曾以「新拳王會不斷取代舊拳王」來做比喻。因此，一旦ＩＣ設計服務業可以聚焦這塊新處女地，就會協助晶圓代工廠找到更多的新客戶。

晶圓代工與ＩＣ設計服務業之間，通常也會有緊密的策略聯盟關係，甚至還有股權投資的關係。例如台積電持股近三五%的創意電子、聯電持股一四%的智原科技，以及最初是由力晶集團（力積電）轉投資的力旺。此外，聯發科持股一一%的晶心科，則是少數由ＩＣ設計業者投資主導的案例。

更進一步來看，隨著晶圓代工版圖不斷擴大，ＩＣ設計服務與矽智財產業的市場規模也跟著大增。這種快速成長的力量，其實關鍵是來自晶圓代工產業形塑出來的全新生態鏈。

當所有智慧型手機都用ＡＲＭ的矽智財核心，將ＩＣ設計再進一步拆解，進行更深度的專業分工與合作，再加上所有晶片公司也不再有自己的工廠，而是全都在台積電下單，把製造也委託給專業廠商來做，那麼整個半導體的專業分工架構就更明確了。由於所有人都只做自己最專精的部分，因此也把過去所有事一手包的ＩＤＭ廠明顯取代及解構了。

再來看看ＩＣ設計服務與矽智財產業的發展特色。事實上，這個產業在景氣好時，成長速度是很驚人的，因為委託設計ＮＲＥ的訂單會相當多。但遇到景氣低迷時，表現反而也很有支撐，因為不景氣時，客戶為了開拓新市場，更可能會導入新的ＩＰ來加速開發新產品。

景氣低迷，業績反而有支撐——這說法聽起來很奇怪，但其實原因並不難理解。因為ＩＣ設計服務與矽智財產業做的生意是大小通吃，也就是大公司、小公司都會來下單。景氣好時，大家都想爭取商機，因此ＮＲＥ訂單一定暴增，但晶圓代工廠產能很緊，通常會優先支持大公司，小型ＩＣ設計公司即使設計完成了，也很難取得足夠的晶圓生產，以致 tape-out（真正量產出貨）的機會較少。

到了景氣不好時，雖然會有裁員或緊縮支出的情形，但科技業最有趣的地方就在這裡：因為晶圓廠的產能空出來了，此時可以把多餘產能用來支持一些新公司或新計畫，結果 Turn-Key 一條龍服務的收入就增加了。

此外，不景氣時不只新創公司在加碼投資。近幾年來半導體版圖最大的變化，就是像蘋果這種大型網路科技巨擘，以及微軟、Alphabet、亞馬遜、Meta，到阿里、騰訊、華為、小米等，都在積極自製半導體晶片。在這一行，不景氣不是用來休養生息的，而是要厲兵秣馬、積極備戰，讓這個市場永遠充滿生機與活力。

以創意電子為例，在二〇二二年下半年半導體市況反轉下，表現卻是一季比一季好。主因是固態硬碟（ＳＳＤ）、網通、數位相機、伺服器遠端管理控制器（ＢＭＣ）等產品領域，客戶需求仍然強勁。尤其是美中晶片大戰，雖然中系客戶被打壓，但美系客戶卻加緊投資，創意也受惠不少美系客戶市場的興起，取得不少新的生意機會。

而且創意除了既有的成熟製程案件外，也深耕台積電最領先的先進製程。這是台積電最獨特與差異化的競爭力，而創意又是台積大同盟中最重要的ＩＣ設計服務及矽智財ＩＰ供應商，對創意持續擴展營運版圖當然也有很大助益。

至於以授權記憶體ＩＰ為主的力旺，其生意模式是跟晶片客戶收取相對低廉的設計授權費，特別是對很多大客戶採年費制，只要支付一定的年費，就像吃到飽的服務，可以提供客戶無限制使用既有ＩＰ，只在特別客製化的ＩＰ上才需要額外付費。這種讓客戶無限使用ＩＰ的模式，對推廣力旺的ＩＰ有很大助益，尤其在不景氣時，這種商業模式對晶片客戶更有吸引力，因為客戶既要加速新產品研發，同時又要降低開銷，形成力旺與客戶共體時艱的最佳方式。力旺只有在客戶下單生產晶圓時，才會在量產階段從晶圓廠收取相對應的權利金，這種做成功了才收錢的模式，也讓ＩＣ設計客戶及晶圓廠都樂於和力旺合作。

晶片大戰帶動的新趨勢——快速崛起的 RISC-V 架構

雖然美中晶片大戰為全球半導體產業帶來巨大衝擊，但對於目標市場在全世界的台灣設計服務公司來說，其實受惠的比受害的多。

怎麼說呢？由於中國受到美方限制高階設備及軟體出口，不少公司也被列入實體清單，因此原本客戶結構以中國為主的ＩＣ設計服務業者，業績的確有受到影響，但與此同時，美系客戶卻明顯增加了。面對中國競爭，美方已開始急起直追，各種研發及投資獎勵大舉投注在半導體業，對ＩＣ設計服務及矽智財的需求都大幅提升，「東方不亮西方亮」，也讓台灣不少相關公司受惠良多。

關於大陸ＩＣ設計業的蓬勃發展，我想大家早有耳聞，也都知道中國政府及大型基金拚命砸錢到半導體業。不過，我在採訪ＩＣ設計服務業時，聽到一個數字，還是讓我嚇一大跳。

一位承接大陸很多ＩＣ設計公司ＮＲＥ訂單的總經理跟我說，大陸目前有兩至三千家ＩＣ設計公司，很多公司都來下ＮＲＥ訂單，但最後真正進入量產（tape-out）的只有二、三十家——也就是說，真正量產的只有一％。

對比台灣或歐美等地區，量產比率可以達到五〇％以上（例如台灣大約兩百家ＩＣ設計公司，但量產的有一百家以上），中國的比率之低非常明顯。

會形成這種情況，原因其實很簡單，就是因為中國政府拚命撒錢，各種政策補貼滿天飛，導致許多公司拚命開新案，只要一做出樣品就能拿政府補貼，所以大家就瘋狂下單ＮＲＥ。如此粗製濫造的結果，就是大部分ＩＣ都無法進入量產，許多補貼最後都變成泡沫。不過，也因大陸大量下單設計服務業者，讓很多公司賺得盆滿缽滿。

此外，我們還可以注意另一個因美中對抗所帶動的新趨勢——在矽智財領域快速崛起的 RISC-V 架構。

RISC-V 這個開源指令集，是由美國加州柏克萊大學主推的開源（open source）架構。在美中晶片戰中，中國為了避開過去很多歐美大廠擁有的ＩＰ，例如像安謀這種公司，並發展不被歐美「卡脖子」的技術，因此積極採用 RISC-V 這種開源架構，來培育本土自主發展的「中國芯」。

目前台灣已有部分公司投入RISC-V開源架構，其中最積極的是晶心科。晶心科成立於二〇〇五年，設立時目標就是要做處理器架構的自主研發，意即要打造一個「台灣心」，降低對英特爾、安謀等國外大廠的依賴。

二〇一五年，晶心科加入成為RISC-V開源架構國際協會的創會會員，晶心科總經理林志明也擔任協會的董事至今。二〇一七年晶心科做出第一代RISC-V產品，如今開發出的高效能微處理器IP，可應用到消費產品、手機、多媒體、伺服器、網路及邊緣運算等產品上。隨著中國RISC-V市場崛起，晶心科如今除了是「台灣心」，還搭上「中國芯」的新列車。

這樣說吧，如果說台積電是台灣半導體的護國神山，那麼以上這些公司就像一百座以上超過三千公尺的高山，峰峰相連到天邊。台灣IC設計服務及IP產業所創造出來的新生態系，就像群山環繞著台積電，成為護衛台灣壯麗的中央山脈群，守護著台灣半導體產業，也構成台灣電子業的堅實力量。

三個角度，看下一個二十年盛世——台積電還能紅多久？

大家應該都還記得，二〇一一年蘋果創辦人賈伯斯過世後，庫克（Tim Cook）接手蘋果執行長。當時很多人質疑，少了賈伯斯，蘋果還能紅多久？

二〇一八年，台積電創辦人張忠謀退休，交棒給劉德音與魏哲家，大家心中可能也有同樣的疑問：少了張忠謀，台積電還能領先多久？

這是一個很好的問題。賈伯斯過世以來，蘋果繼續維持高度成長，庫克接手時公司市值是三四六〇億美元，到了二〇二二年一度突破三兆美元，成長近八．五倍。雖然有人認為蘋果還是少了賈伯斯時代的創新動能，但蘋果依然繼續紅了十幾年。

台積電呢？我經常思考這個問題。我看到張忠謀退休後接受採訪，談到台積電的未來。他認為接下來二十年，台積電應該會繼續成長，沒有問題。不過再接下來五十年，台積電一定還會存在，只是不一定能一直保持成長了。

張忠謀認為台積電「還可以再好二十年」，這個說法我是同意的，不過，談這個問題之前，我們可以先看看二〇二二年全球幾家重要科技公司的財報。

這一年全球景氣低迷，歐美陷入大裁員潮，眾多企業獲利不佳。若以每家公司淨利做排行，台積電第四季淨利為新台幣二九五九億元，接近一百億美元，年增率高達七七．八四％。這個淨利總額，大約可以在全球排到第四名，僅輸給蘋果（約三百億美元）、微軟（一六四億美元）及 Alphabet（一三六億美元）。其他幾家重要企業，如亞馬遜只賺二．七八億美元、Meta 淨利四六．五億美元、特斯拉淨利三十七億美元，全都輸給台積電。

若以市值來算，台積電市值目前全球排在第十至第十二名附近，淨利能夠攀上第四高位，成績算是非常耀眼。而且全年淨利總額首度突破一．〇一兆元，年增七〇．四％。

相較於半導體同業，英特爾第四季虧損六．六四億美元、南韓三星電子淨利約十八億美元、超微小賺兩千一百萬美元、輝達純利一四．五六億美元、中芯國際淨利三．八六億美元，全都與台積電有一大段差距。

比較企業的成長與獲利，目前台積電不但維持高度成長，坐穩半導體行業中的龍頭地位，在半導體景氣出現下修的二〇二二及二〇二三年，台積電的獲利與成長氣勢仍未受阻。若把時間拉長來看，從二〇一八年張忠謀退休至今，五年來台積電的業績仍不斷創高。

張忠謀說台積電未來還可以再好二十年，我想可以從三個角度來解讀。一是台積電美國的投資案，二是摩爾定律的瓶頸，三是台積電在人工智慧時代扮演的賦能者角色。

台積電美國投資案會拖累大局嗎？

首先，台積電美國投資案會不會形成台積電未來成長的阻礙？對台積電的營運績效帶來何種挑戰？我相信這個議題很重要，因為市場上對台積電美國投資案有很多疑慮，有人擔心先進技術外移，有人擔心美國成本過高會拖累台積電表現。

我傾向樂觀的認為，台積電美國廠的確是一項巨大的挑戰，對台積電提升經營管理能力是很大的考驗，但不至於成為拖累大局的不利因素。因為，美國營運成本高昂，不是只有台積電會面對，英特爾、三星等在美國投資晶圓製造的公司也都要面對。台積電經營績效全球最佳，毛利率近六成，即使美國廠會造成毛利率下滑，照理說台積電比其他公司更有能力承擔考驗。

此外，美國希望提升全球半導體製造比重，從目前的一一％提高到二成以上，不管這個目標是否能達成，美國政府顯然想用政治手段打造出一個新市場，台積電就是爭取這塊大餅最積極的企業。為了解決美國對晶圓製造的需求，美國政府勢必要對台積電客氣一些，協助台積電美國廠運作順利。

從競爭態勢來看，目前也只有台積電美國廠投資速度最快，三星、格芯及英特爾都因業績不佳或其他各種因素，延遲投資腳步。台積電財務體質最強、建廠速度最快、生產良率最高，等到廠房蓋好後，或許就是景氣的回升點。在不景氣時持續投資，在景氣好轉時開始量產，過去一直是半導體業最重要的致勝關鍵，台積電顯然已經就定位。

這也是為什麼，德國政府現在開始著急了。看到台積電在美日的投資進展順利，比所有對手蓋廠速度都要快，但英特爾、格芯雖然都有在德國設廠的計畫，卻因公司財務不佳，建廠時程落後。德國擔心未來美日有強大的台積電晶圓廠就地供貨，因此也希望盡快爭取台積電去投資。

比較各家公司的財務數字，就可以發現台積電在晶片產業中一枝獨秀。二〇二二年景氣下滑讓很多企業虧損，但台積電卻繳出最佳成績單，淨利成長七成以上。沒有一家公司像台積電這樣，靠企業營運產生的獲利支應龐大的建廠資金，還可以有餘裕配發現金股息給股東。

摩爾定律是否會構成威脅?

其次，可以從摩爾定律來看。早在二〇〇〇年，就有人說摩爾定律的極限到了，如今一般業界認為半導體到了1奈米或0.5奈米時，才會遇到技術瓶頸。但如果看接下來的技術演進，從7、5、4、3奈米，再到2、1、0.5奈米，以每個世代至少要兩至三年的時間來計算，至少也還要十幾、二十年。換句話說，未來二十年製程技術還會持續進步，摩爾定律也不會構成台積電的重大威脅。

況且，過去台積電如此成功，就是因為在後摩爾時代的挑戰下，有能力想出各種好方法解決問題，突破製程技術推進時的困難，找到提升先進封裝技術的創新手段，讓晶片效益得以繼續發揮。

未來二十年，摩爾定律的困境一定還會不斷被提出，但台積電只要不出大錯，再有下一個二十年的盛世應該不難。

最後還有一點，半導體市場能否成長，取決於終端市場是否出現很多殺手級應用。過去PC、手機都是殺手級應用，消耗掉很多半導體產品，如今5G、AI、電動車、自駕車也是殺手級應用，尤其是ChatGPT的崛起，已形成人工智慧最具體的創新應用市場，會帶來半導體業更巨大的商機。

ChatGPT的橫空出世，除了輝達、超微這種生產GPU（繪圖晶片）的公司最直接受惠外，台積電顯然是最終且最大的受益者。因為不只輝達、超微在台積電下單，更重要的是，微軟與推出ChatGPT的OpenAI公司合作，爭奪Google搜尋帝國的商機，同時也搶進Meta、亞馬遜等大廠的廣告大餅，這會掀起眾家互聯網大廠一波新戰局。

為了因應ChatGPT帶來的挑戰，Google推出聊天機器人Bard，Meta也推出語言模型LLaMA，這些新產品都需要晶片，不是從外部採購，就是自己設計。因此，當台積電半導體製程與技術形成一個平台後，所有專業的晶片設計公司或是像微軟、Google這種大廠，也都要像蘋果一樣，自己設計生產AI晶片。他們都要在台積電下單，才能取得更強的戰力。在這種百花齊放、百家爭鳴的環境中，需要用到更多的半導體，扮演「軍火商」角色的台積電一定受惠最大。

從另一個角度來看，台積電從創立至今，一直透過晶圓代工的先進製程，將高效能運算

（HPC）能力釋放給很多公司，包括超微、英特爾、輝達、蘋果，還有聯發科、高通、博通等。如今還要加上更多網路巨擘，如亞馬遜、Meta、Alphabet等，這些公司都將自己設計晶片，然後透過台積電釋放先進製程技術。在釋放技術平台的過程中，也讓台積電成為最大贏家。

張忠謀曾經將台積電三十多年來的歷程，歸納為三個階段。前十年，是花時間建立美國市場；第二個十年，是賦能給提供PC零組件的客戶，主要是繪圖晶片，例如輝達。第三個十年，則是賦能給行動裝置，包括高通、博通、蘋果等。

知名管理學者、《從A到A+》的作者柯林斯（Jim Collins）曾提出組織變革的「飛輪效應」。他將變革形容為推動巨輪，一開始得費很大力氣才能啟動飛輪，但只要朝著一致的方向繼續不斷往前推動飛輪，經過長時間後，飛輪累積了動能就能快速奔馳。

張忠謀為台積電打下深厚根基，已是一個累積龐大動能且高速運轉的飛輪，台積電要再紅二十年，我相信是沒有問題的。台積電唯一的敵人就是自己，只有員工開始志得意滿、太過驕傲，或是停止進步不再前進，才可能會輸給對手。因此，我同意張忠謀說的，台積電可以再維持領先二十年，這應該不是難事。

堂堂一流大學，幫台積電訓練操作員？

二〇二二年九月，一〇四人力銀行與《遠見》雜誌合作調查台灣「公私立碩士起薪 Top5」，結果不論理工或商管，都由陽明交大、清大兩校輪流奪冠。不過，這份報告引發不少討論，其中來自台大的教授反應最激烈，強力抨擊這種以薪資來論斷學校與科系的評比。

的確，拿各校碩士生薪資來評比，看法見仁見智。首先，從企業用人的薪資條件來看，此份調查是以「月薪」中位數來分析，但很多企業是以「年薪」招募人才，在計算基礎上，可能會忽略薪資以外的其他條件。其次，根據調查結果，陽明交大資訊碩士生的薪資是五萬八、台大碩士生是五萬五，也不過就差三千，對於未來三十年或更長的職場生涯來說，這不過就是一份起薪而已。人生際遇那麼長、挑戰那麼多，的確沒必要太看重這一點點的起薪差距。

何況，只把眼光放在國內大學，去比較各校的碩士生起薪數字，就有如在一群矮個子中比誰高，沒什麼意思。台灣的碩士生起薪其實都很低，和國外大學相比，只能說就像拿業餘的和職業選手做比較。

如今台灣的大學面臨的是更嚴厲的挑戰。在長期教育體制僵化下，台灣的大學進步很有限，反觀企業的進展飛快，已經出現明顯的產學落差。

我不禁想起在二〇二一年底台灣舉辦的李國鼎紀念論壇上，所聽到半導體產業界及學界兩位重量級領袖的對話，至今依然印象深刻。

當時，提問人是擔任過工研院、資策會及清大科管學院等單位的院長及董事長的史欽泰，回答人則是台積電董事長劉德音。

史欽泰說，他在美國求學時，暑假期間教授會介紹學生去東岸著名的研究實驗室當實習生，那段時間的經驗對他日後的學習及工作有很大幫助。在半導體界，英特爾每年暑假也會大規模招募實習生，人數高達七、八百位。史欽泰覺得很好奇，為什麼台積電等台灣科技公司卻很少招收實習生？

針對這個問題，劉德音說根據他的觀察，台灣的博士班學生通常不知道自己要做什麼研究題目，大部分都由教授指定，但以他在國外大學讀博士的經驗，學生必須自己想題目，想完題目再去找教授，教授若說不行，就要回去再想，一直到教授點頭同意為止。

劉德音說，除了博士生的研究素質不夠外，他也感覺台灣的教授比較像公務員，薪水也很低，不像香港、新加坡教授的薪水是台灣的兩、三倍，這對人才的培養會造成明顯的衝擊。

劉德音的言下之意就是：「學校的研究水準那麼低，怎麼能怪台積電不收實習生？」我看到當天坐在台下有幾位教授一臉尷尬，心裡應該都受傷了吧！

不只劉德音這樣回答。另一位與談人日月光執行長吳田玉，也舉了一個親身實例。他說，日月光積極投入自動化工廠，花了十幾年蒐集各種資料，並自行發展半導體異質整合相關的演算法，但還是覺得不夠好，希望從外部找專家來幫忙。

吳田玉說，他們在國內接觸了很多教授，始終找不到合適的人選，於是就到海外去找，發現一位傑出的演算法教授。後來透過成大半導體學院聘請他來，同時也把他指導的幾個優秀學生都找來，與日月光研發人員互動，最後解決了困擾許久的難題。

台積電與日月光都是目前全球晶圓代工及封裝測試業的第一名，如今已沒有要追趕的對手，而是要面對各種前無古人的創新挑戰。我相信這兩位業界領袖講的都是實話，因為台灣企業已經走到世界的最前端，但台灣的大學腳步還沒有跟上，這才是問題所在。

台積電近幾年非常重視與大學的合作，包括國際頂尖的大學如東京大學、麻省理工學院、史丹佛大學等，只要是有潛力有前景的研究成果，我相信台積電、日月光都不會拒絕。重點是，我們台灣自己的大學呢？能拿出什麼成果和產業界合作？

記得幾年前，台大化學系曾經討論是否要取消碩士班，原因是發現碩士班畢業生都去台積電上班，台大化學系不想「幫台積電訓練操作員」，而且學生去台積電工作後，繼續深造的意願往往會降低，對長期的學術研究也很不利。

當然，台大化學系最後並沒有這樣做，至今還是繼續招收碩士班，而許多碩士生畢業後，依然繼續加入台積電等半導體或其他電子公司，整個趨勢看起來並沒有改變。

輝達執行長黃仁勳曾說，摩爾定律已經失靈，晶片價格不會再那麼便宜了，因為高階製程的投資金額實在太大。但是，半導體製程技術的創新還是會繼續下去，目前製程技術的發展極限，大家普遍認為是0.5奈米。也就是說，以二〇二三年台積電量產3奈米來說，接下來還要繼續發展2奈米、1奈米及0.5奈米。在過去，一代的研發至少要耗時兩至三年，未來的難度只會更高，說不定研發時間要拉得更長，台積電至少還有十至二十年的挑戰等在前方，亟待各方優秀人才通力合作。

這些都是極端困難的挑戰，因為前無古人，沒有參考值，台積電必須獨自摸索、面對考驗，也亟需國內大學提供更多的人才及研究資源。我認為台灣的大學也都有共同的任務，那就是：別再分什麼台大、政大或陽明交大、清大，大家都有重要的使命。當台灣企業挑戰極限時，想一想，學術界可以拿什麼跟產業界合作？

因此，如果我是台大化學系的系主任，我不會去想停招碩士班的事，更不會質疑為什麼我們培養的碩士生「只能」去台積電上班？我會改變態度，積極聯繫台積電等產業界，了解他們接下來想做什麼，需要突破哪些技術、材料等瓶頸，以及擺在前面的是哪些障礙。然後再好好想想，台大化學系可以做什麼？教授的研究在未來可以貢獻哪些價值，與企業一起接受世界的考驗？

如果全台灣的大學都能夠這樣主動積極地去迎戰，可以找到使命與方向感，培養出更多讓產業界驚豔的人才與研究計畫，我相信劉德音、吳田玉等業界領袖應該也會對台灣的大學改觀吧！

台灣半導體業面臨最大的人才危機——學生太少，連教授都請不起

二〇二三年四月，陽明交大校慶日當天，我回學校主持一個電機系論壇。三年來因疫情停擺的活動終於恢復正常，可以感受到解封後充沛的校園活力。

不過，在與教授和業界的對話中，我發現不少產學銜接與人才培育等方面的問題。國內科技人才不足的隱憂，未來恐將嚴重影響台灣晶片島的地位。

首先，奇景光電執行長吳炳昌曾經提到，台灣不只企業找不到足夠的人才，連訓練人才的人才也不夠。大家都知道台灣的教授薪資偏低，而這幾年因半導體業人才需求高，調薪幅度明顯增加，結果就出現了一個奇特的現象：教授教出來的學生，畢業去台積電工作，第一年領的薪水就比教授還高。

學生第一年工作薪資就比教授高這種現象，大概只有台灣才會發生，但問題不是企業薪資有多高，而是教授薪水太少。對於投入研究教學及人才培育的教授來說，真的是情何以堪！

大學教授薪水太低，吸引不到國際上的好教練來台灣教書，導致台灣人才水庫逐漸枯竭。我們

給大學教授這麼低的薪資，壓抑這些「訓練人才的人才」，如何要求未來可以為產業界培育出更好的人才？

校慶當天，我也到資工系串一下門子，和一些老朋友打招呼。資工系有不少傑出系友回娘家，還捐了一座牛車雕塑，紀念一九六二年以牛車運送台灣第一部真空管電腦 IBM 650 到交大的故事。

我還聽到聖洋科技執行長邱繼弘說，他發現頂尖教師不來陽明交大資工學院任教。他秀了一張陽明交大資訊學院做的統計表，兩年來資訊學院發給應徵教師的錄取通知，從助理教授、副教授到教授都有，總計有九位，學歷都是國外名校卡內基美隆、普林斯頓、密西根等大學博士，但最後這九位都選擇放棄，沒有來報到。

沒報到的原因當然各有不同，但我相信一定有一個共同的理由，那就是學校開出來的薪水太低，讓這些高學歷的人才不願屈就。找不到國外名校博士願意前來任教的大學，不是只有陽明交大，其他多所頂尖大學也是如此。只要去頂大師資網站看一下，就可以發現國內大學畢業的博士已成師資主力。

當然，不是國內培養出來的博士不好，很多本土博士也很優秀，但台灣不合時宜、完全沒競爭力的薪資結構，不但無法和國際競爭，還阻礙了自家的學子回台貢獻，對台灣人才庫來說，當然是很大很大的損失。

陽明交大資訊學院，是與電機學院齊名的兩大鎮校之寶。前者培育國內軟體資訊網路等人才，後者則貢獻國內眾多半導體及電子零組件產業的人才。前陽明交大代理校長、電機講座教授陳信宏說，目前不只電機系，幾乎很多科系都面臨類似的問題，許多資深教授會在未來五年陸續退休，如果年輕的教授銜接不上，會形成很大的師資斷層。

因此，現在各大學不僅要擔心國內理工科博士班沒學生，更麻煩的是未來連師資在哪裡都不知道。如何升級訓練人才的人才水準，恐怕是台灣資訊電子產學界最大的隱憂。

群聯董事長潘健成說，他預估二〇二三年至二〇二四年來台灣求學的東南亞學生會明顯減少，因為很多父母不會讓小孩來台灣念書。「戰機每天飛來飛去，國際媒體一直強調台灣是全世界最危險的地方，為人父母會不擔心嗎？」潘健成自己就是馬來西亞僑生，對於東南亞國家來台人數減少的問題，顯然比別人更憂心。

地緣政治就像一把利刃，美中晶片戰爭讓台灣獲得轉單利益，但處於火線的台灣也衍生出不少要擔心的問題。

雇用海外優秀人才，台灣既傳統又保守

此外，印度，是另一個要認真觀察的國家。

近幾年來，台灣半導體業出現不少印度臉孔。印度本身就有很強的軟體產業，也擁有多所世界

一流大學，印度裔人才又早就躋身Alphabet、微軟等企業ＣＥＯ。不過，印度的半導體與電子零組件等硬體產業仍明顯落後台灣。現在印度有很多想朝半導體發展的學子，選擇來台灣讀書及工作，因為台灣有眾多世界一流的半導體公司。此外，印度政府正積極朝半導體及其他電子零組件發展，這些學子未來學成後，有機會回印度服務，也有很高比率願意留在台灣半導體業工作。

根據陽明交大統計，目前外籍生人數排名前五名的國家，依序是印度、越南、印尼、馬來西亞、烏克蘭。印度外籍生遙遙領先，約有一六九名，其中博士生高達一四五名、碩士生二十三名。清華大學的外籍學生超過八百名，碩博士生占了大半，印度籍學生更是排名居首，約有近兩百名，其次是印尼、越南籍，都超過一百位。

來台念書的印度學生近幾年明顯增加，這是好事，但清大和陽明交大加起來才不到四百名學生，數量其實還是少得可憐，很難彌補人才不足的巨大缺口。與其找人來台念書，不如企業直接去印度找員工。以美商高通為例，目前全球有四．五萬名以上員工，其中印度員工就多達一．八萬名，是高通最大的人才庫。至於台灣在印度擁有最多員工的應屬聯發科，目前在印度的員工數量（包括正式及外包員工），總數應該在三、四千人左右。其他公司也有布局，但數量就明顯少很多。

台灣企業一直以來的弱點，就是員工都以台灣人為主，很難把人才觸角伸向海外。如今台積電被逼著往美日歐等海外發展，台灣ＩＣ設計業者也應該跟著出海，去海外找更多人才。

不過現在看起來，企業界並沒有很積極的作為。前陣子，我在另一場論壇中聽到簡立峰博士的分享，他認為台灣若要用傳統方式找人來台灣的大學念書，然後再把他們留在台灣工作，只能解決一小部分的問題。

他認為企業界要用更新的方法找人才，例如上網找——網路上有很多人才，但台灣都沒有去挖寶。簡立峰說，現在很多人的工作方式已經改變了，他估計目前有三千名外籍工作者在台灣工作，但雇主不一定是台灣企業，或是老闆不在台灣。他舉例，俄烏戰爭讓烏克蘭釋出很多人才，國際間許多公司都拚命去搶，但台灣卻很少有企業想到這一點。在雇用海外優秀人才方面，台灣是既傳統又保守。

其實台灣也不是完全沒有作為。俄烏戰爭發生後，台灣幾所大學也想到提供獎學金去找烏克蘭學生來台念書，但頂多只能爭取到幾十個人。簡立峰建議的方法，企業確實應該好好想一想。如今很多高科技人才都在遠距上班，台灣更成為很多老外選擇遠距上班的最佳地點，但台灣自己的企業卻不會利用這種優勢，實在很可惜。

這讓我想到之前採訪台灣大資訊長蔡祈岩，他提到要找一百位全球頂尖的資訊科技大學生來實習，參與公司的前瞻計畫。這些海外學生不用飛到台灣，在家就可以實習，而且不分寒暑假、不限工作時數。類似這種招募人才的創新做法，台灣確實太少了，或許大家可以參考一下。

短短一天的校慶，我的心情從興奮到擔憂，感受到台灣人才問題的嚴重。就像溫水煮青蛙，陷入惡性循環，一整個國家的人才素質往下墜，實在令人開心不起來。台灣半導體產業從四十多年前去美國ＲＣＡ受訓，培養出來許多優秀人才，讓八〇年代半導體產業快速起飛，到了二〇〇二年的矽島計畫，又為台灣ＩＣ設計業訓練很多人才，二十年來大家都在享受當年的成果。那麼，未來的二十年呢？

台積電與三星的終極之戰？——未來IC設計業要與記憶體技術整合

二〇二一年底，台灣半導體大廠齊聚李國鼎紀念論壇，參與者包括台積電、聯發科、日月光、旺宏等公司董事長與執行長。會中台積電董事長劉德音不經意地提到：「美光的記憶體技術已經超越三星。」

劉德音這句話，似乎沒有引起市場太多人的關注，卻讓我心中為之一驚，因為過去三星一直是記憶體產業的龍頭與技術領先者，如今竟然被美光超越，讓我很想一窺究竟，到底發生了什麼事？

由於事後劉德音沒有再進一步說明，我嘗試問了幾位產業人士，大部分人對此都不是很清楚。我仔細查了一下資料，又問了幾位半導體關鍵人士，結果證實，美光確實有後來居上的情況。

先說一下結論：目前在NAND Flash部分，美光確實已超越三星。美光的一七六層堆疊3D NAND Flash已經開始大量生產，但三星目前還是一二八層。

至於DRAM技術，美光原本還是落後，但如今追趕速度加快，二〇二一年第一季已領先三星、SK海力士導入1α製程量產，更預計搶先在二〇二二年推進到1β製程。這場美光與三星的記憶體龍頭之爭，未來幾年將很有看頭。

結論可以一句話說完，但要分析美韓記憶體大戰，需要先從產業競爭的大環境談起。

台積電、美光合作，現階段最佳選擇

首先，從劉德音口中說出來，這是非同小可的事，絕對不能等閒視之。

尤其，劉德音說話的當天，正好英特爾執行長季辛格對媒體說：「台灣不安全，美國不應補貼台積電。」滿場被媒體包圍的劉德音，還說他不評論此事，「因為台積電不會中傷同業。」對於同在晶圓代工市場的主要對手三星，劉德音直接評論說三星技術輸給美光，這絕對要有根據，因為台積電不會為了拉抬自己而中傷同業。

此外，幾年前劉德音就曾談過「記憶體內運算」（in-memory computing）的趨勢，認為邏輯晶片及記憶體進行異質整合，可明顯提升半導體運算效能。從當時劉德音提出來，到如今台積電將美光列入記憶體領域合作夥伴，也與整個外在大環境的明顯變化有關。

台積電與美光的合作，有其客觀的產業環境與條件。一方面是記憶體三強中，三星及海力士都是與台灣處於競爭狀態的韓商，而日商鎧俠（KIOXIA）則沒有 DRAM。至於美光目前生產基地幾乎都在台灣，與台灣合作有地利之便，因此美光顯然是台積電現階段的最佳選擇。

另一方面，台、美半導體產業合作，雙方愈走愈近，這也是美中對抗後自然形成的結果。台積電需要整合邏輯與記憶體技術，美光想要扮演更大的整合角色，加上聯電與美光的官司訴訟也在日前和解，接下來台、美的合作將可以加速展開。

因此，當台積電與美光的合作更為緊密，劉德音對美光的技術布局自然有深入了解。當他說出美光技術強過三星時，不僅是對美光技術能力的一大肯定，對雙方合作有很大加分，對於台積電與對手三星的競爭也有壯大聲勢的效果。

在論壇的前一個多月，也就是二〇二一年十一月初，剛從美光副總裁及台灣美光董事長卸任的徐國晉，回鍋加入了台積電，掌管先進封裝測試的研發重任，未來將推動應用處理器與記憶體走向3D堆疊的異質整合。

如此高階主管的交流，顯示台積電與美光的合作將進入一個新時代，而美光也將成為台積大同盟中一個重要的夥伴。

談完大環境後，再回來看看美光技術領先三星的現況。南韓媒體透露，原本居 NAND Flash 龍頭地位的三星，正在南韓平澤廠測試第七代一七六層堆疊的快閃記憶體生產線，但美光已搶先一步量產。至於SK海力士也宣布完成生產，兩家競爭對手的超前成果，讓三星過去的技術優勢面臨挑戰。

此外，在 DRAM 部分，根據 The Information Network 及《電子時報》整理的資料，美光在二〇二一年第一季導入1α製程量產，比三星及海力士要到二〇二二年第一季才推進的時間點提早一年。這也讓原本在1y、1z製程落後三星的美光，有機會在未來幾年內取得領先優勢。

一位半導體資深業者指出，三星近年來積極投資晶圓代工產業，似乎對記憶體領域有稍微鬆懈的感覺，但近來領導人李在鎔又加快改革，將半導體、消費電子和行動通訊三大部門的執行長全換掉，並將業務簡化成消費電子和半導體兩個部門，行動通訊則併入消費電子部門。

這位業者指出，這些大動作的組織變革，似乎是預見了三星將遭遇威脅與危機，因此提前做準備。

記憶體三大關鍵趨勢，攸關各公司未來發展

關於記憶體產業，除了美光技術領先三星外，還有另外三個關鍵趨勢，應該一併注意。

在論壇當天，旺宏董事長吳敏求提到，人工智慧時代來臨，NAND Flash不只是協助DRAM，還可以直接支援處理器（processor），進行更有效率的運算與儲存。預料NAND Flash未來會取代DRAM成為主流，這是旺宏很確定的大趨勢之一。

此外，在邏輯IC與晶圓代工產能嚴重不足下，包括日月光半導體執行長吳田玉及鈺創董事長盧超群都表示，二〇二一年和二〇二二年全球新建的晶圓廠達到三十二座，這個數字比二〇二一年

六月國際半導體產業協會（SEMI）預估的二十九座多了三座，顯示產業界確實對產能不足有很深的憂慮。

更值得注意的是，在三十二座晶圓廠中，只有兩座是記憶體，其他都是邏輯IC廠，接著還有五十三座晶圓廠要興建，這其中也大都不是記憶體廠。從這些數字可以看出，產業界對邏輯IC的未來成長很看好，但對記憶體的成長預估就很謹慎。這是有關記憶體產業的大趨勢之二。

最後一點，則是記憶體與邏輯IC的整合，不是只有製造業關心（例如台積電、聯電都將與美光等業者展開合作），未來IC設計業要如何與記憶體技術做整合，也是聯發科董事長蔡明介非常關心的話題。未來兩大技術領域如何整合，以及廠商之間會出現哪些合縱連橫，是值得關心的第三大趨勢。

記憶體三大趨勢，及早布局

前面提到，台積電董事長劉德音二〇二一年年底在李國鼎紀念論壇上，提出美光記憶體技術已超前三星的事實。這讓我重新思考及研究記憶體產業，也採訪了幾位業界領導人及旺宏總經理盧志遠。我歸納出記憶體產業未來的三大趨勢，想要與大家分享。

這三大趨勢分別是：

1記憶體典範移轉正在發生，尤其人工智慧時代降臨，NAND Flash 重要性提升，可望從配角變主角，取代 DRAM 的主流地位。

2美光加速研發 DRAM 及 NAND 技術，如今已趕上三星。

3邏輯ＩＣ產品與記憶體產品的整合日益重要，代表案例是台積電及美光合作。

由於篇幅有限，我會花較多篇幅聚焦在最重要的典範移轉趨勢。

首先，在談記憶體典範移轉前，應該先科普一下。若把記憶體用速度及價格區分，每一個位元運算速度愈快者，價格通常就比較貴，因此被稱為快取記憶體（cache memory）的 SRAM，速度最快，價格也最貴；之後依次是 DRAM 及 NAND Flash。也就是說，NAND Flash 速度最慢，但價格最便宜。

再進一步解釋，記憶體其實可以再細分為存（memory）及儲（storage），兩者的作用及功能不太一樣。

一般來說，「存」的概念就是指 DRAM 這種記憶體，是讓短期資料可以存放的位置。由於這些資料要經常計算，因此要不斷拿出來計算後再存放回去，DRAM 的速度快，因此成為存的主要重心。

至於「儲」的概念就更容易理解，主要是讓不會經常用到的資料有一個可以長期保存的地方，有需要時再拿出來計算。由於現在資料量愈來愈多，儲的需求是空間要很大，而價錢要很便宜。過去扮演「儲」的設備通常是固態硬碟或機械硬碟，但 NAND Flash 的技術追趕及容量空間發展飛速，價格降低的腳步也很迅速，因此成了儲的要角。

以每個人每天使用的電腦為例，電腦桌面就代表電腦的記憶體，而文件櫃則代表電腦的儲存空間。前者會消耗掉 DRAM 的空間，而後者則主要是用到 NAND Flash。

過去台灣很少把存、儲分開來看，一律稱為記憶體。在中國有家製造半導體的企業「長江存儲」，取名算是相當精確，顯示該公司的終極目標應該是要發展存、儲這兩大記憶體項目。

在存、儲兩大功能中，過去 SRAM 曾經風光過，但由於價格貴，只能用在少數利基市場。

DRAM 則因為大量生產，成為負責所有電子產品「存」的主力功能。至於 NAND Flash 則主要擔當「儲」的角色，原因是它雖然處理速度較慢，但可以做為儲放長期資料的主要空間，而且全世界儲的空間需求不斷暴增，因此更需要價格便宜的 NAND Flash。

NAND Flash 要與 DRAM 一起變成雙主角了

價格一直是半導體能夠普及的關鍵因素，除了製程技術愈先進可以讓價格下降外，NAND Flash 還有不同於 DRAM 的另一個特色：可以不斷往上層堆疊，有如蓋摩天大樓不斷往天空發展。三星第七代 NAND Flash 已蓋到一七六層，第八代則達二二八層。台北一〇一摩天大樓不過是地上一〇一層、地下五層的建築，相較起來，NAND Flash 根本就是超高大樓。

由於可以不斷往上堆疊，NAND Flash 的電晶體容量大幅增加，每一位元的價格也大幅下降。這也是為何 NAND Flash 的位元數成長速度超過 DRAM 甚多，並取代了以前的硬碟，成為「儲」資料的主流。

把資料放在處理速度較慢、但便宜很多的 NAND Flash，目前還是可以應付的。舉例來說，現在每個人的電腦或手機裡都放了一大堆照片，要找舊照片時，點擊後等個〇．五秒照片才出現，消費者應該都還可以接受。

但是，〇・五秒對於其他應用，可能就是慢到會出人命的時間了，比如自駕車。此時就需要交給讀取運算更快速的 DRAM，讓資料可以快速在微處理器間做運算。至於速度更快的 SRAM 因為實在太貴，目前只用在少數利基市場。

再打個比方。如果去銀行領錢時，櫃檯給錢的速度很慢，慢到像電影《動物方程式》中那個名叫「閃電」的樹懶，一個禮拜後才把錢領出來給你，你肯定會發瘋。這個比喻有點誇張，但是 SRAM、DRAM 及 NAND 的速度及價格，就是百倍到千倍的差異，所以其實也不算太離譜。只是現在對半導體的要求，一定是價格低最重要，因為資料量實在太多太大了。

有了這些基本的科普觀念後，就可以進一步來看。ＡＩ時代由於要處理大量資料，因此微處理器與記憶體間的關係也有了變化，尤其是資料輸出入及運算頻率都將大幅增加。傳統上 NAND Flash 扮演單純「儲」的角色，未來也要開始參與並分攤與微處理器之間的數據運算及輸出入等工作，也就是說，這個配角就要走到前台，與 DRAM 一起變成雙主角了。

在這個典範移轉的過程中，美光目前的技術布局，不管是 DRAM 或 NAND Flash，都有超前三星的情況，這是半導體行業的重要大事，因為三星一向是記憶體產業的龍頭及技術領先者。如今三星或許還是產能及市占規模的領先者，但美光展現超越三星的企圖心，對於記憶體版圖將有關鍵性影響。

美光的超前，背後其實有很多因素，包括美中對抗、美國加持，還有美光研發及生產重鎮都在台灣。當美光角色更為重要時，也讓前述第三個趨勢成形了。因為當記憶體與邏輯ＩＣ的整合日漸重要，並成為ＡＩ時代下的新顯學時，美光與台積電結盟無疑是強強聯手，尤其是美光台灣董事長徐國晉加入台積電，更讓雙方合作進入一個新階段。

對於台積電來說，與美光合作絕對是加分的，因為三星擁有邏輯及記憶體雙重優勢，且現階段台積電最大的競爭者是三星而非英特爾，在「記憶體內運算」如火如荼展開之際，雙方的合作有助於相互提攜拉抬。

記憶體是半導體至關重要的一大領域，也是台灣半導體業一向比較弱勢的領域，但電子業最迷人之處，就是產業不斷有變動，永遠充滿新的機會。台灣要密切關注記憶體三大趨勢，及早布局、先聲奪人，才能在全球半導體競賽中持續維持領先地位。

第5部 地緣政治

制裁中國，不等於美國應重返半導體製造

——張忠謀看晶片戰爭

二〇二三年三月中，台積電創辦人張忠謀與《晶片戰爭》作者克里斯．米勒在台北對談。張忠謀首度表示，他贊成美國讓中國發展半導體的腳步延緩下來，不過對於美國透過「晶片法案」，將製造生產基地移到美國，他並不認同。因為這樣一來，半導體成本一定會上升。

這是張忠謀對全球半導體及美國產業政策首次完整表態，也讓許多人感到意外，因為他如此直言不諱，與長期以來台積電盡可能不表態、在美中之間維持等距平衡的作風截然不同。

我的看法是，畢竟張忠謀已經退休五年了，不再有經營上的包袱。相反的，直接講真話，可以提醒美國負責制定政策的人要走到正確的方向。而且，直接點出美國半導體製造的難題，或許可以讓更多人理解半導體行業並非外界想像的那麼容易，也可能幫台積電爭取到更好的投資條件及補助。

首先，對於張忠謀贊成美國延緩中國半導體的腳步，我認為是非常務實的考量。畢竟台積電的營收中，有超過六成是來自美國客戶，這種美國獨霸的現象，從台積電一九八七年創立以來一直都是如此。華為旗下的海思半導體在被美國列入實體清單前，二〇一九年在台積電是占營收比重一

四%的第二大客戶，僅次於蘋果。制裁後，海思生產比重快速降到零。但台積電的產能並未因此受影響，空出來的產能很快就被其他美系客戶補上。

美國雖然在全球半導體製造的市占率逐步下滑，如今只占全球一一%，卻一直掌握附加價值最高的部分，包括美國ＩＣ設計占全球三六%，若加上矽智財（ＩＰ）及半導體設備，占比高達三九%。美國是半導體的霸主，也是晶圓代工主力市場，張忠謀當然會贊成美國制裁中國的政策。

另外，從張忠謀的成長背景，也可以理解他的思考邏輯與理念。張忠謀生於一九三一年，父親是中華民國政府時代的官員，之後因為二戰搬到香港，再輾轉到美國，最後成為美國公民。至於他的職場生涯，前面三十多年都在美國企業工作，五十四歲來台灣，接下來三十多年都在台灣經營台積電。

張忠謀的成長過程，少年時期經歷中國動亂，成年後在美國茁壯，之後在台灣深耕三十多年。美國與台灣是他人生最重要的經歷，是形塑他思考與判斷最重要的基礎。從這個角度看，他支持美國制裁中國，也是再合理不過的事。

張忠謀常用二次大戰來比喻產業競爭，例如他好幾次以史達林格勒戰役*，來比喻晶圓代工對

*編按：史達林格勒（Stalingrad）戰役是二次大戰德國與蘇聯的關鍵戰役，沒有退路的蘇軍浴血作戰，最後成功阻止了德國的進攻並發起反攻，為蘇聯帶來重要勝利。

於台積電的意義。他說台積電能贏，是因為台積電只有晶圓代工生意，所以勢必死守，就如同當年的蘇聯一樣。另外我先前也提過，他形容台積大同盟之間的緊密合作，就像二戰時期的同盟國。

事實上據我所知，半導體業很多人私底下也支持美國制裁中國半導體業，只是因為要與大陸做生意，不方便公開表態而已。多年來，中國政府無節制的撒錢補貼，無視國際間對公平競爭與貿易的規範，公然支持中國企業以低於成本價展開傾銷競爭，從太陽能、LED到面板等產業都是如此，許多中國以外的企業因此被逐出市場。面對中國這種無序擴張，大部分國家根本無計可施，只能眼睜睜看著市場被吃掉。如今，美國出面制裁中國，很多國家都是站在支持的立場。

中國給半導體業的各種補貼，把產業秩序全部打亂。我在訪問台灣IC設計業者時，經常聽到不平之鳴。許多做IC設計服務的公司，對中國IC設計業接受各種補貼所出現的不公平競爭情況，都感到非常不滿。據統計，台灣IC設計公司ASIC（特殊應用IC）開案後，正式量產的比率是五〇%；但中國二、三千家IC設計公司，只有二、三十家開案後有進入量產，比率只有一%。也就是說，太多公司都只意在搶政府補貼，因此浮濫開案，形成產業競爭的亂象。

對美國來說，中國對半導體無限制的補貼撒錢，以及在軍工、科技、國防等產業的擴張，已經嚴重威脅到美國霸權。雖然台灣也不喜歡任何霸權，但中國崛起，是從低端產品不斷往上蠶食鯨吞，最直接受害的就是台灣廠商，同意美國制裁中國也符合台灣利益。

以為花大錢就可以進占電子製造市場？美國「太天真了」

不過，張忠謀雖然同意美國制裁中國，卻不認同美國推動在美從事半導體製造的政策。對於美國透過晶片法案，想將半導體在美國製造的比率從一一%拉高到三〇%以上，他一直抱持反對態度，認為這個政策不會成功，因為亞洲國家有製造與成本優勢。

張忠謀認為，台灣被稱為地表上最危險的地方，美國不能全部半導體都仰賴台灣，這可以理解。但如果美國的目標是要提供國防晶片需求，其實根本不需要將其半導體的製造比重從一一%拉高到三〇%，只需要增加幾個百分點就已足夠。

對於美國重回半導體製造的政策，張忠謀從一開始就立場很清楚：反對美國這麼做。從二〇一七年最先提出「台積電是地緣策略家的必爭之地」後，他多次接受美國媒體訪談，每一次都提醒美國要想清楚，並且強調美國要恢復製造半導體，絕對沒有想像中的容易。理由很簡單：美國製造沒有優勢，也無法賺錢，當全球化被破壞，成本無法有效降低，會嚴重影響ＩＣ的普及程度。

而且還有一個更嚴重的後果，那就是目前全世界半導體之所以能無所不在，成為人類生活的必需品，主要就是生產成本持續降低。如果硬要將生產基地移到美國，半導體的成本一定會上升，因為在美國製造的成本比在台灣貴五〇%到一倍以上。這樣一來，勢必無法延續半導體成本下降的趨勢，會讓成本上升，半導體可能也將不能像過去那樣無所不在。

二〇二二年八月，美國聯邦眾議院議長裴洛西（Nancy Pelosi）訪台，並與蔡英文總統、台積電創辦人張忠謀及多位業界領袖午宴會談。裴洛西離台後，中國為了表達不滿，發動一次針對台灣的封鎖演習，並首次直接發射導彈通過台灣上空。

這起事件成為當天的國際頭條新聞，台海又再次被指為「全世界最危險的地方」。事隔半年多，美國政治新聞媒體《政治報》（*Politico*）訪問裴洛西，報導張忠謀在那場午宴中，與裴洛西和其他美國議員的談話內容。

根據報導，張忠謀一開始就說：「五百億美元（指晶片法案的補貼總額），嗯，那真是個很好的開始。」包含裴洛西在內的四位與會者，很快就感受到「張忠謀不是在談笑」。張忠謀詢問裴洛西，美國的晶片法案（CHIPS Act）與半導體政策，是美國要支持先進晶片產業的真摯承諾，還是想攫取這塊賺錢市場的衝動之舉？

張忠謀表示，若美國以為花大錢就可以進占全球最複雜的電子製造市場，「那就太天真了。」美國想要一個可信賴的半導體產業，就應該持續投資台灣的安全，畢竟美國現在想做的，台積電早就完備。

張忠謀提到，台積電早就在亞利桑那州布局，他樂見台積電能從美國政府的補貼中獲益，但問題是，這樣就可以吃下晶片製造業的商機嗎？從大開支票，到成立自給自足的晶片產業，還有好長一段距離。

張忠謀夫人張淑芬一度打斷張忠謀，要他別講那麼多。張忠謀快人快語，一向敢言，在美國參訪團面前也不例外。

這是裴洛西在卸任眾院民主黨領袖職位後，接受訪談時所還原的現場實況。裴洛西認為，張忠謀是指標型人物，值得欽佩。「張忠謀很了解美國，他提及的部分問題，的確是挑戰。」但她在會中也傳達了一個重要訊息：「我們知道自己在做什麼，我們決心要成功，這是一個好的開始。」

逆全球化的產業政策比登天還難

張忠謀為產業界傳達了真實的聲音，以他在半導體產業的分量與地位，他的發言絕對需要被高度重視。他提醒美國政府制定產業政策時，需要注意到，逆全球化的產業政策比登天還難，成功機會恐怕非常微小。

美國防堵中國的產業政策，最早是因為中國崛起，並在5G及AI都大步邁進，讓美國科技業感受到嚴重威脅，因此開始一連串對中國的打壓與禁令。張忠謀透露的，不僅是台灣業者的想法，其實也是許多美國IC設計業者的意見。

長期以來，美國至少有三個半導體產業協會，分別代表不同的陣營及立場。第一個是美國半導體產業協會（SIA），領導的廠商是像英特爾、德儀這種美國IDM廠，第二個是由應用材料業者等半導體設備商組成的國際半導體產業協會（SEMI），第三個是由輝達、高通等ＩＣ設計業者及台積電等晶圓代工廠所組成的全球半導體聯盟（ＧＳＡ）。

對於ＳＩＡ來說，由於成員都是美國本地廠商，主張當然是不要用國外廠商的晶片、要在美國建立強大的半導體工廠、要鼓勵外國企業到美國投資。這些美國本地企業對商務部有很大的影響力，他們的意見也是目前美國政府制定產業政策的主要參考基礎。

至於SEMI的組成，大部分是設備業者。由於設備業想做中國生意，因此一直反對美國制裁中國，也極力遊說放寬對中國設備市場的限制。而ＧＳＡ的前身是無晶圓廠半導體協會（ＦＳＡ），成員主要包括輝達、高通、超微及台積電，一向主張美國好好保護台灣就好了，晶圓廠到美國設廠成本只會更高，無助於美國ＩＣ設計業的發展。

正常的民主社會，一定會有很多不同意見，為政策制定做各種主張及遊說，因此，美國半導體行業出現三大利益團體為各自不同主張做政策遊說，可以說是司空見慣的事。只是，如今美國半導體產業的發展，ＩＣ設計已成為主流，而且是創造最多附加價值的行業，包括輝達、博通、超微、高通等公司，市值、影響力及雇用員工數量等，都已明顯超過英特爾。這是全球半導體產業經過多年演變，自然形成的主流趨勢。美國負責制定政策的人，不該忽視這個顯而易見的大方向，當然更要把張忠謀的警告放在心裡，不要太天真了。

你用的晶片，哪裡生產的？

美中較勁，未來十年半導體的危機及挑戰

隨著美中晶片戰爭的推進，半導體業發展朝向兩極化，已是可以預見的趨勢。未來五至十年，這個產業會出現什麼危機？美日德等大國想打破過去全球化的產業生態，建立自給自足的韌性供應鏈，有可能嗎？兩極化之下，企業又該有什麼因應之道？

首先，兩極化的陣營，一般都說是美、中兩大陣營，但《晶片戰爭》作者米勒認為應該是「中國」與「其他國家」。意即對立的兩極，一邊是中國，另一邊是「其他國家」——以美國為首，外加荷、英、德等部分歐洲國家，以及拉攏日、韓、台等亞洲國家。

美國拉攏各國加入陣營，有幾個關鍵角色——如韓國、荷蘭及德國——都是原本在中國投資或業務比重很高的國家，對於美國禁止產品銷售中國，或限制在中國的投資等，最初這些國家在態度上有些遲疑，但後來陸續調整態度表態支持。二〇二三年三月十日，《政治報》指出，艾司摩爾配合荷蘭政府開始限制出口到中國的半導體設備，這將阻礙北京半導體自主化的計畫，並可能使其經濟倒退數十年。

簡單來說，西方要讓嗷嗷待哺的中國科技業走回石器時代。《政治報》說，多年來美國一直試圖讓歐洲聯合起來對抗中國，但是法國和德國以戰略自主為由，希望與中國達成「甜心貿易協議」（sweetheart trade deals），如今荷蘭政府加入美國陣營，等於宣告拜登更有機會打造共同戰線，一起折斷中國獨裁統治者的翅膀。

只是，德法兩國對於與中國之間的貿易往來仍相當重視，例如法國總統馬克宏就強調，歐洲不應跟隨美國起舞，並表示歐洲要「避免因台灣議題被捲入美中衝突」。

就在美國與其他國家擴大連線的同時，習近平在中國第十四屆全國人大會議中以全票通過，開啟他的第三任國家主席任期。習近平在會見全國人大江蘇代表團時，詢問徐工集團工程機械代表單增海：「你們起重機的晶片是國產的嗎？」單增海立即回答：「全是國產的。」還說當年習總書記視察徐工時，乘坐過的全地面輪式起重機，現在全都技術升級，關鍵指標已達全球第一，國產比率由原來的七一％提升到一〇〇％，所有關鍵零件都實現中國製造了。

習近平說，雖然你們的工程水平已經領先世界，但還要再提升，一個十四億多人口的大國不能靠國際市場，靠「一招鮮，吃遍天」也不行，必須依靠自己解決問題。習近平積極推動國際外交，特別把重點放在發展中國家，在國際間吸收本就對美國不滿的勢力，並拉攏站在中間立場、想維持美中等距關係的國家。

自給自足的機率是零，中國不可能，強大如美國也不可能

至於中國會不會像米勒所說的，只能靠中國自己與其他國家對抗？答案倒也未必。只不過目前為止，加入中國陣營的，都不是半導體強國。

美、中各自拉攏友好盟國，企圖建構韌性製造及供應鏈的自給自足，這種兩強對峙的態勢，在可預見的十年內將成為常態。只是，美國陣營的成員較多，而且都是半導體強國，贏面當然大。美國限制許多高階技術及設備輸入中國，未來中國要跨入先進製程將會遇到大難題，自主開發的時程一定會拉長，只能積極在成熟製程領域發展。

在全面被禁止ＩＣ設計軟體、半導體高階技術設備機台等情況下，中國積極展開自有技術的開發，希望能快速實現國產化的目標。例如中國全面發展半導體設備，其中華為公司還扮演很多企業背後支持與金主的角色。雖然，目前開發的進度到底如何難以窺知，但已有愛國主義者開始宣稱，中國二〇二三年底就有機會全面實現百分百的設備自主。

其實，中國關起門來自己做研發，當然會有技術突破的機會，但速度不會這麼快，因為半導體產業技術難度太高了，沒這麼容易。半導體早已是全球分工的產業，沒有一個國家可以在這種複雜且龐大的生態鏈中，只靠自己的力量生存，想要完全自給自足，實現機會根本是零，中國不可能，強大如美國也不可能。

半導體終究是一個全世界分工的產業，台灣晶圓製造很強，但仍需要來自荷、日、美等國的設備，而材料則要靠日、德、美等國提供。市場也是，光靠一個國家難撐大局，要靠來自世界各國的客戶，否則晶圓代工生意根本做不成。因此，沒有任何一個國家可以獨善其身，大家都只能在產業鏈中找到局部優勢，扮演好自己的角色。

《晶片戰爭》作者米勒是歷史學者，過去是研究美蘇冷戰歷史的專家。半導體最早的應用就在軍事用途，蘇聯因為全靠自己發展，結果在半導體及軍事上都明顯落後美國，這就讓我們看到：一個國家要關起門來搞發展是很困難的，就算傾全國之力，也很難與開放的全球化產業競爭。

美國過去就是走全球化與自由貿易路線，吸引全世界人才，在美蘇競賽中取得壓倒性的勝利。當然，美國雖然掌握設計、軟體ＩＰ及設備等核心產業，但也要讓出一些製造給亞洲國家如台、韓及中國，設備材料也交給荷、日、德等國掌握。美國無法掌控所有半導體分項產業，這也是很明確的事實。

而且，半導體產業投資金額愈來愈大，台積電一年資本支出高達三百二十億美元，這種投資規模，不只小國家沒有能力，連日本這種大國的財政都難以支持。美國雖然撥出五百二十億美元預算，但也不可能一直長期砸錢。只有靠開放的資本市場支持，才能健康的發展。

長期補貼，不只浪費子彈，對美國產業也會造成傷害。五百二十億美元看似很多，但相對半導體動輒數百億美元的投資，這筆金額只能算是很小的數目，更何況美國從來就不是以補貼政策推動產業發展的國家。

看看中國，多年來大手筆補貼半導體，也已出現嚴重的副作用。例如各種半導體計畫負責人違法亂紀，每隔一段時間就要進行大規模整頓，重新換新一批人上來。補貼也造成詐騙案層出不窮，各省市都有晶圓廠爛尾樓，這種極度耗費資源、長期處於虧空狀態的產業政策，對中國半導體的長期發展絕對不是好事。

在兩極化的世界裡，廠商該怎麼因應？台積電美國廠又要如何營運，才不至於讓成本過高拖累了營運績效？

台積電史上最難計算成本的廠區在美國

有台積電的朋友告訴我，張忠謀還在任時，最關心兩件事：一是研發，二是訂價。關心研發，是要確保台積電有沒有在技術進展上持續領先，能否拉大與對手的差距。關心訂價，是因為這對公司的營收及獲利有絕對的影響，只有持續擴大盈利，才能繼續投入研發及資本擴充。

至於台積電美國廠的生產成本遠超過台灣，未來要如何降低衝擊？根據台積電內部估算，由於美國政府補貼金額多寡還難以確定，過去鴻海投資美國，原本說好的條件後來也沒有全部兌現，因此台積電美國廠的投資也很難估算。美國廠可說是台積電史上最難計算成本的廠區。

不過，既然頭已經洗下去了，未來除了會把台積電在台灣先進製程的學習曲線經驗值，完整複製（copy exactly）到美國廠之外，生產線一定也會朝向更自動化發展。例如廠房設備都組裝好再運到美國，並派很多績效最好的台灣主管過去，盡量降低美國營運效率較差的風險。

此外，未來美國廠與台灣廠也可能有區隔，例如應用在軍工及敏感性用途的ＨＰＣ、ＡＩ晶片，應該會在美國生產；毛利很高的產品可能也在美國生產，低毛利的手機晶片則留在台灣。另外，差別訂價也將無法避免，若客戶要求產品在美國製造，台積電一定會向客戶提高報價。

美國要求國家安全及供應鏈韌性，強迫供應商到美國設廠投資，客戶勢必要為此付出溢價。也就是說，Made in USA 的成本會提高，美國政府若沒有適度的補貼，一定會影響到客戶下單的成本，許多ＩＣ設計客戶必須為此做好心理準備。

不過，以目前台積電美國投資計畫來看，預估美國廠占台積電全部產能在五％以下，占高階製程技術產能則不到二〇％。這個比例目前都在安全及可容忍的範圍內，以台積電目前毛利率高達五五％至六〇％，比任何對手都有更大空間承擔毛利下滑的衝擊。

當然，如果美國補貼條件沒有談好，台積電也可能乾脆放慢投資腳步，因為以台積電占有全球九成以上高階製程產能的實力，是有足夠能力為自己爭取到更好的投資條件的。

我正在寫這本書的二〇二三年三月，美國晶片法案開始接受廠商申請。但美國政府要求業者必須十年內不准在中國等地投資擴產，還必須提出多項有關營業祕密的資訊，甚至還要分享獲利等。

台積電董事長劉德音就指出，對於有些限制條款，台積電無法接受，還需要與美國商務部溝通後，才會提出申請補助。或許，台積電可以把投資步調放緩，不急著進機台設備做量產，等談到更好的條件再說。

不過長遠來看，台積電投資美國仍有正面意義。包括研發、人才甚至水電等條件，台灣的資源早就不足，台積電目前需要進行更多尖端研究，在新材料、新技術等領域都應該到美國去爭取合作及人才，這是台積電做為全球企業無法迴避的投資布局。至於成效如何，則有賴台積電經營團隊更加努力了。

美國的ＩＣ設計業，中國的龐大市場

台積電海外投資的美夢與噩夢

從一九八七年創立至今，台積電生產基地一直以台灣為主，不過海外投資布局早在一九九〇年代就啟動了。例如，一九九六年到美國華盛頓州投資八吋晶圓廠，二〇〇七年則開始投資中國。這些海外投資雖然不保證一定成功，但目的都是為了服務客戶及鞏固市場。

一九九六年（也就是創立第九年），台積電做了一項重大決定——到美國華盛頓州投資設立WaferTech，興建一座製程技術從0.35、0.25至0.18微米的八吋廠，滿載產能達三萬片，成為美洲地區第一家專業積體電路製造服務公司。台積電擁有WaferTech約五七．二三%（其中含一五%技術股），亞德諾（ＡＤＩ）與Altera兩家公司各占一八%，矽成（ISSI）占四%，其他投資者則持有其餘約二．七七%股權。這也是台積電首度嘗試讓客戶入股的海外投資案。

WaferTech當年動土典禮，也算地方一件大事，包括華盛頓州長、卡馬斯（Camas）市長等地方政界人士都受邀參與，我國駐西雅圖台北經濟文化辦事處處長張小月也前去祝賀，另外三家合資夥伴美國ＩＣ設計公司ＡＤＩ副總經理佛倫奇（David French）、Altera總經理史密斯（Rodney Smith）

及矽成董事長李學勉也都在場，場面相當熱鬧隆重。

同時擔任台積電及 WaferTech 董事長的張忠謀，特別在那次的典禮中表示，從台積電一九八七年成立後，美國陸續成立的積體電路公司只有 WaferTech 有自己的晶圓廠，未來將提供最佳的專業積體電路製造服務。他還說，台積電非常榮幸能與世界一流的ＡＤＩ、Altera 及 ISSI 等夥伴合作，希望此項合作能夠早日開花結果。

台積電投資美國，當然與張忠謀的美國籍身分及工作經歷有關。美國算是他的「主場」，也是全球半導體客戶及市場的重鎮。不過除此之外，還有一個外在因素，就是聯電完成與北美十一家ＩＣ設計公司的合資設廠，還成立了聯誠、聯瑞、聯嘉三家晶圓代工公司。聯電這個聲勢浩大的動作，可能也是促成台積電聯合ＡＤＩ、Altera、ISSI 等ＩＣ設計公司合資 WaferTech 的原因。

不過，WaferTech 後來並不成功。幾年後，台積電買回三家ＩＣ設計公司手中的持股，WaferTech 最後又變成台積電的獨資公司。由於多年來經營效率沒有起色，WaferTech 迄今也很少擴產，一直維持八吋廠少量生產的規模。

張忠謀在二〇二二年亞利桑那州的移機典禮上說，WaferTech 的投資讓他的美夢變噩夢。「本來我認為夢想可以成真，但卻遇到成本問題，我們面臨人的問題、文化的問題，美夢變成噩夢，花了數年時間才從中解脫。」

雖然 WaferTech 沒有繳出耀眼成績，台積電晶圓代工業務卻飛速成長。在台灣的晶圓廠一座接一座蓋起來，製程技術也緊咬著國際大廠並逐漸超前。更重要的是，赴中國大陸的投資也大步展開。

二〇〇七年台積電宣布到上海松江設立八吋廠，二〇一六年在南京擴充十二吋廠，從八吋到十二吋的投資循序漸進，產能也逐步擴充。中國成為僅次於台灣之外，台積電最重要的海外生產基地。

台積電去美國投資 WaferTech 不順利，但在中國的擴充可以逐步成長，關鍵原因還是中國的生產成本比美國低很多。另外，中國人勤勉努力的工作態度與台灣人相近。在中國，台積電較少遇到在美國發生的文化及人事問題。而且，中國快速成長為「世界工廠」，並進占全球四成的半導體需求量。許多國際大廠在台積電生產晶圓，再交由日月光、矽品、艾克爾（Amkor）、江蘇長電等公司封測，ＩＣ直接送到大陸各省市製造基地組裝出貨。這是在全球化與國際分工下一個很自然的結果。

中國半導體產業的發展——尤其是ＩＣ設計業——也相當快速。根據美國研究機構 IC Insights 的資料，二〇二一年中國ＩＣ設計產業，全球市占率約九％左右，低於台灣的二一％、美國的六八％，居全球第三。也因為中國ＩＣ設計客戶快速成長，台積電先後成立上海及南京兩個廠區，就近滿足這些客戶的需求。

張忠謀的「美國夢」

不過，即使中國市場成長很快，美國終究還是ＩＣ設計產業的大本營。張忠謀也一直有個「美國夢」，希望台積電可以成功布局美國，在他自己生活超過三十年的美國土地上，讓自己創辦的台積電可以服務更多美國客戶。因此，除了台積電投資 WaferTech 外，張忠謀對於在美國投資設廠的夢想從來不曾停止過，包括曾想過要收購ＩＢＭ在紐約州的晶圓廠。

曾任台積電法務長達十二年的美國智慧財產律師杜東佑，在一次接受美國科技新聞媒體《電子工程專輯》（*EE Times*）訪問中透露，台積電從二〇〇五年起，就曾在五次不同時間點考慮收購ＩＢＭ微電子事業部。其中包括考慮買下ＩＢＭ在紐約州的晶圓廠，只是當時台灣在軟體侵權等領域紀錄不良，美國國防部及ＩＢＭ擔心高階技術外流，最後沒有成功。

杜東佑說，從二〇〇五年起，他就與張忠謀一起尋找在美國的製造據點。當時考慮過的ＩＢＭ工廠，包括在紐約州東南部東菲什基爾（East Fishkill）小鎮的晶圓廠，以及在附近小鎮波啟浦夕（Poughkeepsie）的工廠。

不過，當時ＩＢＭ與台積電洽談時的最大障礙，很明顯就是美方擔心機密技術外流。ＩＢＭ晶圓廠是美國國防部旗下國防高等研究計畫署（DARPA）的可信賴晶圓廠（Trusted Fabs），是軍方授權可接單生產軍用晶片的工廠。因此，在與台積電談判過程中，ＩＢＭ與 DARPA 一直想確定，這些機密技術不會未經他們同意就外流到亞洲。

根據杜東佑的說法，當時在美國人眼中，「台灣就是中國」，這是台積電五度談判仍無法買下ＩＢＭ的關鍵。後來ＩＢＭ不想繼續經營自有晶圓廠，就與英特爾、格芯等美系半導體業者洽談，最後於二〇一四年十月宣布賣給以經營美國市場為主的格芯。

消息出來隔天，張忠謀接受國內媒體訪問時表示，ＩＢＭ是一年多前跟台積電洽談，後來因為價格等條件談不攏而沒有結果。他認為格芯很需要工程師，技術上也落後台積電一大截，能否吸收ＩＢＭ人才與技術也是大問題，因此對台積電影響並不大。其實早在二〇一四年四月，《華爾街日報》就曾引述多位知情人士的說法，報導說台積電已退出ＩＢＭ晶圓廠的收購談判，因為台積電只想要ＩＢＭ的研發單位，不太想買下更多晶圓廠產線。

從這段歷史來看，台積電從二〇〇五年考慮買ＩＢＭ晶圓廠，到二〇一四年只想買ＩＢＭ的研發部門，原因並不難猜想。因為這段時間，台積電的晶圓製造效率及成本都已明顯領先大部分公司，而且技術研發上也開始超前，而ＩＢＭ仍有很強的研發實力，是台積電需要的資源。

除了美中兩國的投資，台積電在二〇〇〇年也到新加坡投資一座八吋廠，這家名為SSMC的公司，也值得記錄一下。

SSMC的廠房於二〇〇〇年動工，二〇〇一年投產，是由台積電、恩智浦（ＮＸＰ）前身飛利浦半導體，以及新加坡經濟開發投資局（EDBI）共同投資，月產能為三萬片八吋晶圓。這座廠台積電只持股三九％，二〇二一年SSMC獲利新台幣二五．四四億元，年成長逾兩成，台積電認列獲利近十億元。

據了解，SSMC的投資案，主要是由台積電最早的大股東飛利浦主導。由於飛利浦及歐洲市場對於半導體製程的需求，和美國客戶很不一樣，大部分是用在通訊、民生用品、無線射頻識別系統（RFID）、汽車等需要特殊製程的產品，而且很多歐系廠商以新加坡為進軍亞洲的門戶，因此飛利浦想在新加坡設廠。台積電受飛利浦之託參與投資及營運管理，也算是感謝飛利浦早期對台積電的投資與支持。

SSMC 第一位總經理，是台積電研發主管陳家湘。現任世界先進董事長方略早年在台積電任職時，也曾被外派到 SSMC 擔任營運副總三年，後來回台積電接掌當時很重要的晶圓三廠廠長，其後又派至世界先進擔任總經理及董事長。

或許是因為 SSMC 非台積電主導，持股也未過半，在台積電網站介紹全球製造據點中，並沒有放進 SSMC 這座工廠。有老員工表示，台積電與新加坡工廠的互動不多，基本上員工之間也不會交流。新加坡廠跟台積電的關係有點像采鈺或精材，但感覺上與台積電的關係更遠，若有台積電員工調去那裡，感覺上就好像是從台積電離職了。

回來講中國。雖然台積電大陸投資的廠房持續擴充，但把上海及南京產能全部加起來，也只占台積電全球產能的四％至五％。也就是說，台積電主要生產基地仍在台灣，因為台灣擁有人才及研發優勢，而且半導體毛利高很多，人力占成本也不高，不像台灣其他的電子五哥鴻海、廣達、和碩、緯創及仁寶等，在二〇〇〇年後就大量搬遷廠房到中國大陸。

不過，台積電還是不敢輕忽大陸市場的潛力，認為去大陸投資設廠是有必要的。就像大家平常逛超市時都有試吃攤位，大陸工廠就是先讓客戶嘗鮮試吃，若覺得不錯，想下更多單，就要到台灣新竹、台南或台中工廠來生產。台積電的台灣工廠產品線齊全，可以滿足客戶所有需求。即使如今台積電加碼美日等國生產線，但海外產能最多也只占全部的二〇%，海外廠房基本上都是試吃攤，想要下單，還是要到生產大本營的台灣。

至於台積電為何在二〇二二年前一直沒有去日本投資？原因應該也不難理解，因為日本客戶對於訂單外包一直很保守，而且日本整體半導體市占一直在流失，加上地理位置與台灣很接近，日本客戶訂單直接在台灣生產就可以了。

由於半導體投資金額太龐大，一定會被列入國家級重大投資案，因此只要有新的半導體投資案，不免會傳出政治上的雜音，例如，在早年台灣政策還禁止的環境下，聯電偷跑赴大陸投資，就引發政府與曹興誠的官司訴訟。後來台積電雖然遵守法令規範去大陸投資設廠，但在台灣社會也掀起不小的政治風波，藍綠陣營仍然是一番激辯。由於台積電強調把高階研發及技術都留在台灣，讓反對者沒有太多文章可做，這些批評最後都只是茶壺裡的風暴。

如今，地緣政治呼聲高漲，歐美日等國要求台積電去設廠，做為龍頭企業的台積電也不可能完全躲掉政治壓力。如何讓台積電可以因這些海外投資而加分，而非成為台積電成長的障礙，將是台積電團隊接受更嚴苛考驗的時刻了。

鯰魚效應與群聚效應

台積電美國設廠的機會與危機

台積電投資美國亞利桑那州晶圓廠，是改變全球半導體產業的重要大事，對全球ＩＣ設計與製造分工的趨勢、美國恢復昔日半導體製造的榮光，還有美中晶片戰爭的演變，都會產生重大衝擊。

先談美國在全球半導體產業的角色。六〇至七〇年代，美國獨領全球半導體產業風騷，由美國國防部扮演主要採購需求者的角色，驅動英特爾、德儀、摩托羅拉等公司快速成長。八〇年代後，日、韓、台、中陸續崛起，封測及製造工廠陸續從美國移至亞洲，美國蛻變為技術規格與產業標準的制定者，並在軟體工具、ＩＣ設計、設備、材料等繼續獨占鰲頭。

如今美國想恢復當年半導體製造大國的地位，其實有一個很大的挑戰，就是：打破原本的全球化及分工模式。而台積電投資美國，帶進全球最先進的製程技術，對美國恢復製造大國地位來說，絕對有很正面的意義。

首先，受惠最大的當然是美國的ＩＣ設計業。美國ＩＣ設計業在全球一直具絕對領先優勢，全球前十大獨立ＩＣ設計公司，就有高通、博通、輝達、超微、邁威爾（Marvell）、思睿邏輯（Cirrus Logic）等六家美國公司。這還不包括其他擁有很多ＩＣ設計能量的ＩＤＭ廠，例如英特爾、德儀、美光，以及本身有ＩＣ設計但無晶圓廠的大客戶如蘋果、Alphabet、亞馬遜、特斯拉等。台積電就近到美國生產，與這些客戶可以進行更深度合作，讓過去已獨霸全球的「美國ＩＣ設計＋台灣晶圓代工」這個成功方程式，繼續發揮更大的加乘效果。

其次，台積電大力加碼投資美國，可以在同業之間帶來所謂的「鯰魚效應」。我們知道，遠洋漁夫為了確保捕獲的沙丁魚不會在返航途中死亡，常會在沙丁魚群中放入一條鯰魚。由於鯰魚到陌生環境會不斷游動，沙丁魚因為怕被鯰魚吃掉，紛紛奮力逃竄，從而活蹦亂跳地存活下來。這個觀念常被引用在管理上，用來激勵心態怠惰、缺乏活力的團隊，引入具有不同能力或特質的新成員到團體中，激起原有成員害怕被超越的危機意識，重新燃起鬥志。

台積電設在亞利桑那州的廠，正好就在競爭對手英特爾旁邊。台積電美國廠一開張就切入生產5及4奈米，肯定也會刺激近年來製造技術落後的英特爾更加速發展。如果旁邊台積電工廠已量產5奈米，但英特爾自家還停留在7或10奈米的舊製程時，很可能會激發英特爾內部的士氣。英特爾主管只要每天碎碎念，肯定會讓員工繃緊神經。台積電這條「鯰魚」，會帶給美國製造業多少激勵效果，顯然是可以預期的。

台積電美國移機大典當天，英特爾執行長季辛格正好也飛到台灣拜訪客戶。不知道是不是刻意選擇，這位不斷唱衰台灣很危險的ＣＥＯ，就是不想讓台積電搶走所有鎂光燈。季辛格當時還發了一則推特，肯定台積電對「美國製造」的支持。我猜想，他心中應該也認為，台積電去英特爾旁邊設廠有激勵英特爾的作用，難怪他在台灣參加活動時還是笑得很開心。

此外，台積電投資美國廠，對於美國半導體製造的產業鏈與群聚效應，也會帶來巨大的加分效果。

其實，所有產業都是競合關係，競爭中一定有合作的成分。台積電供應商有上萬家公司，台積電去美國設廠，壯大美國製造業實力，未來這些供應商若陸續在美國市場布局，對擴大及健全供應鏈將有很大貢獻。所有在美國有製造的公司，從英特爾、三星、德儀到美光都會受惠，享受完整供應鏈帶來的好處。

而且，台積電晶圓代工廠設在美國，和美國ＩＤＭ廠進行更直接的競爭，也會對本身製造實力不強的公司帶來衝擊。不積極提升水準，就會加速退出製造領域。另外，全世界最大的ＩＤＭ公司英特爾，不只可以下單台積電，趕快彌補被超微吃掉的一大塊市場，其他ＩＤＭ公司也都有機會下單給台積電，對於營運不上軌道的ＩＤＭ有加速淘汰的效果。

美國高生產成本的致命缺陷，能克服嗎？

除了前述的正面效益，我們也不能忽略台積電投資美國潛藏的考驗及危機。首先，美國目前占全球一一%的半導體製造，在美國積極爭取並補貼企業赴美投資設廠下，未來能恢復到幾成市占率？還有，美國高生產成本的致命缺陷，真的會有半導體製造廠能克服這種先天劣勢嗎？

其實，很多人都清楚，沒有任何產業可以一直靠補貼維持競爭力，台積電營運效率再怎麼強，到生產成本高台灣很多的美國，營運管理一定會出現巨大挑戰。要完全複製轉移台灣經驗到美國，將有很大障礙，毛利也可能明顯轉差，當台積電成本明顯上升時，未來晶圓代工的價格絕對是只漲不跌。

這也正是為什麼赴美國投資設廠之前，台積電內部曾有一番激辯。其中大家很關心的一點是：就算台積電把最先進技術留在台灣，但赴海外設立的工廠技術如此先進，會不會形成與同業交流更多，以至於競爭對手更快速地學習及追趕？

這不只是內部主管會產生的疑慮，資本市場也有同樣的擔憂。眾多外資也曾發表評估報告，預測股東報酬率將「跳水」，一度連續多天賣超台積電。

不少分析師也預估，未來台積電美國工廠的晶圓代工訂單，報價很可能會比台灣工廠要高很多，歐美日等國為了安全，一定要付出更高的代價，這是台積電投資美國，對全球半導體產業帶來的最大衝擊。當半導體售價無法繼續降低，所有電子產品及科技應用成本都將被墊高，對半導體無所不在的發展會是一大變數，目前看起來這個趨勢恐怕已經很難避免了。

從 Made in Taiwan 到 Made by Taiwan —— 如何維持台灣半導體競爭力

二〇二二年十二月六日，台積電在亞利桑那州的美國廠完成移機大典，拜登及蘋果公司執行長等人都親臨會場。冠蓋雲集的場面，讓全世界見識到台積電在全球科技產業的關鍵地位，以及美國重振半導體製造的決心。

台積電美國投資額從一百二十億美元加碼至四百億美元，預計四至五年間擴大5奈米至3奈米的先進製程產能，整個投資案的製程技術及產能規畫都比原先預期高出不少，也引起大家對台積電是否有技術外移、掏空台灣的疑慮。

對於所謂的「掏空」論，台積電總裁魏哲家多次出面駁斥，「門都沒有！」他這句話當時被廣為報導。我認為，當時許多說法有太明顯的政治意圖，非常無聊，本來是不值得做太多說明的，但我發現周遭不少朋友的確有所擔憂，而且我看到太多論述夾雜著錯誤的理解與扭曲的解釋，因此我還是決定談談這幾個常被討論的擔憂。

先談「去台化」。美日歐等國確實希望台積電不要把所有雞蛋放在台灣，「去台化」的意思之一，是減少在台灣生產的比重，分散到其他國家，最好是就近在美日歐等國境內，如此就不會受到兩岸戰火的波及。

因此，「去台化」就是改變生產地點而已。把工廠分散到美日歐等國生產，還是由台積電持股與經營，這是台積電在全球半導體影響力的延伸。就像許多國際大廠也會到世界各國投資設廠並擴大企業規模，過去像電子五哥等許多台商也西進大陸設廠，同樣都是企業國際布局的實力展現。

台灣地狹人稠，人才、水電、土地等各種資源都不夠，企業需要赴海外投資，是完全無法迴避的事。企業能夠把影響力延伸到海外，也絕對是值得鼓勵的事。過去大家強調要Made in Taiwan，在台灣本地生產最好，但其實要追求的是Made by Taiwan，只要是台灣負責企業的經營管理，在哪裡生產製造都很好。

其次，由於台積電投資美國工廠的製程技術已達5奈米至3奈米，於是有人擔心台積電技術會跟著外流，「台積電」會變成「美積電」。

在我看來，這應該是很不了解這個產業的人才會有這種想法。因為，台積電研發人才都在台灣，每一世代的新技術都是在台灣開發。當研發製程技術經過晶圓廠驗證，將生產調整到最佳良率及效率後，才會將這些穩定的製程技術移轉到世界其他廠區生產。

在台積電移機典禮的貴賓賀詞中，我注意到台積電大客戶——輝達執行長黃仁勳說：「台積電赴美投資，是改變遊戲規則的發展，設廠美國，會成為所有客戶更強大的夥伴；台積電的核心和靈魂在台灣，不因設美國廠而改變。」

黃仁勳不愧是張忠謀晶圓代工事業的最佳合作夥伴，兩句話就把台積電投資美國的重點講完了。用更白話的方式來解讀，黃仁勳的意思就是：「就算台積電到美國設廠是被迫的，但也讓台積電有機會與占六成比重的美國客戶建立更強大的夥伴關係。台積電的核心和靈魂，也就是最強的技術及難度最高的研發，都還是留在台灣，不會因投資美國廠而有所改變。」

核心和靈魂都在台灣，目前搬不走，以後也不可能

其實，台積電美國廠的投資，占整個台積電的生產比重並不高。目前台積電美國一、二期新廠預定二〇二四年及二〇二六年開始量產，屆時兩座廠的月產能將達五萬片。以台積電目前月產能一百三十萬片來算，美國廠約占現在全部產能的四％，但若以7奈米以上先進製程來算，把台灣其他新廠產能也計算進來，推估美國廠產能應該占到一五％至二〇％。

台積電掌握全球九成以上先進製程的技術及產能，所有美歐強權都想降低對台積電的依賴。四年後台積電把近兩成的先進製程產能放在美國，算是對美國很有交代了，也意味著美國將僅次於台灣，成為台積電最先進製程的第二個生產基地。

一五％至二〇％的數字是推估的，目前台積電也沒有明確表示，加重美國投資後，台灣的製程

技術及產能投資計畫會出現什麼變動。不過，台積電在台灣持續擴充5、4、3奈米產線，另外也開始進入2奈米的研發，至於1奈米或甚至0.5奈米是大家普遍認為摩爾定律要面臨挑戰的技術節點，台積電肯定會在台灣持續開發並尋求突破。

台積電也提到，未來台積電在海外（包括中、美、日等地）的產能會占全部產能的兩成左右。也就是說，台灣還是占台積電晶圓製造的八成比重，以海外只占兩成產能來看，對於一家跨國企業來說，應該是很健康的布局。

說到這裡，很多人可能還是不見得理解，為何台積電最先進技術一定會留在台灣？其實最關鍵的原因很簡單，就是：台積電的研發團隊都在台灣，目前搬不走，以後也不太可能搬走。

台積電最高階的製程技術會留在台灣，更先進的2奈米、1奈米技術會在台灣研發，這應該可以說根本不用討論。因為主要研發團隊都在台灣，開發出來的最新製程，要和生產工廠緊密配合，要不斷進行各種機台的調整修正才能縮短學習曲線，也才能在最短時間將量產的良率及交期做到最好，這是需要研發團隊與量產工廠緊密配合才做得到的。黃仁勳說台積電的「核心和靈魂」還在台灣，不因設美國廠而改變，應該就是在說這件事。

換言之，對台積電來說，目前台積電美國產線可以視為一個量產工廠。台積電全球有六．五萬名員工，工程師有五萬名，幾乎都在台灣，三十五年研發、量產密切配合所建立的競爭基礎，未來一定會留在台灣。台積電想在海外找到那麼多工程師，以現在的國際情勢來看，根本完全不可能。

如果哪一天台積電要把研發移到海外，那才是真正嚴重的大事。依我看，除非大陸武統台灣，否則這種情況不可能發生。

話說回來，雖然最關鍵的重大製程研發會集中在台灣，但美國廠也會做一些研發，只是研發重心會與台灣有所區隔。因為半導體摩爾定律很快就要碰到障礙，1奈米或0.5奈米是大家公認難以跨越的天險，技術最領先的台積電將比三星及英特爾更早遇到這個問題。

想要跨越摩爾定律到0.5奈米時的難關，台積電必須與所有半導體設備、零件及材料供應商合作，更要研究及探索最新的電子、物理、光學、材料等，這些研發人才若放在基礎研究能量最強大的美國，應該會比放在台灣更有優勢。

當然，當美國台積電研發出更先進的製程技術時，還是要再回到台灣大本營進行良率提升及改善，台灣仍掌握研發及製程技術，核心和靈魂依然還在。

矽盾（Silicon Shield）是國際人士對台灣半導體業的評價，當全世界關注的焦點，已從「黑金」石油進化到「矽金」半導體，台灣的半導體也成為比戰機、飛彈更重要的防禦武器。台積電從台灣孕育而生，原本就扎根在台灣這座晶片島上，不可能輕易被取代。即使海外工廠一個個設立，台灣的總部依然有無可取代的優勢，以研發及技術建立起來的科技矽島實力，將是台灣持續百年競爭力的根源，也是維繫台灣不被強權瓜分的重要依據。對台灣有非分之想的強權，在下手前都要先好好思量一下。

為什麼都跑去美國？還不是為了客戶！——矽晶圓三哥環球晶的美國布局

來自台灣、全球第三大矽晶圓製造商環球晶，二〇二二年十二月一日在美國德州謝爾曼市（Sherman）舉行十二吋矽晶圓廠動土典禮。這是美國近二十年來首座新設的矽晶圓廠，當天現場來了許多重量級貴賓，向環球晶董事長徐秀蘭慶賀。

五天後的十二月六日，台積電在亞利桑那州鳳凰城舉辦移機典禮，更是冠蓋雲集，從拜登總統，到蘋果執行長庫克、輝達執行長黃仁勳、超微執行長蘇姿丰、美光執行長梅羅特拉（Sanjay Mehrotra）都親自出席，向台積電創辦人張忠謀、董事長劉德音及總裁魏哲家道賀。地緣政治風暴下，來自台灣半導體的大型投資案，成為美國政府密切關注的焦點。

環球晶目前是全球第三大矽晶圓廠，僅次於日本信越及勝高。從一家竹科小公司中美晶，透過四次全球併購——二〇〇八年併美商 GlobiTech、二〇一二年併日商 Covalent、二〇一六年併丹麥商 Topsil 及美商 SunEdison——如今生產據點除了台灣，還擴及到大陸昆山、日本、韓國、馬來西亞、美國、義大利、丹麥、波蘭，成為生產據點遍布全球的矽晶圓領導廠商。

不過，環球晶二〇二〇年發動併購德國世創（Siltronic），卻以破局收場。根據徐秀蘭的說法，原本以為阻力來自美國或中國，沒想到最後世界各國都同意了，卻是地主德國沒有同意。「主因是德國認為，台灣很可能香港化，他們認為這個問題不是 what if 而是 when，他們不想讓德國公司賣給『今天叫台灣的公司，明天卻變成中國的公司』。」

徐秀蘭說，環球晶有豐富的併購經驗，但卻第一次遇到這種情況，過程中幾乎每個人都不斷問她：「請回答我，台灣到底是不是一個危險的國家？」「為什麼我們要把公司賣給全世界最危險的國家之一？」

環球晶在收購世創時，內部很早就有「雙軌計畫」，也就是備案——Plan B。Plan B 這組團隊，就是負責研究在併購失敗後，啟動其他國家的擴充計畫。二〇二一年一月三十一日確定收購世創案失敗，不到半年的六月二十七日，環球晶就對外宣布到美國德州投資。

環球晶為什麼到德州設廠

環球晶在美國德州設立矽晶圓廠，雖然美國政府補貼很重要，但並不是環球晶考量的唯一因素。

徐秀蘭認為，美國半導體製造廠數量不斷成長，但本土矽晶圓的供應量已跌至一％以下，顯見美國本土晶圓供應有嚴重的短缺問題。此外，在全世界都很注重淨零碳排、綠色解決方案時，美國並未有相對應的矽晶圓供應解決方案，這是環球晶到美國設廠的主因。

已從中美晶董事長退休的盧明光，是中美晶、環球晶發動全球併購的核心人物，他在半導體業工作四十九年，歷任台灣德儀、光寶電子、中美晶等公司。對於環球晶赴美國德州設廠，他說不是因為美國政府要求，而是綜合判斷美國市場未來有龐大商機。有客戶在那裡，加上有誘人的補貼條件，因此就決定前去設廠。

他說，從市場需求來看，美光已宣布在紐約州投資一千億美元，要蓋好幾座晶圓廠，三星也說未來要在美國投資一千億美元，英特爾也宣稱要投資一千億美元，另外德州儀器也要投資數座晶圓廠，加上台積電也在美國投資設廠，未來美國半導體市場勢必會很大，對矽晶圓的需求也會很大，環球晶當然應該就近去客戶旁邊設廠。

另外，美國的補貼條件也很好。盧明光說，台灣土地有限，缺水、缺電也需要解決，但環球晶到美國德州設廠，德州土地很多，一公頃土地只要價一美元，水電費用州政府補貼一半，另外還提供很多員工訓練、津貼及獎勵等補助，因此在德州設廠，成本頂多比台灣多增加一〇%至一五%。

此外，由於環球晶二〇〇八年收購的 GlobiTech，總部就在德州，因此環球晶將新廠設於德州，對公司來說有很重要的地利之便與歷史意義。

德州向來是美國半導體產業群聚的重鎮，其中最知名的企業就是德州儀器公司，台積電創辦人張忠謀早期就在此工作，盧明光也出身台灣德儀。此外，早期北美最大的矽晶圓廠 MEMC 也在德州，環球晶先後兩次併購美國公司，都與德州有密切相關。

環球晶兩次收購美國企業，第一次是二〇〇八年中美晶收購 GlobiTech（當時環球晶尚未獨立切割）。這家位於美國德州的半導體廠，高層都來自德州儀器。盧明光早年在台灣德儀及光寶等公司服務，主管及同事大部分來自德儀，加上中美晶先前就有投資 GlobiTech，與該公司經營層相當熟悉，因此收購進展很順利，併購十八個月後就轉虧為盈。

環球晶第二次併購美國企業，是二〇一六年收購 SunEdison。這家公司的前身就是 MEMC，一樣位於德州，也是原本中美晶與環球晶的原料供應商，後來才分割獨立。環球晶原本就持有 SunEdison 約三至四%股權，加上與董事會成員相當熟悉，因此併購案進行也很順利。

這就是為什麼環球晶這兩項併購案，取得的資產及生產基地幾乎都在德州，而且目前環球晶總經理馬克．英格蘭（Mark England）就是當年 GlobiTech 的總經理。因此把新廠設在德州，對環球晶美國的營運管理來說，可說是最自然的理想地點。

盧明光說，台積電在美國亞利桑那州的投資，需要調動不少台灣工程師過去，但環球晶就不太需要。主因是環球晶在德州已有很大的營運基礎，因此未來設新廠不必從台灣調動很多人力，而且矽晶圓的生產流程比晶圓代工要簡單許多，這是兩個產業間的主要差異。

二〇二二年，盧明光獲頒台灣科技業的最高榮譽「潘文淵獎」。「潘文淵獎」是為了紀念潘文淵博士而設，科技業前輩都知道，潘文淵是四十多年前為台灣草擬積體電路發展計畫的海外學人，並促成台灣派四十餘位取經大使遠赴美國無線電（RCA）進行半導體技術移轉，從而推動後來台灣半導體產業的蓬勃發展。包括曾繁城、前聯電董事長曹興誠、聯發科董事長蔡明介、前工研院院長史欽泰等人，都是當年派去RCA學習技術授權的年輕人，後來也都成為開拓台灣半導體很有貢獻的人物。

頒獎典禮中，近年來已減少出席公開場合的台積電副董事長曾繁城，特別提起早年台積電採購矽晶圓的一段歷史。他說，當年台積電創辦時是接手工研院團隊，大家都不看好，許多國際大廠也瞧不起台積電，包括那時的矽晶圓大廠日商信越。

曾繁城說，當時要從三吋轉到四吋晶圓，接洽日商信越購買矽晶圓，但信越的人跟他說，信越好的矽晶圓要賣美國市場，差的才會賣給台灣，而且美國賣五美元，但台灣要賣十美元。後來他託人去討價還價，日本人也只願意把十美元降為九美元。曾繁城說，他當時相當生氣，發誓再也不跟日本人買晶圓，後來轉而跟美商MEMC買。

不過，現在的情況當然不一樣了，因為台積電規模愈來愈大，日本的矽晶圓如今也都賣進台積電了。

盧明光與當年被派去RCA取經的半導體業老將，都對台灣產業實力深具信心。盧明光說，台積電美國廠3奈米要到二〇二五、二〇二六年才量產，但屆時台積電台灣的2奈米、1奈米應該就已準備好，客戶與市場在美國，企業沒有不去投資的道理。

台灣從四十多年前完全沒有半導體基礎，需要向美國授權取經，如今則發展為舉世欽羨的關鍵力量。台積電、環球晶如今都能技術輸出美國，並且反向赴美國投資設廠，爭取更大的市場商機，延伸台灣產業的力量，的確相當不容易。

別只看美國，投資日本才是重頭戲

——台日聯盟，重振日本汽車產業

日本九州的熊本縣菊陽町，是個僅有四萬人口的小鎮。二〇二二年春季，一座半導體工廠在此施工，菊陽町因此名氣頓起，不只工業地價漲幅高居日本第一，商用房地產也跟著飆漲。這座新工廠幾乎是二十四小時趕工，到了晚上九點，工地內還不時有卡車及人員進出，原本的寧靜小鎮，如今成了一座不夜城。

這座工廠是由台積電和索尼集團、電裝公司合資成立的 JASM（日本先進半導體製造公司），投資總額約八十六億美元，其中日本政府給予最高四七六〇億日圓（約合新台幣一千億元）補助，是日本迄今最先進的半導體工廠，也是歷來最大的半導體投資案。

九州過去是日本半導體重鎮，也有綿密的汽車產業供應鏈，如今台積電與日本企業合資的 JASM 落腳熊本，讓日本的半導體與汽車產業都相當振奮。

JASM 目前預定二〇二三年下半年就要完成，月產能達五．五萬片，製程技術則在28至10奈米間，並將於二〇二四年十二月開始出貨。與台積電在美國亞利桑那州投資案不同的是，JASM 並非台積電完全持股，在股權結構上，台積電占五〇%以上，索尼不到二〇%，電裝超過一〇%。

台積電目前在中國、美國及日本三地都有大型晶圓廠投資，但JASM是目前台積電唯一與客戶夥伴合資的公司，代表這個投資案有其特別意義。因為，這座工廠生產的半導體，將為索尼及電裝代工CMOS影像感測器及車用晶片，並且全部供給特定客戶使用，日方一起出資入股，有雙方保證生意上相互約束的意涵。

台積電投資日本JASM廠，原因之一當然也是地緣政治。日本從安倍政府時代就開始積極爭取，希望透過台積電設廠，讓落後的日本半導體製造能夠追趕上來，同時也可以獲得更及時的本地供貨。但對於台積電來說，投資JASM與投資美國有些許不同，台積電總裁魏哲家就曾說過，台積電在各國投資晶圓廠，主要是為了客戶而去，日本設廠就是如此。

魏哲家說，日本不是生產成本便宜的地方。之所以到日本設廠，是因為「有一個客戶必須支持」，這個日本客戶又是台積電最主要客戶的供應商，若主要客戶產品賣不出去，台積電的3奈米、5奈米也都賣不出去。

魏哲家說的「有一個客戶」，指的就是索尼。索尼是全球最大的ＣＩＳ供應商，供應ＣＩＳ給蘋果，而蘋果是台積電占營收二六%的第一大客戶，蘋果手機、平板等產品要用到相當多的ＣＩＳ，若沒有ＣＩＳ的支持，蘋果的手機及平板等產品都賣不出去。支持索尼而去日本設廠，就等於是支持蘋果，如此台積電先進的3、4、5奈米高階製程技術，才能賣給蘋果這個大客戶。

有人認為，台積電去美日設廠，是因為美日政府提出的要求。針對這點，魏哲家說台積電到每個地方投資，不是為了日本或美國政府，台積電也沒有能力與政府對抗，全是為了客戶，客戶永遠是第一位。

在我看來，魏哲家已經把台積電能夠說明的立場講得很清楚了。把客戶放在第一位，是台積電晶圓代工長期以來成功的關鍵。至於政治，哪家企業會笨到公開表達對政府不滿，或直接跟政府對抗？頂尖的企業都會在世局變化中順勢而為，找到自己的最佳位置。

日本生產成本低，獲利機會大，布局更全面性

不過，台積電的日本布局，確實與美國有兩個不同之處。第一是日本生產成本不像美國那麼高，日本員工的工作文化及態度也比較接近台灣。第二是台積電在日本的投資更全面化，除了晶圓製造外，還包括為日本ＩＤＭ大廠做設計服務，以及發展3D IC的封裝。

日本的生產成本較低，可以從人均ＧＤＰ來觀察。二〇二一年日本人均ＧＤＰ是三．九六萬美元，但美國已達七萬美元以上，台灣則在三．三萬美元左右。不過台灣這幾年人均ＧＤＰ快速成長，不少專家已預估二〇二三或二〇二四年，台灣的人均ＧＤＰ就有可能追上日本，這是日本生產成本相對比美國低的原因。

也因為日本人均ＧＤＰ停滯不前，日本人的薪資水準成長也很慢，尤其是在高科技業。台積電目前的薪資水準不只已逼近日本，甚至也超越日本大部分企業。JASM 目前在日本開出的薪資條件，大學、碩士及博士畢業生起薪分別是二十八萬、三十二萬及三十六萬日圓，相較於熊本縣二〇二一年四月針對當地企業所做的調查，大學畢業工程師起薪平均只有十九萬日圓，JASM 的薪資已大幅超越當地水準。

據了解，JASM 開出這個薪資條件時，把不少日本企業嚇了一跳。很多公司抱怨台積電祭出高薪搶才，會讓大家活不下去，肯定會衝擊到像索尼、三菱、瑞薩（Renesas）電子、東芝、羅姆（ROHM）半導體等當地企業徵才。

當然，薪資也與匯率有關。日圓匯率近幾年大幅貶值，幅度比新台幣還大，此外台積電也對外澄清，熊本開出的薪資只有台灣台積電員工的七成，並非高薪挖角。不過這也讓日本企業驚覺，原來台灣高科技業已經擁有這般實力，台積電的薪資已經比日本同業高這麼多了。

其次，台積電投資日本也相當全面化，除了熊本十二吋晶圓廠 JASM 外，還包括橫濱及大阪ＩＣ設計中心、茨城 3D IC 先進封裝研發中心等。這三大策略投資項目，將達成ＩＣ設計、晶圓製程、後段封裝等生產鏈的上下游垂直整合。

在ＩＣ設計部分，台積電早在二〇一九年就與東京大學進行先進半導體技術合作，二〇二〇年於橫濱設立第一個ＩＣ設計中心，二〇二二年底又在大阪設立第二個ＩＣ設計中心。日本這兩個

ＩＣ設計中心直接隸屬於台灣總部的研發中心，將投入３奈米先進製程研發，同時支援日本ＩＤＭ大廠客戶設計服務。

在封裝測試領域，日本一向是封裝技術及設備大國，台積電又是近年來在先進封裝領域投資進展最多的公司，而且索尼生產的ＣＩＳ產品正是典型３Ｄ封裝的應用，台積電 JASM 的製程技術並非最先進，卻可以大力發展小晶片的３Ｄ封裝，因此未來在設立日本茨城 3D IC 研發中心後，不排除在日本橫濱及熊本也設立 3D IC 先進封裝生產線，進行技術試產。

至於在晶圓製造部分，根據日本業界消息，台積電在 JASM 之後，很可能會繼續在熊本廠區設立第二座晶圓廠，有望導入更先進的7奈米製程。

因此，總結來看，台積電在日本的生產成本較低，獲利機會相當大，而且布局更全面性。除了要與日本客戶建立更深厚的合作關係外，台積電也將日本視為海外設計、封測及更先進製程等研發人才擴展的重要據點，尤其是要吸收日本在半導體材料開發與人力資源的優勢，進一步優化台灣先進製程以及先進封裝的量產能力。

互補的產業關係，是未來台日合作的重要基礎

除了台積電與日本合作範圍擴大，聯電、華邦電及新唐等公司，也都已在日本積極布局。

聯電其實很早就進軍日本，一九九八年先取得新日鐵半導體部分股權，將一座八吋晶圓廠改為晶圓代工廠，並於二〇〇一年更名為聯日（UMC Japan）半導體，但已於二〇一二年宣布清算並結束營運。二〇一九年，聯電又收購富士通半導體旗下十二吋晶圓廠並成立USJC子公司，成功卡位日本晶圓代工市場。二〇二二年四月，聯電宣布與日本電裝合作，在USJC廠內建置第一條以十二吋晶圓製造IGBT（絕緣閘雙極電晶體）的生產線，這是一個提供車用特殊製程的新商業模式，協助客戶解決八吋成熟製程產能嚴重不足的難題。

另外，華邦電旗下的微控制器（MCU）及晶圓代工廠新唐科技，也在二〇一九年底宣布以二·五億美元收購日本松下電器旗下的半導體事業（PSCS），其中包括六吋及八吋晶圓廠。PSCS的影像感測器、車用電磁MCU的控制晶片在全球市占率很高，新唐在車用市場以供應音效相關晶片為主，並已出貨給歐洲汽車大廠。透過收購PSCS，將有助新唐技術擴增及拉升在車用領域的市占率。

從台積電、聯電、華邦電及新唐等公司的日本布局，可以看出投入項目都與汽車產業密切相關。汽車是日本最有競爭力的產業，也貢獻日本最多的出口產值，但在全球進入電動車產業競賽時，汽車大國日本的發展速度卻相當緩慢。究其原因，除了各家公司策略不同外，與半導體供應也有關係。

例如，日本汽車產業在二〇二一、二〇二二年受疫情影響，兩個年度都減產將近百萬輛汽車，而二〇二二年日本國內新車銷售量為四百二十萬餘輛，也是四十五年來的新低水準。主要原因是疫情導致供應鏈混亂，其中半導體供貨不足影響最大。

此外，電動車的快速進展，從特斯拉到比亞迪，在美中兩大國的積極推動下，日本的汽車產業已經出現明顯的發展焦慮。二〇二二年底，台積電傳出取代三星拿下特斯拉新一代全自動輔助駕駛（FSD）晶片訂單，並以4、5奈米製程量產，特斯拉也有望躍升台積電第七大客戶。當時日本評論家湯之上隆就對此示警：「特斯拉已突破高牆，未來日本車廠將毫無招架之力。」

因此，要提振日本汽車產業，半導體絕對是關鍵要素。台灣半導體業者近年來積極拓展汽車應用市場，加上台灣的汽車品牌並不強，而是全力朝汽車半導體及零組件市場發展。由此可知，這種與日本合作互補的產業關係，將是未來台日合作的重要基礎。

台積電 JASM 打頭陣，台日聯盟開新頁

——日本半導體復興計畫能否成功？

從台灣的角度看，日本近來推動半導體復興計畫很值得關注。根據《日經亞洲》報導，日本計畫與美國展開下一代半導體研究，預計編列三千五百億日圓研發2奈米製程技術，另外還會投入四千五百億日圓吸引先進製程如台積電等公司在日本投資，以及三千七百億日圓確保半導體製造必需的晶圓材料供應鏈。

這項總金額超過一．一七兆日圓（八〇．七億美元）的計畫，涵蓋製程技術研發、晶圓製造及晶圓材料三大領域的擴大投資，是日本恢復半導體製造大國的復興計畫。相較於美國晶片法案砸下五百二十七億美元，日本這個計畫規模小很多，可視為縮小版的「晶片法案」。

日本是八〇年代壟斷全球五成市場的半導體大國，在美中對抗的今天，推出日美合作計畫，目標是在二〇二〇年代的後五年開始研發和建立量產2奈米晶片的能力，以降低對台灣及韓國晶圓製造的依賴。日美合作會產生什麼效應？對台韓晶圓製造業會形成何種壓力？值得進一步分析。

首先，我們可以細部解讀日本這一連串半導體復興計畫的內容。其中第一部分，是砸下三千五

百億日圓投入研發2奈米製程技術，邀請包括東京大學、日本國立先進工業科學技術研究所、理化學研究所、ＩＢＭ，以及其他歐美的研究機構。此外，由軟體銀行、ＮＴＴ公司、三菱日聯銀行、ＮＥＣ、豐田汽車、東芝記憶體、電裝、索尼集團等八家公司出資七十三億日圓，並由日本政府補助七百億日圓成立的半導體公司 Rapidus（拉丁文是快速的意思），目標是二〇二七年後生產2奈米晶片，並於二〇三〇年前後投入晶圓代工業務，技術合作夥伴則是美商ＩＢＭ。

Rapidus 尋求和ＩＢＭ合作，主因是資金與技術互補結合。ＩＢＭ過去一度在二〇一五年放棄半導體生產鏈，但是其研究一直沒有中斷，並在二〇二一年五月宣布成功研發2奈米技術。而日本此時提供合作資金，並在地緣政治上進行合作，可以說是一拍即合。

日美要合作研發2奈米製程，當然是想解決日本半導體製程技術落後的問題。根據《日經新聞》的調查，日本ＩＤＭ廠幾年前技術停留在65奈米製程，在後續40、28及16奈米等技術投資就已停止，後來聯電赴日併購帶進40奈米製程，如今台積電日本廠以22至28奈米、12至16奈米的邏輯ＩＣ為主，但對日本來說，仍然缺乏最尖端的製程技術，尤其是可以掌握在日本企業手中的技術，這是日美合作開發要解決的問題。

至於第二部分四千五百億日圓，目標是吸引全球半導體企業到日本投資設廠。目前具體補貼計畫以台積電日本 JASM 廠為主，此外還有鎧俠及美光等金額較大的投資案。

最後是第三部分，要投入三千七百億日圓於晶圓材料的研發上，目標是加強矽晶圓及碳化矽

（SiC）等材料的發展。日本矽晶圓材料原本就領先全球，包括信越、勝高也是全球前兩大廠，第三大則是台灣的環球晶。不過，在 SiC 等相關第三類半導體產業中，美中兩國的投資與研發力度也很強，日本不想落於美中之後。

仔細觀察日本經濟產業省對這三大領域的規畫，我個人認為第二、第三部分的方向很正確。以日本在半導體產業累積的雄厚基礎，若徹底落實執行，應該會有具體成績。但若要從這些計畫中挑出問題，我認為主要還是集中在第一個部分，也就是2奈米製程技術可能面臨的挑戰。

日美合作研發2奈米製程，這個計畫相當大膽，要直接跳過許多世代，直攻2奈米製程，挑戰當然很大。台積電總裁魏哲家就曾在一次演講中指出：「一個企業或國家想要跳躍式進展，不能說不可能，但相當困難。日本直接做2奈米，那會不會有3奈米、4奈米、5奈米？彎道超車的結果，有可能是保險公司要賠錢。」

其實，與先進技術的擁有者合作，過去台商就有不少例子。像與美日歐等 DRAM 技術合作就不成功，另外台灣晶圓代工廠也有類似的經驗，而且合作廠商正好也是ＩＢＭ。我前面講過，二〇〇〇年半導體製程技術還領先台灣很多的美商ＩＢＭ，曾同時邀請台積電、聯電進行製程技術合作開發 0.13 微米銅製程，後來聯電選擇與ＩＢＭ合作，而台積電則決定自己開發，但最後台積電成效大幅超前，也形成日後兩大晶圓代工廠拉開差距的主因。

以過去台積電研發製程技術的經驗來看，研發與製造是必須緊密配合的。投入製程開發的研發人員，要與晶圓廠的工程師共同合作，讓研發成果可以在工廠內進行微調修改，這才是最好的驗證方式。因此，後來台積電自行研發0.13微米，雖然也摸索了一段時間，但最後在研發與工廠的緊密配合下，還是成功開發出來。至於與IBM合作的聯電，在0.13微米就卡關一段時間，從此以後研發進度就明顯落後台積電。從台積電的經驗來看，未來日美合作開發2奈米製程，會在哪些晶圓廠做驗證？研發與工廠能否緊密配合？都是決定成敗的關鍵因素。

從投入金額來看，日本的規模還是太小了一點。例如研發金額三千五百億日圓，大約只有新台幣七百七十億元，相較之下，光是台積電一家公司二〇二一年投入的研發金額，就達到新台幣一二五〇億元。日本想振興半導體產業，但國家投入的研發金額不到台積電的三分之二，若其他企業沒有大規模投入，恐怕還是很難追趕。

從研發金額的比較也可以看出，半導體產業競爭門檻非常高，既是高牆也是護城河。不只個別公司財力難以負荷，連全球第三大經濟體的日本，想要撥出足夠的預算來支持，可能都會有力不從心之感。

事實上，根據產業界的估算，一般半導體製造公司的研發金額大約是營收的五%至八%，要開發7奈米以上的先進製程，至少要耗資二十億美元以上。以五%來推算，企業至少要有四百億美元的營業額，而目前全世界僅有三家半導體製造公司的營收超過四百億美元，就是台積電、三星及英特爾。

不過，我還是要強調，對於日本的半導體復興計畫，我並不悲觀。因為日本擁有發展半導體的悠久歷史，也累積很多優秀人才、經驗與智財庫，在設備、材料、化學等都有領先全球的大廠。這些都是日本獨一無二的競爭優勢，不能小看日本的實力。

重振當年半導體製造的實力，美日誰的勝算高？

曾經有朋友問我，美日兩國都想重振當年半導體製造的實力，也都以補貼等獎勵措施吸引外商投資。到底誰的成功機率比較大？

我的答案是：日本。

日本的製造業比美國強，其實背後有諸多因素。過去半導體的國際分工，一向是歐美主導設計，亞洲各國負責製造。因此，最領先的ＩＣ設計公司幾乎都在美國，至於歐洲則是ＩＤＭ較多，產品技術偏向汽車、工業及控制等非消費性領域。

亞洲的台日韓則很少有ＩＣ設計公司，產業型態以製造為主流，只有台灣有些例外，有聯發科、聯詠、瑞昱、奇景等四家公司擠入全球前十強。另外，大陸也有成長快速的ＩＣ設計業，例如收購豪威的韋爾半導體。

亞洲人專精半導體製造，有人說是因為日韓台中等亞洲國家都是拿筷子的文化。拿筷子的手比較靈巧，可以把半導體愈做愈精密。相較之下，手腳比較不靈活的歐美人做不好半導體也不想做，所以都交給亞洲來做。

更重要的是：文化。亞洲人更認真工作，技職人員素質高，而且願意加班，就算是半夜一點機台設備壞了，員工也會願意去公司修理，兩點機台就修好了。但美國人半夜一定叫不動，要到隔天早上九點才修好。半導體晶圓廠的設備如此昂貴，亞洲的晶圓廠可以保持二十四小時運作，當然生產效率與成本都要強很多。

因此，從亞洲精於製造這個角度來看，日本半導體製造業應該比美國擁有更強的基礎與發展機會。台積電投資 JASM 的成功機會，應該也比美國廠要高出很多。

其次，我認為台積電美國廠的人才招募，困難度一定比日本高。這主要是因為美國本土還有英特爾、德儀等半導體製造大廠，三星也確定要投資，台積電需要與這些企業搶人。而且，美國薪資水準又高過日本甚多，迄今已多次傳出台積電美國員工或從台灣外派的員工在社群媒體爆料，抱怨台積電薪資福利不佳，顯然這些都是台積電美國廠成敗的要素。

再進一步來看，未來日本振興半導體計畫，尋求合作的夥伴很重要，但日本除了與美國進行研發合作外，還會與哪些國家結盟？我的看法是，台日更緊密結盟絕對有很大的加分效果。

對日本而言，要選擇合作夥伴，中、韓顯然都不是好對象，只有台灣最適合。未來日美進行研發合作，但在製造部分一定是日台聯盟，這樣的合作將會更擴大且更緊密，因為台灣與日本本來就是優勢互補且利益一致的夥伴。台灣強於製造、封測及ＩＣ設計，日本則在上游設備及材料很強，基礎研究也勝過台灣。

日台之間除了利益一致，合作最有綜效，更重要的是，合作雙方要志同道合，這是聯盟成功的基礎。日本是守法守規矩、尊重商業合作關係的國家，過去台灣與日本企業有很多合作經驗，常聽到的是台灣人抱怨日本人太保守、太謹慎或決策速度太慢，但從未聽說有被坑被騙、被陷害或技術被竊取的事，也很少聽到合作方把成果據為己有，或私下再開一家公司搶生意的事情發生，但這些情況在與中國或韓國企業合作時，就常有耳聞。

此外，有日本朋友告訴我，日本相當推崇台積電，也很尊敬張忠謀。幾年前日本很想了解鴻海創辦人郭台銘，因為當時鴻海買夏普，但這幾年日本人更想認識及學習張忠謀，因為台積電做了日本人做不到的事。

為什麼這麼說呢？因為日本曾有過輝煌的半導體歷史，但後來沒有跟上設計與製造分工的產業趨勢，台積電把日本人做不到的事做到極致，遙遙領先全世界。可貴的是，台積電專心在晶圓代工上，聚焦投資三十多年，這是日本人最推崇的工匠與職人精神，而台積電就是其中的典範。

台灣人普遍而言對日本也很有好感，覺得日本很文明又乾淨，人人守法有禮貌，因此台灣人最想旅遊的地點就是日本。日本社會尊重個人及法治，這些都是亞洲國家少見的特質，合作夥伴最好能互相尊重、互相欣賞且惺惺相惜，我覺得日本與台灣，就有這樣的合作氛圍。

總結來說，我認為未來在美中對抗的地緣政治下，台灣與日本的合作一定會更頻繁，因為日本不像美國，會犧牲盟友的利益，日本可以和台灣處於更平等的立足點上，給台灣企業更多尊重。而且日本在補貼上也更阿莎力，例如補助台積電 JASM 的金額就將近新台幣一千億元，充分展現吸引台積電去投資的滿滿誠意。

在美中晶片戰中，美國原本就希望台積電能夠分散製造地點，加上美日合作關係向來緊密，因此台積電到日本投資，美國當然也樂觀其成。

換言之，在各方政府及民間都全力支持下，台日合作的商機顯然可以預期。台灣半導體業加碼投資日本，台積電 JASM 也會很快就進行第二座廠房的擴充，都將讓台日半導體業開啟更緊密合作的新頁，台灣企業也應該把握與台積電一起投資日本的良機。

日台半導體合作，下一步？——以半導體技術協助幹細胞量產

台日結盟，不限於半導體晶圓代工，也會把半導體製造技術延伸到生技領域。二〇二二年年底，我主持的《陽明交大幫幫忙》節目，邀請到宏碁創辦人施振榮、前陽明校長郭旭崧、前交大校長張懋中三位重量級來賓，分享陽明交大與京都大學諾貝爾醫學獎得主山中伸彌合作研發自動化的幹細胞製備技術。

這個合作案是以日本最先進的幹細胞研發能量為基礎，並結合台灣最強的半導體研發與製造技術，要解決 iPSC（誘導性多功能幹細胞）大量生產會遇到的各種難題。此項合作案對台灣、日本及全世界幹細胞發展與醫電整合（Bio-ICT）趨勢，都是非常具指標意義的大事。

日本是全球最早推出細胞療法的國家，其中京都大學更是執牛耳的研究機構，二〇〇六年山中伸彌教授發現 iPSC，二〇一〇年成立 iPS 細胞研究所 CiRA。這是全球第一個研究 iPS 細胞先進技術的核心研究機構，從事細胞重新編程、誘導分化、臨床應用和倫理法律相關研究。

也因為山中伸彌教授對再生醫學帶來的影響，讓他榮獲二〇一二年諾貝爾生理與醫學獎，二〇

二〇年四月成立 CiRA 基金會，iPS 細胞正式進入臨床實驗，並以促進細胞治療發展為目標。

陽明交大與京都大學的這項合作案，是源自二〇一九年六月，由當時在京都大學擔任客座教授的陳玠甫引薦。日本細胞治療研究一直走在世界最前端，但苦於無法效率化生產，這讓陳玠甫想到台灣擁有全球最強半導體製造能量，應該可以促成日本與台灣合作。

陳玠甫早年在宏碁公司任職，因此他找施振榮尋求協助。施振榮是台灣ＰＣ資訊產業的開創者，也是國內第一家 DRAM 合資廠德碁半導體董事長，長期擔任台積電董事多年。施振榮覺得這是很好的構想，便與當時正在談合校的陽明校長郭旭崧及交大校長張懋中一起商討合作事宜。

於是，張懋中校長與當時的交大副校長、後來擔任陽明交大合校後首任校長的林奇宏等人，前去拜訪京都大學及 CiRA 基金會。

張懋中回憶，當時去京都參訪，對日本幹細胞的研發實力留下很深刻的印象。一個大實驗室裡有六十位博士成員，很具研究規模，但仍然以手工製作的方法生產 iPS 幹細胞，生產成本確實難以下降。

二〇一九年底，山中伸彌教授的副手、CiRA 副所長高須直子也率團回訪陽明及交大兩校，實地了解兩校的教育與研發能量，同時也參訪北榮、國家衛生研究院、台灣半導體研究中心及桃園遠雄自由貿易港區，對台灣研發及產業量能有更深層了解。

經過多次磋商與實地訪問，二〇二〇年五月，雙方簽訂合作備忘錄。不過，由於新冠疫情影響擴大，交流一度趨緩，直到二〇二二年初又重啟拜訪，並最後敲定攜手合作。

醫療產業化，讓醫生「睡覺時也可以救人」

至於要如何將半導體技術應用到幹細胞生產？郭旭崧與張懋中解釋，人工生產的方式速度較慢，成本也高，因此希望運用台灣在半導體工廠的先進技術及方法，例如設備標準化、機器手臂及微通道板（Microchannel Plate，簡稱ＭＣＰ）等，讓生產流程更順暢，成本也更降低。

目前雙方訂出努力目標，希望將原本四千萬日圓的成本降低到一百萬日圓，至於原來要耗時六至八個月的生產時間，也希望減少到一至兩個月。日本政府更預計二〇二五年世界博覽會在大阪舉行時，就能夠對外宣布好消息。

不過，要讓幹細胞生產做到標準化，當然是巨大的挑戰。因為幹細胞是活細胞，要在環境中有序生長，不會產生變異，是很困難的事。過去日本幾家大財團都曾努力過，另外美國上市公司Berkeley Lights也沒有做成功。

據了解，由於京都大學及山中伸彌教授擁有崇高的研究地位，日本政府在尋找合作對象時，原本都以日本國內集團為優先，但成效一直不好。再加上近年來日本半導體技術已明顯落後，而台灣半導體產業又特別成功，台積電在高階製程技術囊括全球九成市占，又已到日本熊本去設廠，因此便成為日本想要優化幹細胞製備及量產的契機。

另外，由於日本將山中伸彌視為「國寶」，因此在台日洽談合作過程中，山中伸彌都沒有直接和台灣方面接觸，也沒有留下一張合照。

至於為何尋找陽明交大為合作對象，而非以企業為優先？這可能是因為不想太刺激日本產業界，以學術單位交流為名義，但實質上就是產業合作。而且，這個合作是跨醫療及資通訊（Bio-ICT）兩個差異性極大的領域，雙方必須進行深度溝通及密切整合。陽明交大擁有醫電整合的經驗，尤其在半導體貢獻極大，因此成為代表台灣簽約合作的大學。

雙方合作的目標，是利用台灣先進的半導體製程，將幹細胞製備流程自動化，建立符合國際規範的製備標準，讓幹細胞能夠有效量產，以再生醫學造福更多民眾。至於努力方向，則是尋求一套可供生醫臨床應用，且品質穩定的多功能幹細胞製備方法，陽明交大將以生醫與資通訊的基礎，透過生醫影像與生醫晶片技術，發展出一套可以區分幹細胞品質的方法。

為了讓幹細胞的製備技術及發展可以更具體落實，目前台灣方面也成立一家幹細胞製備研發的新原生公司，目標就是在台灣成立一家幹細胞量產工廠，期許成為「幹細胞的台積電」。

新原生於二〇二二年八月四日成立，將設在桃園遠雄自貿區內，目前股本新台幣一億兩千萬元，由郭旭崧擔任董事長，除著重其醫療專業，也借助其無任所大使的國際外交經驗。董事成員包括張懋中、施振榮、王明德、洪永沛，監察人為林奇賢、黃平璋。

另外，施振榮也捐助新台幣一千萬元給陽明交通大學喜馬拉雅計畫，並指定支持陽明交大在iPS及配合新原生的研究，未來若有獲利再回饋母校。

其實，生產幹細胞與生產ＩＣ，確實存在非常大的差異。關鍵在於前者是活的，後者是死的。為了讓日台兩地研發生產可以更無縫配合，活體細胞均以空運方式送到台灣，並把研發及生產工作設於自貿園區內，以最快速時間完成開發工作。

此外，這個合作案雖然以陽明交大為代表，但卻是將整個台灣生醫電子行業的資源都整合進來，例如包括中研院、工研院、生技開發中心（ＤＣＢ），還有產業界及多個公私立部門，都已納入京都大學及陽明交大合作的產業鏈中。

在推動這項台日合作案時，施振榮很有感觸。他說，早年宏碁集團發展DRAM及面板時，都曾與日本廠商洽談，但日本都不願意授權，後來他就去找了美商德儀及ＩＢＭ，才有德碁半導體及達碁（已合併成友達）面板廠的誕生。後來日本看到台灣與美國合作得相當好，才開始授權給台灣業者。

施振榮說，日本過去比較走自己的路，產業也都以垂直整合的型態運作，但全世界都往專業分工的道路走，例如台灣ＰＣ產業會崛起，是因為和英特爾及微軟專業分工。台積電稱霸全球晶圓代工，也是ＩＣ設計與製造專業分工。安謀（ＡＲＭ）在手機晶片把英特爾打敗，更是進一步又把ＩＣ設計與ＩＰ（矽智財）做專業分工。

「如今日本意識到需要和台灣加強合作，這是好事，時間也不算晚。如何讓日台合作更順暢，把台灣最強的半導體能量帶到日本，不論是台積電日本熊本廠，或是將幹細胞製備及量產更標準化，都是很值得努力的方向。」施振榮表示。

至於對台灣生醫行業來說，郭旭崧也認為，醫療產業化的方向已是台灣必然要發展的道路。當初在陽明交大合校過程中，施振榮常常對醫生講，讓科技來幫助醫療行業，能讓醫生「睡覺時也可以賺錢」，但有些醫生反彈，覺得這種說法太市儈。「那就改成讓醫生『睡覺時也可以救人』，這樣就能接受了吧？」他開玩笑地說。

郭旭崧說，在陽明與交大合校過程中，他也多次強調對陽明的意義。「陽明1.0是發展偏鄉醫療，陽明2.0是做研究，榮陽團隊發展基因定序，與交大合校後就走到3.0，目標則是醫療產業化。這對台灣相當重要，否則台灣生醫界只會不斷買國外最好的設備，然後變成國外醫材公司的代言人而已。」

對台日結盟來說，我認為現在正是最好的時機。不管是從地緣政治或產業互補性來看，台日都是最佳合作對象。在前有鴻海入股夏普的合作案，以及台積電與索尼、電裝的合資設廠，未來幹細胞製備量產也將開啟台日生醫產業密切合作，不管是對日本、台灣及全世界生醫產業來說，都將是值得期待的劃時代指標大案。

日本半導體產業為何落敗？

——文化差異，專業經理人vs到處是頭家

我曾在《日本經濟新聞》看到一篇文章，談「日本半導體產業為何落敗的四個原因」，我認為這篇文章把問題分析得很清楚。我也可以從台灣半導體產業的發展歷程，提供一些我看到的觀點，或許可以給日本朋友參考。

根據《日本經濟新聞》，日本半導體落敗的四個原因，分別是：第一，日本企業組織與戰略不恰當，尤其是日本大財團決策速度太慢；第二，經營者沒有逐鹿全球市場的人脈與能力；第三，強烈的閉門主義，拘泥自主技術，不喜歡合併收購，無法形成像高通這樣的無晶圓廠設計公司；第四，偏重技術且輕視營銷。

日本在八〇年代，曾掌握全球最先進的半導體工廠。當時記憶體產業當道，全世界最先進的半導體工廠都在日本。但之後日本市占率一路下滑，如今只剩鎧俠還有部分快閃記憶體產線，但在邏輯ＩＣ製造領域，最先進的製程技術只有40奈米。

不過，雖然日本在全球晶圓製造領域市占明顯下滑，但在半導體設備、矽晶圓、化學、材料等

領域還是領先的。此外，若以產品來看，日本仍擁有影像感測器、快閃記憶體、微處理器這三大產品項目，二〇二一年在全球市占率分別為四九%、一九%及一七%。

因此，更精確來說，日本半導體的落敗，主要是在製程技術落後，但在產品設計、設備、化學材料等領域還是表現搶眼。只是當製程技術出現瓶頸時，會影響到整體產業的進步速度，加上過去幾年晶圓缺貨，確實延緩日本電子產業發展的進度。這是當下日本半導體產業的主要困境，也因此需要邀請台積電去設廠，以及台灣其他企業如聯電、華邦電的合作。

《日本經濟新聞》所提到的這四個原因，我非常贊同，也聯想到台灣半導體崛起的過程，有幾個觀察可跟大家分享。

適合台灣的半導體趨勢：從垂直整合發展到水平分工

首先，我認為在半導體從垂直整合發展到水平分工，這個趨勢就很適合台灣。因為台灣經濟型態就是以中小企業為主，創業風氣興盛，水平分工的概念就是把原本大公司在做的事，全部切出來單獨做。小公司可以把所有資源及力氣都聚焦在一件事，而且做到精、做到透，最後發揮螞蟻搬大象的實力，改變產業生態。

台灣創業風氣鼎盛，很多人都想當頭家，有機會就想離職出來創業，很自然會發展出許多鼓勵創業的方法。不管是政府稅制或企業分紅，都是在鼓勵創業家，尤其資本市場更扮演重要角色，提供創業家源源不絕的資金。前面提到的「員工分紅配股制度」，就是台灣非常獨特的獎勵方式，而且是日本企業中見不到的。在台灣半導體業成長最快速的九〇年代，竹科每天都有新成立的半導體公司，而且股票未上市就已經在流通交易，讓很多新公司因此順利籌到資金。公司股票上市櫃後，股價也是一飛沖天。在那種氛圍下，即使員工多拿一些分紅配股，股東多付出一點代價，政府少一點稅收，大家都願意接受，原本沒有半導體產業的台灣，也就順利把產業建立起來了。

台灣這種獎勵創業的機制，在日本幾乎看不到。因為大部分的日本半導體公司都是由大財團投資，在大集團裡面工作的員工是專業經理人，不是創業家，對公司的參與感及所有權都不足，這是台日半導體產業根本上的不同。日本大集團中的專業經理人，講究的是論資排輩、論功行賞，要升到主管及更高位置，都需要熬上很多年。大部分員工一輩子在大集團工作到退休，出來創業的人並不多。

而且，日本員工即使在大集團中做到中高階主管，當集團投資半導體產業時，也很少是單獨成立公司，員工也難以取得公司股份，大部分是以領薪水為主。相反的，企業內部創業機會在台灣就相當多，很多中大型電子集團也會切割部門或轉投資企業，讓專業經理人有創業機會，母公司會投資他們，這是台灣電子業不斷有創新創業的主因。

其次，我認為日台半導體產業的差異，本質上就是文化差異。

台灣人很喜歡日本，一放假就飛到日本玩，對日本許多地方都如數家珍。我也去過日本很多次，感受最強烈的，是日本的鄉間生活，連鐵皮屋都很精緻漂亮，色調很一致，不會讓人感覺粗糙與髒亂。

我感覺到日本文化中，有一種「不給別人添麻煩」的特質。日本人似乎相信最好跟著大家一起做同一件事，不要太突兀、太與眾不同。也因此大家都會加入大集團工作，而且一個工作可以做很久。這也許解釋了為什麼日本有全世界最多的百年企業，也有非常多的隱形冠軍，長期持續做一件事，徹底發揮工匠職人的精神，在許多技術領域扎根很深，全世界少人能及。

但台灣就不同了，很民主、很多元，每個人都很有想法。這些特質從正面來看是社會有包容力，所以中小企業林立，大家願意嘗試投入新領域，因此在抓住新趨勢時，台灣速度非常快，一旦做好了就上來了。如果做壞了也沒關係，退出後再去找新領域投資。當然，台灣這種特色也是有缺點的，例如很容易標新立異，形成淺碟經濟，持久力不足，一些需要長期投入的基礎科學，就做得不夠好。

在我看來，日本半導體的落敗，是在水平分工的晶圓製造趨勢中落後了，或許接下來日本產業的發展重點，就是應該與台灣加強合作，彌補這個弱點。但在需要長期耕耘投入的半導體精密機械、設備、光學、材料等領域，日本已累積出驚人的成果。這些都是半導體產業鏈中很重要的部分，也是大企業集團長期耕耘的結果。會形成這樣的產業特色，正是日本國家的文化特色所塑造出來的。

台積電成立的一九八七年，對日本而言也是別具意義的一年。因為在這之前的一九八六年，日本與美國簽訂《日美半導體協議》，當時日本多家記憶體大廠如NEC、東芝、日立壟斷了全球半導體市場，讓飽受競爭威脅的美國對日本祭出這個殺手鐧。

《日美半導體協議》為當時全球半導體產業投下一顆震撼彈，效果有如美軍在廣島、長崎投下原子彈。日本半導體因為被課徵高額關稅，無法與韓商及美商競爭，讓日本記憶體產業受到了嚴重衝擊。至於美國在推動這個協議後，則明顯往「水平分工」的模式發展，美國自己緊抓住上游的設計開發，但將投資額巨大、附加價值較小的晶圓製造丟給亞洲企業。台灣高科技先鋒們敏銳地察覺到這種巨大的變化以及隨之而來的商機，牢牢抓住這個大趨勢，最後成為贏家。

因此我認為，日本半導體產業只是在高階製程落後而已，在很多領域都還是領先世界。台灣晶圓代工雖然強大，但也需要與世界各國的產業鏈結合，尤其是與日本加強合作，來彌補本身的不足。

台積電是下一個被毀掉的東芝？——美國打壓日本半導體的歷史會不會重演

對於台積電赴美投資，有人認為會一併把先進製程技術搬到美國，將掏空台灣，台積電可能成為下一個被毀掉的日本東芝。

之所以會有這種說法，主要是因為日本東芝也曾是世界第一，但當東芝成了威脅美國的「國安問題」後，受到大力制裁。所以這幾年美國政府官員說，美國「過度依賴台積電是國安問題」，也讓人聯想到當年的日本東芝。

我不是政治評論專家，但我跑半導體產業三十年，從科技發展的角度觀察，我不同意這種說法。我不認為台積電會是下一個東芝。原因是：八〇年代的日本是因為嚴重威脅到美國利益，才成為美國要打擊的對手，但是現今嚴重威脅美國利益的是中國，台灣是被美國拉在一起對付中國的小老弟，因此狀況與當年的日本完全不同。台積電或許會在此次美中晶片戰中受到些許衝擊，但不可能走向日本半導體產業「被消失」的地步。

先談談台積電會受到什麼衝擊。由於美國強力禁止高階晶片賣給中國，輝達、超微的高階晶片都不能出貨，而這些公司的晶片都在台積電代工，台積電業績當然會有影響。

台積電受到的衝擊，和應材、科林、科磊等美國半導體設備商很類似，都被限制賣往中國市場，至於像非美商的荷商艾司摩爾、日商尼康、佳能、東京威力科創等，也都在美方要求下限制銷售高階光刻機等設備給中國。

不過，美中晶片戰爭不只影響到台灣的晶圓代工廠商，同樣也對韓國業者造成衝擊。韓國在這波晶片大戰受到的衝擊，並不比台灣小，影響範圍甚至更大更廣。主要原因當然是三星及海力士在大陸布局很深，也獲得不少中國政府的政策補貼，而且韓國整體產業有四成的半導體是出口至大陸市場。反觀台積電大陸營收占比不到一成，但美國市場則占六成以上。韓國依賴中國市場的程度顯然比台灣深，此波受到大陸市場被打壓，對韓國的衝擊一定比台灣大。而且，北韓不斷在日本及韓國近海試射飛彈，南北韓緊張關係顯然不輸海峽兩岸，三星大部分的晶圓代工產能也都設在韓國，美方要求三星赴美國建廠的壓力也不會小。

但受到衝擊，不等於會變成下一個東芝。

理由一：台積電與美國客戶是命運共同體

我想先談一下，八〇至九〇年代，美國打日本是什麼樣的情況。大家都知道，當時的日本第一，是從鋼鐵、造船等傳統產業到汽車、半導體等，都是全面崛起，日本GDP竄到全球第二，人均所得全球第一，股市房市大漲，一個東京的房地產就可以買下全美國，而日本人也真的買下紐約地標洛克斐勒大樓。

若單獨看半導體產業，八〇年代的產業結構與現在很不同。當年邏輯IC市場還未起飛，產業重心仍以記憶體為主流，而且DRAM最初掌握在美商英特爾、德儀等公司手中，但後來日本DRAM產業快速發展，勢如破竹，嚴重威脅到美國。當時有一年，包括NEC、東芝、日立、富士通、三菱及松下全都擠進全球前十大半導體廠之列，讓原本擁有半導體霸權的美國嚇壞了。

那時日本的崛起是全面性的，半導體只是其中一項，其他許多產業表現也都非常強，日本第一的氣勢全面衝擊美國各大產業。因此美國除了在半導體進口政策上祭出高額關稅、扶植韓國企業，更重要且影響更深遠的，是一九八五年簽署的「廣場協議」，逼日圓強力升值，讓日本企業陷入不利的外銷困境，最後終於把日本拉下來。

換句話說，美國當年要對付日本，是因為日本強大到可以威脅美國的地位，就像美國與蘇聯的冷戰，是國家對國家的角力。如今，中國快速發展，一樣也對美國造成威脅，於是美國把目標瞄準中國。美國打的是中國，不是台灣。而且台積電是代工廠，與美國半導體客戶是命運共同體，與當年的日本情況很不同。

若再單就半導體產業來看，當年日本與現在的台灣，在半導體產業的影響力也不一樣。當年的日本第一，不只是DRAM強，從光學、設備、化工、材料等上中下游都全面進逼美國。如今台積電雖然晶圓代工很強，但在設備、材料、化學等都沒有跨足，美國至今仍牢牢掌控全球半導體霸權，台積電的優勢只在一整串供應鏈中的製造環節而已。美國把台灣打下去沒有好處，反而會因為晶圓製造無法順利出貨，對美國的ＩＣ設計及半導體工業造成更大的傷害。

理由二：「美國打壓」不是日本半導體落敗的全部原因

還有，日本半導體產業的衰敗，是因為被美國打壓，還是自己做不好被台韓超越？這也是一個討論的角度。

我認為，美國當年確實用很多關稅及政策打擊日本半導體產業，但造成日本半導體產業挫敗還有另一個原因，就是日本半導體業在後續的研發與投資上落後，加上韓國又以超越日本的決心及更大投資力道切入。

全世界從ＩＤＭ（從設計到製造都在同一家公司）轉型到ＩＣ設計與代工分家的過程中，日本ＩＤＭ廠沒有跟著轉型，沒有做設計與製造的切割，也沒有加強投資成長快速的邏輯ＩＣ，也因為轉型動作太慢，最後這些日本大型商社才會陸續退出。

因此，日本半導體產業的落敗，不能完全歸咎於美國打壓。產業發展永遠都有變化，只有與時俱進、不斷調適才能後來居上。例如英特爾在日韓奪取DRAM市場後，便很快轉型至微處理器（CPU）產業。聯電本來也是IDM，但看到設計與製造分工的趨勢，也調整步伐將設計與製造切割開來。台灣半導體產業是在不斷調整、適應環境中取得進展，從台積電、聯電的晶圓代工，到聯發科、聯詠及瑞昱等IC設計業站到世界舞台，都是掌握了相同的原則。

最後總結一下，面對此次地緣政治的衝擊，我認為台積電絕對是不輕鬆的，但台積電及台灣整體半導體產業四十年來透過一點一滴的努力，建立起全球半導體供應鏈的矽島優勢，如今最大的威脅不是美國會給什麼壓力，而是來自對岸武統的企圖。兩岸會不會開戰，才是台灣最大的罩門，也是台積電被逼著走向地緣政治的主要原因。台灣海峽的和平，將考驗兩岸領導人的智慧，尤其是決定按下攻擊鍵的「那個人」，才是左右台積電命運的最大變數。

美中晶片大戰

——文攻加武嚇，畫清敵我界線

二〇二二年八月，美中半導體戰火不斷延燒。大家都知道，當兩國交戰時，絕不容許有人背叛國家，投效敵營者更是一級戰犯，通敵者要處以極刑。

從各種跡象顯示，美中半導體競賽已達戰爭邊緣，美中都急於畫清敵我界線，盡快進行人事清洗及掃蕩，為下一場戰鬥做準備。

講到對半導體產業的清算與鬥爭，中國大陸向來不手軟。中國大陸在檢討八年來半導體產業的發展績效後，開始針對多位負責人進行違法亂紀的調查與清算，規模之大、層級之高、手段之激烈，讓所有人大開眼界。例如工信部長肖亞慶中箭落馬，由曾任航天局副局長的金壯龍接任；長期負責大基金的丁文武被帶走，旗下華芯投資的總裁路軍及三位前總經理、副總也被撤職查辦，至於留下千億人民幣債務的紫光集團，趙偉國、刁石京、李祿媛等都從人間蒸發。

中國大陸科技界有太多違法亂紀的事件，這一連串的動作，也是大陸對過去各省市狂蓋晶圓廠圈錢及炒地皮等亂象，做一次徹底的檢討清查。如今美國整合歐洲與東亞 chip4（晶片四方聯盟），砲口對準中國，在這種攻勢下，中國大陸當然要換一批新人，重新整頓備戰。

關於撤換人馬這件事，其實早在二〇二一年十一月，中國晶圓製造龍頭中芯國際就已宣布高層人事重大調整。前台積電研發老將「蔣爸」蔣尚義才回鍋擔任中芯副董事長不到一年，就辭去副董與執行董事職務，消息震撼業界。

此外，聯合首席執行官梁孟松、獨立非執行董事楊光磊也雙雙辭職。這三個重大的人事命令，形同宣示中芯內部台籍與台積電背景的高層都離開董事會，此後將全面轉由陸方人士接手掌管。

至於以美國為首的陣營，做法則有些不同。如果說中國是以政治清算的「武鬥」為核心手段，那美國最強大的武器，就是以媒體進行鋪天蓋地的「文攻」宣傳。

在美國通過晶片法案及倡議 chip4 半導體聯盟的關鍵時刻下，當時美國也一樣積極強化敵我意識，並畫出清楚界線，輔以媒體強烈攻勢，要形成一股排山倒海的巨大輿論壓力。蔣尚義口述歷史的曝光，《華爾街日報》寫梁孟松是大陸半導體魔法師，都是這個戰略下的產物。

蔣尚義是半導體界公認的好人，也是台積電技術研發的功臣。後來他赴大陸工作，包括他在口述歷史中提到的中芯，還有他完全不想提的武漢弘芯兩段工作，卻是一段不受尊重甚至飽受屈辱的過程。蔣尚義說，中芯具官方色彩，而他是美國公民，也被視為台灣人，所以不被中國信任，讓他感覺很不好受。所以他只擔任中芯副董事長一年，就請辭回美國過退休生活。

風雲密布的美中晶片戰，科技人被迫選邊站

除了蔣尚義，《華爾街日報》也寫了一篇關於梁孟松的文章，表面上把他捧得很高，但實際上對梁孟松卻相當不利。若仔細看《華爾街日報》這篇文章，會發現幾乎都是台灣媒體過去寫過的內容，沒有太多新鮮事，但因為《華爾街日報》是西方知名媒體，自然引起更多關注，也讓梁孟松登上美國主流媒體的要角，以英文傳播到全世界。

對梁孟松來說，這絕對不是一件好事，因為文章末段提到，雖然梁孟松促進中芯技術的大躍進，「然而矛盾的是，梁孟松來自台灣，而台灣是中國威脅要武統的民主自治島嶼。」

在我看來，《華爾街日報》表面上稱梁孟松是中國半導體的民族英雄，實際上是在畫清界線，並更明確地認定他是歐美與 chip4 陣營的頭號戰犯。

中芯從創辦人張汝京，到後來歷任ＣＥＯ，幾乎都由台灣人擔綱，包括王寧國、邱慈雲到梁孟松。當時兩岸還在蜜月期，人才交流密切，因此相安無事。但美中貿易戰後，這些人大都已經離職。例如來自台灣並加入紫光的高啟全、孫世偉，再到加入中芯及武漢弘芯的蔣尚義，以及後來加入英特爾的原中芯董事楊光磊，還有來自日本的坂本幸雄，都已陸續離職。擔任中芯國際董事九年的安謀前總裁布朗（Tudor Brown），也宣布辭去董事職務。布朗是安謀過去二十年十倍速成長的大功臣，安謀也是大陸積極拉攏合作的對象，但如今在美中兩陣營逐步分歧下，布朗也只能黯然離開。

在眾多離開中國企業的外籍人士中，來自日本的坂本幸雄很具代表性。這位曾經擔任過日本爾必達（Elpida）執行長、被譽為復興日本 DRAM 產業第一人的大老，當年會加入紫光，是因為老朋友高啟全引薦。坂本幸雄在二〇二一年底離開紫光，不只因為許多朋友陸續離開紫光，更重要的是紫光已經是中國政府主導的企業，政治氣氛已不容許外人介入。美中晶片戰風雲密布，科技人也只好選邊站了！

任正非被打敗了嗎？

——華為帶頭，中國半導體業迂迴前進

二〇一八年美國總統川普發動對中國的貿易戰與科技戰，華為作為全球5G電信網路設備、手機與高階半導體大廠，成為美國打壓的頭號對象。在一連串打擊下，華為現在情況如何？

回顧美國政府對華為的各項禁令，二〇二〇年九月是一個重要分水嶺。當時美國政府針對華為實施嚴苛的半導體禁令，華為遭台積電和美企切斷半導體零件供應鏈，這個禁令對華為來說確實是一大衝擊，因為華為所有產品如手機、電信設備等零組件都立即斷供，無法出貨。

從華為旗下晶片部門海思在台積電下單量的變化，就可以看出巨大衝擊。二〇一九年，華為海思貢獻台積電營收占比達一四％左右，是僅次於蘋果的第二大客戶，當時蘋果占台積電營收約二三％。

海思無法下單台積電後，其最為人知的麒麟手機晶片，從市占率僅次於高通驍龍，並超越聯發科、三星、展銳，在遭到制裁後，業績呈斷崖式下滑，到了幾乎歸零的地步。

根據市調機構Counterpoint的資料，海思從二〇二〇年九月被切斷供應鏈後，二〇二一年第二

季出貨市占僅剩三％，到了二〇二二年首季再掉到一％，第三季則完全歸零，沒有再出新貨，也表示華為僅剩的庫存已經消耗完畢。

因此，為了旗下智慧型手機品牌「榮耀」可以持續獲得零組件，二〇二〇年十一月，華為就將榮耀出售給官方背景濃厚的深圳市智信新資訊技術公司。至於華為本身還保留較低階的4G手機，採用的則是獲美國政府核可銷售的高通4G晶片。

此外，市場也一直傳言，華為將重新設計並推出新的5G手機。英國《金融時報》報導，最快二〇二三年華為將重推5G手機，並會重新設計新機，減少使用先進晶片。《彭博》新聞社表示，華為或將透過深圳一家新創業者鵬芯微取得晶圓代工生產設備，為日後5G晶片鋪路。

不管華為是否能夠繞道設計、重新推出5G手機，美國針對華為半導體的嚴格禁令，的確已經發揮效益。可是，這些衝擊對華為的地位雖然有造成影響，但並非致命打擊，在華為最核心的5G設備基地台市場，華為仍然相當強大。

根據《日經新聞》二〇二三年初報導，華為5G小型基地台內部零件，大陸製零件比重高達五五％，較二〇二〇年增加七個百分點，美製零件只剩下一％。在大型基地台部分，美製零件占比仍有二七％左右。

也就是說，在華為最核心的通訊設備中，小型基地台已經快要擺脫美製半導體零件的掌控，至於大型基地台也在積極「去美化」中。

華為是全球5G通訊業的霸主，通訊設備晶片的製程技術不如智慧型手機要求高，每年數量也只五十萬顆左右，比智慧型手機廠需一億到二億顆晶片少很多。透過與中國半導體廠合作，華為應能取得足夠的晶片，因此，華為通訊設備產業受到美國禁令的衝擊，比智慧型手機少很多。

任正非的經營字典裡，唯有「惶者」能生存

華為創辦人任正非在二〇二三年二月一場演講中就說，二〇二二年華為的研發經費達二三八億美元，在過去三年中，華為已成功以大陸國產品替換一萬三千多個受美國貿易禁令影響的零組件，並重新設計四千多塊電路板。此外，華為的企業軟體MetaERP，也很快就會完全採用自行開發的作業系統、資料庫、編譯器和語言。

任正非說他年輕時就很崇拜西方，因為西方科技非常發達。今天雖然華為遭受美國制裁，自己現在也不反美。「華為現在還處於困難時期，但在前進的道路上並沒有停步。」

華為深知半導體的重要性，必須自己獨立發展，但為了避開美國的調查與追究，正在支持一家鵬芯微公司。鵬芯微是由一位華為前高管經營，在華為總部附近興建廠房，目標是滿足粵港澳大灣區汽車電子、AIoT（人工智慧物聯網）和移動終端市場日益增長的晶片需求，預計二〇二五年實現產能兩萬片以上的生產目標。

另外，為了讓晶片能夠量產，華為也重新設計晶片，採用較不先進的製程技術，委託中國晶圓代工業者生產。這些代工廠也接受華為私下融資、管理與經營協助，目前華為委託大陸廠商生產的晶片，以電信設備與汽車電子為主。華為承認，重新設計及生產晶片，需要很大的耐心與時間繞遠路，因此短期間產品性能無法與競爭對手愛立信或三星對抗。

至於華為的合作對象，包括先前支援半導體廠「福建晉華」發展記憶體，但二〇一八年福建晉華在美光竊密案爆發後遭美國政府制裁，如今已無疾而終。目前合作重點轉到寧波半導體國際（ＮＳＩ），寧波半導體國際擁有中芯國際等數家半導體廠股權，其中又有中國政府半導體大基金支援，產品以射頻元件和高壓模擬晶片為主，符合華為通訊設備與汽車電子的需求。

此外，華為的合作對象還包括幾家深圳與其他地區較小的半導體廠，為了與半導體廠合作，華為二〇二二年就大量入股半導體廠達十五家之多。

華為不只在硬體上著墨很多，在軟體部分，由於美國禁止華為使用安卓系統，華為也推出自己的作業系統「鴻蒙ＯＳ」（HarmonyOS）。華為在中國的市占率很高，並擁有自己一系列App，因此開發支援鴻蒙在中國發展應該不成問題。但若華為要進軍全球，沒有Google、亞馬遜或YouTube，對華為手機來說將是很大的挑戰。

針對美國的打壓，華為的營收業績雖然受到影響，但看起來已逐漸脫離險境。華為二〇二二年營業收入達人民幣六三六九億元（約九一五億美元），比前一年成長〇．〇二％，根據內部對外透露，美國實體清單衝擊已暫告一個段落，華為已逐步轉危為安。

從二〇一九年至二〇二二年，華為營收則分別是八五八八、八九一四、六三六八及六三六九億元人民幣，年成長率分別為一九％、三・八％、負二八・六％及〇・〇二％，其中二〇二一年下滑二八・六％較明顯，其餘年份都還算穩定。

對比華為與台積電的研發經費，就可以看出華為在研發上的野心與積極。華為二〇二二年的研發金額高居全球第四位，僅次於Alphabet、Meta及微軟。華為二〇二二年營收九一五億美元，研發經費二三八億美元，研發占營收比重高達二六％，這在全世界可以說是非常少見的。包括台積電、三星及英特爾，年度研發經費大約都占營收的五～八％，其中台積電二〇二二年營收七八〇億美元，研發金額大約五六・二億美元，占營收約七・二％。

由於華為是中國企業龍頭，具有關鍵指標意義，因此在美中晶片戰中，成為美國棒打出頭鳥的頭號對象。但在中國眾多企業中，華為也是相當特別的一家，不僅有中國企業少見的底氣與格局，企業管理也相當上軌道，主要原因就是華為有一位創辦人任正非。

任正非是大陸企業中很務實又有遠見的領導人，在美國制裁華為後，任正非多次在內部提出，戰爭、美國經濟制裁及疫情等不確定因素疊加，全世界的經濟在未來三到五年內不可能轉好，華為面臨的不只是供應壓力，還有市場壓力。

他說，如今經濟寒氣逼人，華為要從追求規模，轉為追求利潤與現金流。他認為利潤和現金流才是熬過寒冬的王道，誰的現金流可以消耗到最後，誰就能活下來。

這已不是任正非第一次發表類似的言論。早在二〇〇〇年，在華為以人民幣二十九億元的年獲利，坐上全國電子工業龍頭寶座的輝煌時刻，他在內部就發表了一篇文章〈華為的冬天〉，大談失敗和危機感，給華為及全行業員工敲響警鐘。果然，全球的網通泡沫確實很快就降臨，華為內部也陸續有九九六（指早上九點上班，晚上九點下班，每週工作六天的工作時間制度）、末尾淘汰等制度陸續推出。

在任正非的經營字典裡，唯有「惶者」才能生存。華為是隨時可以倒下的，只有想辦法「活下去」。這一點很像英特爾創辦人之一的葛洛夫所說的：「唯偏執狂能存活。」任正非不斷把活下去作為企業主要綱領，降低標準、腰彎下來，要把寒氣傳遞給每個人。

此外，關於華為對中國半導體業的影響，還有兩個重點可以觀察。一是海思的人才流到其他公司，二是華為在電動車及自駕車的投入。

由於受到禁令影響，確實有不少高管及團隊離開海思，這些人才散到各家公司後，對產業界的貢獻不少，很可能讓中國ＩＣ設計業遍地開花。例如有些主管轉到紫光展銳，已加速這家中國手機晶片龍頭公司的發展。中國媒體也戲稱，華為的斷臂，正好成了展銳高飛的翅膀。

另外，華為集團規模龐大，涉足範圍也很多，在電信設備外，還有電動車及自駕車。中國已是目前全球最大的電動車王國，不論產銷都是世界第一。華為沒有造車，但對電動車及自駕車的相關半導體、零組件、軟體等的投入相當深，未來會如何影響全世界的電動車產業，將是接下來的重要看點。

在美中晶片戰爭中，很多人說，美國要把中國半導體打回石器時代。但做為中流砥柱的華為，在任正非這種教父級企業家的領導下，目前為止算是有為有守。當然，中國不是所有企業都像華為那麼有底氣，每家企業情況不同，受到嚴重衝擊的企業也不在少數。

我認為，中國半導體業確實會被美國的嚴格禁令所影響，減緩進步的時間至少有三至五年。但若把時間拉長，五至十年後，中國半導體業會經歷一番洗牌，體質弱的企業被淘汰，但像華為這樣的企業會更強大，尤其是在比較成熟的產品領域，從ＩＣ設計、晶圓製造、設備及材料等，都會發展出一些成績。有華為這個老大哥在背後撐盤，中國半導體業的威脅依然不能輕忽。

我們到底為何而戰？為誰而戰？

——從美國晶片法案，看台灣補貼政策

美中掀起晶片大戰後，許多人都很關心美國推動的晶片法案，也對美國要求接受補貼的廠商不得在中國投資先進製程的限制，提出不少反對意見。不過，同樣是產業補貼政策，台灣自己的半導體補貼做法卻很少有人關心，尤其是補貼國際大廠與國內廠商，到底有哪些不同的差別待遇及條件？很值得進一步探討。

二〇二二年初，經濟部技術處推動兩年的「領航企業研發深耕計畫」，公布最終獲得補助的外商企業，分別是輝達與美光兩家公司，前者是投資人工智慧創新研發中心計畫，後者則是投資DRAM 先進技術暨高頻寬記憶體（HBM）研發。兩家公司分別取得新台幣六十七億元及四十七億餘元補助，合計補助款超過百億元。

從金額來看，經濟部技術處核定這兩家外商補助案的金額，相較過去補助本地廠商，手筆明顯大很多。

一般來說，經濟部的補助通常是分成三到五年給付，輝達六十七億元補助是分五年，美光四十

七億元補助是分三年，因此平均一年大約補助十三億及十五億多。

相較之下，過去給台灣本地ＩＣ廠商的補助，龍頭聯發科獲得有史以來最高金額的三年六．六億，平均一年最高二．二億；聯詠、瑞昱最高補助額是一年最多一億元。很明顯，台商獲得的補助比外商少很多。

台灣ＩＣ設計產業的競爭力，在全球僅次於美國。聯發科目前已居全球前四強，是可以與輝達相提並論的企業，至於聯詠、瑞昱也名列全球前十強。從補助金額來看，台灣本地企業顯然不如外商所獲得的重視。政府有沒有把支持本地ＩＣ設計業視為重要目標？資源有沒有做適當分配？顯然是可以檢討的議題。

在全球地緣政治衝擊下，各國政府紛紛毫不避嫌且理直氣壯的支持、補貼本國企業。美日歐等國的晶片法案、中國的大基金，以及韓國全力加碼支持三星等都是如此。當別的國家拚命獎勵本地公司，台灣卻還停留在「遠來和尚會念經」的舊觀念，讓外商享受比本地廠商高出很多的待遇。

何況，這兩家外商公司在台投資計畫，是否真的具備所謂的「領航」地位？這也是可以深究的議題。

根據經濟部技術處提供的申請條件來看，分成製造型投資及研發型投資兩大類。製造型投資要符合下列三條件之一，分別是五年投資超過一千億元、新聘人員超過一千人，或每年新增採購一百億元。至於研發型投資要符合五年投資一百億元、新聘人員超過二百人，或生產及製造投資金額超過三百億元。

以這些申請條件來看，美光、輝達分別是申請製造型及研發型的計畫，至於能夠通過申請並獲得補助，當然也一定符合基本條件與門檻。

根據經濟部的資料，美光預計投資10奈米等級DRAM，可供台灣發展車用和ＡＩ等高階產品之用；輝達則投資ＡＩ及軟硬體核心技術如ＧＰＵ（繪圖晶片）、ＡＩ系統及Omniverse設計等，並投資Taipei-1超級電腦。預估兩大投資案可以帶動採購及投資總額四千億元，引導研發投資三百六十億元。

但問題是，美光這個投資案，據了解比較像是在台灣投資擴充DRAM生產線，至於能夠為台灣DRAM產業貢獻多少研發能量，以及能否領航台灣車用及ＡＩ發展，似乎能夠產生的效益並不是太明確。

輝達要投資人工智慧資料中心及一座超級電腦，但這種投資案很大部分的預算是在購買輝達自家的ＧＰＵ，未來能夠相對提供多少運算能量給台灣，也不無疑問。

目前輝達只承諾提供給學術機構及中小企業使用，但台灣會用到最多運算力的是像中研院、中科院或工研院等機構，其他領域如何受惠輝達這個超級電腦投資案，目前不是很清楚。台灣產業界除了中小企業與ＡＩ新創公司外，其他稍具規模的企業如何受惠於輝達？承諾供應的運算力範圍也不見著墨。輝達這個計畫對台灣發展人工智慧有多少幫助，也值得再追蹤。

補助金額如此分配——分給外商比本地商多很多——背後代表的，就是政策明顯偏袒外商。在地緣政治衝突不斷升高的當下，當大國都想盡辦法要以政策支持本地企業並壓抑競爭者時，台灣的產業政策恐怕不只需要從長計議而已，而是需要徹底檢討，我們到底是為何而戰？為誰而戰？

把外商捧得高高的政策與心態，不可取

不只補助金額的分配有問題，更重要的是，這種把外商捧得高高的政策與心態，至少還有兩個大問題，一是智財權（ＩＰ），另一是人才。

在智財權部分，各國政府制定補助辦法時，都會設計各種限制條件，對於靠補助研發創造出來的專利智財權，政府當然也可以做適度要求。但據了解，經濟部給予美光及輝達的補助方案，合約中完全沒提到未來產出的專利ＩＰ有什麼條件限制。

對外商產出的ＩＰ完全沒有限制，會產生兩個可能的大麻煩。第一，對於本國企業來說，目前《兩岸人民關係條例》裡有明文規定，只要是技術授權（包括專利）給對岸，都需要經過審查，但外商很可能沒有在此限制範圍內。因此，未來若外商想把台灣政府補助產出的ＩＰ，拿去授權給大陸公司，政府也管不到。

第二個大麻煩，在於外商藉此補助產出的ＩＰ，未來是否可能拿來控告本國企業？過去政府對

於補助工研院達一定金額所產出的專利ＩＰ，會限制不能拿來告本國企業，若外商接受台灣政府補助，卻把研發出來的ＩＰ拿來控告或打擊台灣業者，必然會引起更多的爭議。台灣用這種補助政策獎勵外商，卻沒有明確規範及限制，有如拿石頭砸本土企業的腳，相當可笑。

相較之下，美國的晶片法案就嚴格多了。拿美國政府補助的企業，十年內不能到中國大陸投資先進技術，但台灣政府提供的補助不只沒有設限，未來還可能出現台灣出錢補貼、用本地人才研發出的成果，最後卻拿來打擊本地廠商的情況。什麼國家的產業政策會比台灣更荒謬？

除了ＩＰ的衝擊茲事體大，人才不足更是大問題。近來台灣半導體蓬勃發展，人才早就嚴重不足，未來幾年問題將更惡化。為了培育人才，國內半導體廠商出錢贊助台交清成等頂尖大學的半導體學院，有些規模大一點的公司甚至出資上億元至數億元。但即使如此，也僅能紓解一小部分的人才荒問題。

更甚者，本地業者出錢培育出來的人才，卻開放讓外商來搶。外商完全不必出任何錢，照樣在台灣招募人才，而且力道更猛，例如輝達，預計五年要在台灣招募一千人。當然，人才一向是自由競爭的市場，以外商的國際光環及更好的薪資水準，號召力當然很強。但台灣業者出錢支持半導體學院，結果培養出來的人才到外商去報到，真是情何以堪。

我在採訪台灣半導體產業時，經常有企業主跟我抱怨政府的人才政策，尤其是最渴求人才的ＩＣ設計業，對政府的意見最多。他們都會說，政府限制紅色供應鏈來台灣挖角，強調那是國安危機，但其他外商來台挖角卻完全沒有限制，還敲鑼打鼓、舞龍舞獅歡迎他們來搶人才。外商在台灣取得如此尊榮級的禮遇，又有政府大力補貼，不用出錢支持半導體學院卻能輕易搶到性價比超好的台灣工程師，這也難怪很多本地企業會覺得很受傷。

我認為，今天台灣科技實力正在躍升，要制定何種產業政策，一定要有新觀念及新做法。台灣在政治上不是大國，但在科技上卻是強國，產業政策即使不能與美、中這種大國相提並論，至少也要更加關愛本地企業，把本地企業的位置提高到與外商平起平坐，才是正確的做法。

看看新加坡與韓國的產業政策，應該是很好的對照，或許可以讓我們想清楚，台灣該如何制定自己的產業政策。

新加坡幾乎沒有自己的半導體產業，因此向來以很強的補貼政策吸引外商投資。台灣自己擁有很強的本地企業，明顯和新加坡不同，卻還是跟新加坡一樣，給來台投資的外商明顯超過本地商的獎勵條件。這在過去或許還說得通，但如今肯定已不合時宜，要盡快檢討改進。

至於韓國，已經擁有很強的產業基礎，照樣推出對外商不友善的政策與環境。一位產業前輩曾說，韓國目前擁有很強的半導體設備產業，但過去卻是以逆向工程等近乎侵權的方式，「巧取豪奪」地把原廠的設備機台做出來。擁有專利的美商公司去控告這家韓國業者，沒想到韓國法院全力支持本國企業，最後官司還是輸掉，韓國也從此建立起自己的設備產業。

韓國這種強取豪奪的手段當然不對，但新加坡獨厚外資的友善政策也不適用於台灣。韓國的行為台灣不該學，新加坡的模式台灣不用學，台灣要做的是營造一個公平透明的競爭環境，還給本地業者正常合理及公平的待遇，不要老是把美商企業捧得高高的。能夠做到這一點，我想就是很大的進步了。

台灣產業發展到今天，已經可以更有自信地迎接挑戰。台灣明明就有許多優秀企業，可以說是坐擁金山銀山，但當政者的心態卻還是改不了，似乎一直停留在過去「求別人給訂單」的年代，認為外商來台投資就是一種天大的政績，就會創造很多產值及工作機會。台灣經常一不小心就把自己變成大國的科技殖民地，像這種產業政策，難道沒有檢討的必要嗎？

台灣半導體，真的世界第一？

換個角度看自己

台灣引以為傲的半導體產業，二〇二〇年在全球晶圓代工市占率七七．三%，是世界第一；封裝測試市占五七．七%，也是世界第一；ＩＣ設計市占二〇．一%，則是僅次於美國的世界第二。在美中科技戰、地緣政治與新冠疫情肆虐導致晶片極度缺貨下，台灣更成為被半導體護國群山圍繞的無敵科技島。

這是台灣人很熟悉的視角，這些市占率與全球排名，很多人都能琅琅上口，政府與民間也都如此宣揚台灣的半導體產業。

這些數字都很正確，沒有灌水，也沒有扭曲。但如果調整一下觀察視角，以全球更常用的產品市占率來看，答案可能不太一樣。

在二〇二一年底舉辦的李國鼎紀念論壇上，聯發科董事長蔡明介就發表了一個不一樣的觀點。沒錯，根據統計台灣半導體供應鏈產值是新台幣四兆五百六十六億元，確實是一個很驚人的數字，已坐穩台灣產值最大的寶座。

但蔡明介說，若從終端半導體產品來看，你會發現台灣還有很大的努力空間。

以半導體三大產品分類來看，台灣在邏輯ＩＣ的全球市占率只有七％，記憶體只有四％，至於在分離式元件、類比、光電及感測ＩＣ更低到只有三％。把這三大產品全部加起來，台灣終端半導體產品全球市占率只有五％。

也就是說，台灣晶圓代工占全球七七．三％，在半導體終端產品卻只占全球五％，兩者真是天壤之別。為什麼會這樣？

主要原因之一，當然是晶圓代工及封測業者沒有自有產品，而是協助許多ＩＣ設計公司完成生產過程中的供應商。終端ＩＣ產品是計算自有產品的產值，也就是把台灣ＩＣ設計公司產值一兆二〇〇二億元，加上ＩＤＭ廠的二九三六億元，總計一兆四九三八億元。這個數字，當然比整體產值四兆五六六億元少了很多。

講到這裡，一定有人覺得奇怪，為何前面提到台灣ＩＣ設計業全球市占率二〇．一％，但以產品市占率來算，卻只剩七％？主要原因是，二〇．一％的數字是只計算純ＩＣ設計公司，但計算全球產品市占率時，必須把其他ＩＤＭ廠的產品也算進來。

也就是說，除了拿高通、博通、輝達、聯發科等ＩＣ設計公司一起比較外，還要算入英特爾、德儀及歐日韓等有工廠的ＩＤＭ。這麼一算，台灣的市占率就掉下來了。

所以光看邏輯ＩＣ的市占率，台灣只能排第三名。排第一名的當然還是美國，占六七％，因為美國除了ＩＣ設計公司外，還有像英特爾這種超大型ＩＤＭ。第二位是歐盟的八％，歐盟的半導體大廠，也幾乎都是擁有自己廠房的ＩＤＭ。至於排在台灣後面的，則是加拿大及日本的五％，以及韓國的三％。

台灣的記憶體本來就不強，有南亞科、旺宏、華邦電這種ＩＤＭ，也有像鈺創、晶豪科這種ＩＣ設計公司，占全球四％應該不奇怪。比較令大家意外的是，在分離式元件、類比、光電及感測ＩＣ等產品上，台灣只占三％，與最強的美國三七％、日本二四％、歐盟一九％、加拿大七％及韓國六％，都有一大段距離。

因此，台灣一直在談的世界第一，包括晶圓代工及封裝測試，都是從製造及代工的角度來看，但台灣企業自己做產品的實力，顯然還與世界大廠有一段差距。

這也可以解釋為什麼過去很長一段時間，台積電等台灣半導體公司都不曾有過像今天的地位，因為製造代工本來就是隱身幕後的黑衣人，但當台灣製程技術遙遙領先全球，又遇到美中大戰及疫情衝擊，讓台灣成了全球企業打仗的科技軍火供應商，才有機會走到幕前揚名國際。

代工的商業模式很難在記憶體產業運作

從產品與代工兩個角度來觀察台灣的半導體產業，目的不是要貶抑台灣產業，因為每個國家都有適合發展的產業特色，台灣在代工的商業模式取得好成績，絕對是好事一件。只是，我們也不必因為代工事業做得好，就把代工產業視為主流，更不要小看耕耘自有產品多年的企業。只有在自有產品上追求更多發展，才是半導體產業的健全發展之道。

舉例來說，我最近與不少朋友討論到台灣的記憶體產業。這個產業的龍頭廠商目前在韓國、美國及日本，但早年台灣 DRAM 廠也曾風光一時，全球市占率一度在兩成以上，只是因為過去台灣 DRAM 廠都是幫大廠代工，所以後來幾乎全部倒閉或被收購，這也證明代工的商業模式很難在記憶體產業運作。如今台灣只能在利基型記憶體領域競爭，全球市占率也壓縮到只剩四％。

但即使只占全球四％，台灣記憶體廠商如華亞科、旺宏、華邦電、晶豪科、鈺創等公司，也都是很珍貴的資產。如果這些公司在中國大陸，很可能會比做代工的產業更受重視，因為這些公司都擁有自有技術及產品，在美中科技戰中，可以紓解中國被美國等國際大廠「掐脖子」的處境。說不定這些公司轉到大陸股市掛牌，股價與市值都會比在台灣好很多。

再以聯發科這家台灣ＩＣ設計一哥為例，聯發科二〇二一年營收可達一七五億美元，占台灣ＩＣ設計業一．二兆元產值的四成左右，是全球營收超過百億美元的五家ＩＣ設計公司之一。

但是，聯發科與另外四家美國大廠的市值相較，可說有如天壤之別。以二〇二一年底的股價計算，在台股掛牌的聯發科，市值大約六五〇億美元，比輝達（七四一〇億美元）、博通（二七四四億美元）、高通（二〇四六億美元）都低很多，甚至只有超微（一七六四億美元）的三分之一左右。

再來看台灣的ＩＣ設計業，二〇二一年整體產值超過一・二兆元，已經是台灣少數幾個可以達到兆元的產業了，其中當然也不乏優秀企業。然而，這個產值在全球半導體業還是很小。台灣號稱排名世界ＩＣ設計業第二大國，但與第一名的美國差距仍然相當大。

造成台灣與美國ＩＣ設計業最大差距的來源，就在ＨＰＣ（高效能運算）市場，這其中最大的一塊就是ＣＰＵ（微處理器）及ＧＰＵ（繪圖晶片），也就是英特爾、輝達及超微等三強所占據的市場。ＨＰＣ是目前美國領先全球最多的領域，台灣若要追趕可能不太容易，但聯發科目前鎖定發展以ＡＲＭ為基礎的高速運算（ARM computing）市場，ＡＲＭ如今不僅在手機晶片上取得絕對優勢，更已跨進ＰＣ、伺服器、汽車及物聯網（IoT）等領域，將是未來成長潛力很大的市場。

此外，前面提到台灣在第三個產品項目上僅三％市占率，這也是一塊值得深耕的市場。台灣在分離式元件、類比、光電及感測ＩＣ等項目上，目前都有一些不錯的企業，只是規模都很小，難以和歐盟及日商等領導企業競爭，而且這些市場與下游應用的配合相當深，還有中國大陸追兵也進展神速，未來台灣需要再加把勁才行。

與下游應用的搭配與合作，也是值得探討的角度。事實上，半導體工業向來與應用產品及市場掛鉤很深，例如ＰＣ、手機、汽車等，半導體是所有電子業發展的基礎，缺乏下游應用，台灣半導體公司只能到世界各國去找客戶。這樣的成就當然沒有不好，但台灣卻少了發展更多應用產業的機會。

最好的例子就是手機產業。聯發科在崛起過程中，台灣手機業者並沒有採用，當時宏達電、華碩等手機廠商都以採用亞德諾、德儀及高通等的晶片為主。如今台灣的手機業幾乎已經消失了，但聯發科已和高通平起平坐，主要受惠的則是大陸手機產業。很可惜，台灣手機產業沒有好好利用本地半導體強大業者所帶來的發展機遇。

最後，我還是要強調，台灣以代工為主的半導體產業生態並沒有不好，這是台灣與其他競爭者區隔的差異化特色，也讓台灣可以在全球產業生態鏈中扮演舉足輕重的角色。只是，如果台灣要制定更高更遠的目標，就必須在產品面上有更多表現。如果台灣能夠把製造及產品兩隻腳的基礎都打好，再加上本地的下游應用產業，未來一定不只可以快跑前進，甚至還可以飛起來，競爭力也會更上一層樓。

革命尚未成功，同志仍需努力。在產品面有更佳的表現，將是接下來最值得台灣半導體業努力的方向。

結語
珍惜得來不易的成就

把書稿交出去的那一刻，終於有鬆了一口氣的感覺。整理書稿這半年來，我大幅減少日常採訪與專欄寫作，這段期間的連假——從聖誕假期、農曆過年、二二八到春假，我幾乎都是每天關起門來寫稿改稿，連平常最愛的週末爬山與看電影，都只能忍痛暫停。

這是我寫的第五本書，距離上一本談三星集團的《商業大鱷SAMSUNG》（二〇一二年出版），已超過十年。或許是時間太久遠，早已忘記當年寫書的煎熬，才會又答應寫這本書。

不過，既然決定要做了，就盡力完成。只是雖然依約交稿了，但這個世界沒有停下來，美中晶片大戰持續上演，每天都有大事發生。每次看到新聞，我就有股衝動，想在書裡再補進幾個段落，甚至一篇文章。例如截稿期間，在美國，「晶片法案」對於補貼台積電等企業，提出不少新的條件要求；在中國，傳出對美光公司進行安全審查；在台灣，張忠謀先生與《晶片戰爭》作者米勒對談，還有聯發科董座蔡明介發表國內第一本《台灣ＩＣ設計產業政策白皮書》。你說，我怎麼能不把這些最新發展寫進書中呢？

終於完成這本書，我是鬆了一口氣沒錯，但心情其實有點沉重。因為鑑往知來，現在台灣半導體成就很高，是過去「做對」很多事才累積出來的結果，但未來的十年、二十年，台灣想要延續這種好成績，我們的準備足夠嗎？

例如人才不足的問題，無論從質或量來看，都令人憂心。台灣理工科學生愈來愈少，人才缺口已然出現；有些學生第一年到業界拿的薪水就超過了教授，大學經費太少，連好教授都請不起。學校「訓練人才的人才」不夠好，人才品質跟著下降，這是國家很迫切的問題。每個人都知道這個問題很嚴重，卻想不出有什麼解決之道。

四十多年前，台灣派了許多三十歲不到的小夥子去美國ＲＣＡ受訓，培養出無數人才，讓八〇年代台灣的半導體產業快速起飛。二〇〇二年的矽島計畫，再為台灣ＩＣ設計業訓練很多人才。二十年來，產業界都在享受當年的成果。

但未來二十年呢？目前不但看不到大型的人才培訓計畫，連學校培養的人才都在減少中。產業想要再發展二十年，人才到底要去哪裡找？

其次，台灣產業發展已領先全球，但政策腳步有沒有跟上，也同樣令人擔心。世界各國都在加緊投資高科技，補貼政策不斷出籠，但根據《台灣ＩＣ設計產業政策白皮書》的研究，台灣對半導體的獎勵政策卻是最不積極的。

我在書裡幾個單元都談到，台灣半導體的強項在製造，但產品開發能力不強，ＩＣ設計雖然號稱全球第二，距離第一的美國卻很遙遠，又很快就會被緊追在後的中國趕上。然而政府與產業似乎沒有很在意，認為這個產業已經夠好了，於是把有限的資金拿去補貼美商企業，只給本地設計業者少到不成比例的金額。台灣自己的產業政策如此亂了套，令人難以理解。

在採訪過程中，我多次聽到業界反映，認為政府只擔心陸商來台挖角，但對於中國之外的其他外商來台灣搶人才，似乎不怎麼在意。台積電赴美投資，要拿美國政府補貼，被要求揭露資訊及分享利潤，反觀台灣開大門補貼外商進來，卻沒有太多限制。台灣自己訂出一個不知為誰而戰的產業政策，恐怕要當心未來嚴重的後果。

事實上，現在對於業界提出的建議，官員大概會不以為然——已經混得那麼好、賺那麼多錢了，幹嘛還要政府協助，想來跟政府要資源？而且，不只政府這麼想，社會上有些人的想法也是如此——半導體都這麼強了，還需要政策支持嗎？

的確，台灣很多半導體公司都是世界級企業，有足夠實力到國際市場去打仗。不管研發投資、海外布局或人才吸引，在抱怨外商挖角搶人時，提供的薪資水準自然不能輸人，還要提供員工更好的制度、訓練及舞台，想辦法去爭取世界一流人才。然而，科技業的變化實在太快了，市值再大、技術再領先，都只是暫時的，很可能三年、五年就出現了變數。台灣真的要珍惜這些得來不易的成果，因為輸掉後，就很難再贏回來。

我相信台灣企業若有心，在目前基礎上求發展，並不會輸給其他外商，而且，只要自己不垮掉、不退步，其實別人要取代你並不容易。問題是，我們進步得夠快嗎？

國家圖書館出版品預行編目（CIP）資料

晶片島上的光芒：台積電、半導體與晶片戰，我的30年採訪筆記 / 林宏文著. -- 初版. -- 臺北市：早安財經文化有限公司, 2023.07
面； 公分. -- (早安財經講堂；102)
ISBN 978-626-95694-4-1(平裝)

1.CST: 臺灣積體電路製造公司 2.CST: 策略管理
3.CST: 半導體工業 4.CST: 臺灣

494.1 112008579

早安財經講堂 102

晶片島上的光芒

台積電、半導體與晶片戰，我的 30 年採訪筆記

作　　者：林宏文
特約編輯：莊雪珠
校　　對：呂佳真
封面設計：Bert.design
責任編輯：沈博思、黃秀如

發 行 人：沈雲驄
發行人特助：戴志靜、黃靜怡
行銷企畫：楊佩珍、游荏涵
出版發行：早安財經文化有限公司
電話：(02) 2368-6840 傳真：(02) 2368-7115
早安財經網站：goodmorningpress.com
早安財經粉絲專頁：www.facebook.com/gmpress
沈雲驄說財經 podcast：linktr.ee/goodmoneytalk

郵撥帳號：19708033 戶名：早安財經文化有限公司
讀者服務專線：(02)2368-6840 服務時間：週一至週五 10:00~18:00
24 小時傳真服務：(02)2368-7115
讀者服務信箱：service@morningnet.com.tw

總 經 銷：大和書報圖書股份有限公司
電話：(02)8990-2588
製版印刷：中原造像股份有限公司
初版 1 刷：2023 年 7 月
初版 13 刷：2024 年 7 月

定　　價：600 元
I S B N：978-626-95694-4-1（平裝）